高等院校数字化建设精品教材

大学物理实验

（提高篇）

主　编　余雪里　张　昱
副主编　秦平力　祝　丹　柳惠平

北京大学出版社
PEKING UNIVERSITY PRESS

内 容 简 介

本书按照教育部编制的《理工科类大学物理实验课程教学基本要求》,根据高等工科院校大学物理实验教学的特点与任务,系统地介绍了大学物理实验常用的实验测量方法、实验仪器及其相关知识.另外,本书按照设计性实验的特点,编写了部分设计性实验,这些实验用以引导学生独立设计实验,最终目的是让学生学会自主设计与自主实验.

本书作为提高篇,是与《大学物理实验(基础篇)》融为一体的姐妹篇.本书侧重于近代物理实验、设计性实验.

本书各章节的内容既相对独立,又相互配合,且循序渐进,可作为高等工科院校、高等职业学校和高等专科学校理工科各专业的"大学物理实验"课程的教材.

前　言

党的二十大以来,高校课程教材建设的关键在于思想政治教育一体化.要达成新时代的全面建成社会主义现代化强国,与大学里能否培养出政治思想过硬的高精尖人才息息相关.国无德不兴,人无德不立.立德树人是教育的根本任务,是高校的立身之本,也是每一位高校教师必须承担的时代责任.

物理学在 19 世纪末 20 世纪初之后的百余年间取得了显著成就,以物理新理论为基础发展起来的新科技创造了人们难以想象的物质文明.物理学的成就不断地充实到物理教材和物理实验中.进入 21 世纪以来,随着实验教学改革的不断深入,"大学物理实验"课程在实验技术、实验内容等方面都在不断地更新变化.为了提高学生的科学素质,培养学生的创新能力,大学物理实验的教学既要让学生得到基本的实验技能训练,又要让学生在综合能力方面得到提高.这就要求大学物理实验的教学内容必须兼顾基础性和综合性,同时包含近代物理以及工程技术等多个方面.

本书系统地介绍了大学物理实验常用的实验测量方法、实验仪器及其相关知识.为反映物理学的新成就,本书编排了一定数量的近代物理实验,目的是通过实验学习近代物理各领域的实验方法和技术.另外,本书按照设计性实验的特点,编写了部分设计性实验,以这些实验为引导,最终目的是让学生学会自主设计与自主实验.这些实验的设置,均有助于学生深入理解物理实验的设计思想和实验方法,培养学生的创新思维和创新能力.本书可作为高等工科院校、高等职业学校和高等专科学校理工科各专业的"大学物理实验"课程的教材.

本书由余雪里、张昱担任主编,由秦平力、祝丹、柳惠平担任副主编.参与本书编写的还有李端勇、吴锋、熊伦、刘阳、周帼红、马良等.

实验教学是一项集体性的工作,实验教材是所有从事实验教学的教师和实验技术人员共同劳动的成果.编者对为本书内容积淀做出贡献的教师表示感谢,对为实验教材出版付出努力和提出宝贵建议的人士表示感谢.感谢武汉工程大学教务处、教材科及北京大学出版社的大力支持.沈辉提供了本书教学资源的架构设计方案,苏梓涵、刘佳琦提供了版式和装帧设计方案,熊诗哲审查并剪辑了全书的教学资源.同时,一些兄弟院校的实验教材和仪器厂商的仪器说明书也为本书的编写提供了很好的借鉴,借此机会,一并表示衷心的感谢.

由于编者水平所限,书中不足之处在所难免,恳请读者批评指正.

编　者

目　　录

第一章　常用物理量的测量 ……………………………………………………… 1

第一节　长度的测量 …………………………………………………………… 1

第二节　压强的测量 …………………………………………………………… 6

第三节　质量的测量 …………………………………………………………… 14

第四节　时间和频率的测量 …………………………………………………… 15

第五节　温度的测量 …………………………………………………………… 18

第六节　电流的测量 …………………………………………………………… 25

第七节　电压的测量 …………………………………………………………… 28

第二章　近代物理实验与综合实验 …………………………………………… 33

第一节　物理效应实验 ………………………………………………………… 33

实验一　塞曼效应 …………………………………………………………… 33

实验二　光电管特性研究 …………………………………………………… 39

实验三　扫描隧穿显微镜的原理及应用 …………………………………… 43

实验四　多普勒效应综合实验 ……………………………………………… 49

实验五　法拉第效应 ………………………………………………………… 58

实验六　热声热机 …………………………………………………………… 64

实验七　磁光调制 …………………………………………………………… 68

实验八　磁阻效应及磁阻传感器的特性研究 ……………………………… 72

第二节　电磁学、光学、原子物理学综合实验 ……………………………… 76

实验九　等离子体 …………………………………………………………… 76

实验十　微波顺磁共振 ……………………………………………………… 83

实验十一　光栅单色仪的调整与使用 ……………………………………… 88

实验十二　热辐射与红外扫描成像 ………………………………………… 89

实验十三　色度实验 ………………………………………………………… 100

实验十四　紫外-可见分光光度计的原理及使用 …………………………… 105

实验十五　光拍的传播和光速的测定 ································ 109

实验十六　全息照相 ·································· 112

实验十七　发光二极管(光源)的照度标定 ···················· 117

实验十八　用光学多道分析器研究氢原子光谱 ················ 120

实验十九　弗兰克-赫兹实验 ·························· 124

实验二十　元电荷的测定——密立根油滴实验 ················ 128

实验二十一　核磁共振实验 ·························· 136

实验二十二　顺磁共振实验 ·························· 140

实验二十三　傅里叶变换光谱 ························ 145

第三节　一般应用实验 ······························ 154

实验二十四　椭圆偏振光测薄膜厚度 ···················· 154

实验二十五　偏振光实验 ··························· 157

实验二十六　太阳能电池基本特性的测定 ·················· 160

实验二十七　大气物理探测 ·························· 163

实验二十八　多媒体光纤传输 ························ 165

实验二十九　彩色编码摄影及彩色图像解码 ················· 169

实验三十　硅光电池光照特性研究 ····················· 174

实验三十一　光敏电阻实验 ·························· 176

实验三十二　交直流激励时霍尔传感器的位移特性 ············· 178

实验三十三　气敏、湿敏传感器 ······················ 181

实验三十四　超声波探伤与测厚 ······················ 184

第三章　引导设计性实验 ································ 189

第一节　自组仪器实验 ······························ 189

实验三十五　箱式电势差计测电阻 ····················· 189

实验三十六　伏安法测线性电阻、非线性电阻 ··············· 190

实验三十七　惠斯通电桥测电阻 ······················ 195

实验三十八　测微安表内阻 ·························· 197

第二节　虚实结合实验与模拟实验 ······················ 199

实验三十九　单摆法测定重力加速度 ···················· 199

实验四十　半导体温度计的设计 ······················ 202

实验四十一　双臂电桥测低电阻 ······················ 211

实验四十二　光学设计实验 ·························· 215

实验四十三　椭圆偏振仪测薄膜厚度和折射率 ··············· 221

实验四十四　塞曼效应 ···························· 236

第四章　研究设计性实验 ……………………………………………… 246

第一节　力学实验 ……………………………………………………… 246

实验四十五　速度和加速度的测量 …………………………………… 246

实验四十六　重力加速度的测定 ……………………………………… 246

实验四十七　用压力传感器研究碰撞过程 …………………………… 247

实验四十八　测定偏心轮绕定轴的转动惯量 ………………………… 248

实验四十九　压阻式压力传感器的压力测量 ………………………… 248

实验五十　　位移传感器的特性研究 ………………………………… 250

第二节　热学实验 ……………………………………………………… 252

实验五十一　热电偶测温性能及标定 ………………………………… 252

实验五十二　热敏电阻温度开关 ……………………………………… 253

实验五十三　半导体温度计的设计 …………………………………… 254

实验五十四　半导体温度传感器温度特性测量 ……………………… 255

实验五十五　金属线膨胀率的测定 …………………………………… 259

实验五十六　金属箔式应变片的温度影响 …………………………… 259

第三节　电磁学实验 …………………………………………………… 260

实验五十七　简易多用表的设计及校准 ……………………………… 260

实验五十八　测定电阻丝的电阻率 …………………………………… 260

实验五十九　RLC 电路测电容 ………………………………………… 261

实验六十　　测量地磁场的水平分量 ………………………………… 264

实验六十一　周期函数的傅里叶分解 ………………………………… 265

实验六十二　应变交（直）流全桥的应用 …………………………… 269

实验六十三　用霍尔位置传感器测定弹性模量 ……………………… 271

第四节　光学实验 ……………………………………………………… 275

实验六十四　显微镜、望远镜的组装及放大率的测量 ……………… 275

实验六十五　光敏传感器光电特性研究 ……………………………… 278

实验六十六　光电开关实验 …………………………………………… 282

实验六十七　迈克耳孙干涉仪的组装和应用 ………………………… 284

实验六十八　应用菲涅耳双棱镜测定光的波长 ……………………… 285

实验六十九　综述测定光的波长的各种方法 ………………………… 286

实验七十　　用偏振光测定玻璃相对于空气的折射率 ……………… 286

实验七十一　用分光计测定液体（水）的折射率 …………………… 286

实验七十二　测量细丝直径 …………………………………………… 287

实验七十三　测量空气的折射率 ……………………………………… 288

参考文献 ………………………………………………………………… 289

第一章　常用物理量的测量

长度是基本物理量之一,长度的测量在科学实验中被广泛使用,许多非力学物理量都可以转化为长度进行测量,因此长度的测量十分重要.

长度要依据标准器具度量,标准器具可复制出多种测量工具.长度的测量原理就是将待测长度与测量工具比较,从而得出测量结果.长度的测量工具包括量规、量具和量仪.习惯上,常把不能指示量值的测量工具称为量规;把能指示量值,拿在手中使用的测量工具称为量具;把能指示量值的座式和上置式测量工具称为量仪.测量工具按用途分为通用测量工具、专类测量工具和专用测量工具三类;按工作原理分为机械、光学、气动、电动和光电等类型.

通用测量工具用于测量多种类型工件的长度或角度.这类工具使用广泛,主要有线纹尺、量块、角度量块、多面棱体米尺、钢卷尺、正弦规、游标卡尺、千分尺(螺旋测微器)、百分表、多齿分度台、读数显微镜、比较仪、阿贝比长仪、电感式测微仪、电容式测微仪、线位移光栅、感应同步器、磁尺、单频激光干涉仪和双频激光干涉仪等.

专类测量工具主要用于测量某一类工件的几何参数、形状和位置误差等.用于直线度和平面度测量的有直尺、平尺、平晶、水平仪和自准直仪等;用于表面粗糙度测量的有表面粗糙度样块、光切显微镜、干涉显微镜和表面粗糙度测量仪等;用于圆度和圆柱度测量的有圆度仪和圆柱度测量仪等;用于齿轮测量的有齿轮综合检查仪、渐开线测量仪、周节测量仪、导程仪等;用于螺纹测量的有螺纹规和螺纹塞规等.

专用测量工具仅适用于测量某种特定工件的几何参数、表面粗糙度、形状和位置误差等.常见的有自动检验机、自动分选机、单尺寸和多尺寸检验装置等.

不同的测量工具有不同的测量精度,例如,米尺的测量精度为 1 mm,游标卡尺的测量精度为 0.02 mm,千分尺的测量精度为 0.001 mm.

以下介绍几种测量长度的方法.

一、比较法测量长度

比较法就是将待测物体的两端与标准长度进行比较.紧贴、正视和准确读数是测量时的要领和关键.用不同测量精度的标准尺去测量同一待测物体,测量结果的有效数字位数是不同的.标准尺的测量精度越高,测量结果的有效数字位数也就越多.

利用比较法进行长度测量的工具称为比较仪.比较仪一般由测微仪和比较仪座组成.按测

微仪所采用的放大原理,比较仪可分为机械式比较仪、光学比较仪和电学比较仪三种. 机械式比较仪常用百分表、千分表、杠杆齿轮测微仪或扭簧测微仪等机械式指示仪表作为放大、指示部件,常用于测量工件的外径和厚度等. 光学比较仪使用光学测微仪作为放大、指示部件,常见的有立式、卧式和影屏式三种. 立式光学比较仪又称立式光学计,其分度值为 1 μm,示值范围为 0.1 mm,适宜在计量室使用,测量范围为 0 ~ 180 mm,常用于检定量块和光滑量规,以及测量工件的外径和厚度;卧式光学比较仪又称卧式光学计,测量范围为 0 ~ 500 mm,适用于在计量室测量尺寸较大的或在立式光学计上不易定位的工件,如圆盘等;影屏式光学比较仪又称投影光学计,分度值有 1 μm,0.2 μm 等. 分度值为 0.2 μm 的投影光学计采用多次反射以增大光学杠杆的放大比. 此外,还有采用干涉法测量的接触式干涉比较仪,其分度值有 0.05 μm,0.1 μm 和 0.2 μm. 电学比较仪常用电感式或电容式测微仪作为放大、指示部件,如电感式比较仪,其分辨率有 1 μm,0.1 μm 和 0.01 μm 等几种.

二、游标法测量长度

米尺的最小刻度为 1 mm,其测量精度为 1 mm. 为了提高对于标准米尺(主尺)估读最小刻度的精度,通常在主尺上附带一个可以沿尺身移动的小尺(称为副尺或游标尺),组成游标卡尺,如图 1-1-1 所示.

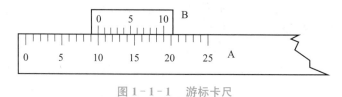

图 1-1-1　游标卡尺

根据游标尺上的等分刻度数 $n = 10,20,50,100$,游标卡尺可分为四种精度,分别为 0.1 mm,0.05 mm,0.02 mm,0.01 mm. 读数方法参见《大学物理实验(基础篇)》(以下简称"基础篇")第二章.

三、螺旋法测量长度

螺旋法测量长度的原理是利用螺旋将直线位移变为套管的角位移来放大长度. 应用螺旋法进行长度测量的仪器有千分尺和百分尺等,其中分度值为 0.001 mm 的称为千分尺,分度值为 0.01 mm 的称为百分尺. 在实际生产中,习惯把千分尺和百分尺统称为千分尺. 千分尺的量程有 10 mm,25 mm,50 mm,75 mm,100 mm.

千分尺分为机械式千分尺和电子式千分尺两类. 机械式千分尺简称千分尺,也称螺旋测微器,是利用螺旋法测量长度的便携式通用长度测量工具. 千分尺的品种很多,改变千分尺测量面形状和尺架等就可以制成不同用途的千分尺,如用于测量内径、螺纹中径、齿轮公法线或深度等的千分尺. 利用螺旋法测量长度的仪器还有读数显微镜和迈克耳孙干涉仪等.

在一根带有毫米刻度的测杆上,加工出高精度的螺纹(又称为丝杠),并配上与之相应的精制螺母套筒,在套筒周界上准确地刻以等分的刻度,就构成了千分尺. 根据螺旋推进的原理,套筒每转过一周(360°),测杆就前进一个螺距. 只要螺距准确相等,则按照套筒转过的角度,就可以用游标法构成的尺准确地换算出测杆前进的位移.

四、放大法测量长度

放大法测量长度就是把已知长度中的最小单位长度放大、细分,使之能准确地分辨出已知长度与待测长度的微小差值,主要有机械、光学、气动、电学和光电等类型. 其中机械型主要采用斜楔、杠杆、齿轮和扭簧等工具制成放大机构和利用游标原理制成细分机构;光学型有读数显微镜的显微镜光学系统、投影仪的投影光学系统和自准直仪的自准直光学系统等;光电型采用光学法和电学法先后将待测长度转换、放大和细分,以得到所需要的分辨率,常用于光栅测量系统、激光干涉仪和固体阵列测量系统等.

当待测物体很小或观测视场较远时,可以借助显微镜或望远镜将待测物体的像放大或移近到人眼能观测的适当距离(人眼明视距离约为 25 cm),然后与标准米尺、长度规(刻度经过严格校准的尺)或精密测微丝杆等进行比较,通过换算获得测量结果. 测量精度与标准米尺、长度规和精密测微丝杆的测量精度有关,利用显微镜、望远镜、投影仪等光学仪器来测量长度时,测量精度可达 1 μm.

物理实验中利用放大法构成的仪器有光杠杆、读数显微镜和阿贝比长仪等.

光杠杆是一种利用放大法测量微小长度变化的常用仪器,其原理及应用参见基础篇第二章.

五、干涉法测量长度

利用光的干涉现象测量长度是最精密的长度测量方法之一. 两束具有相同频率、相位和振动方向的光 1,2 经过不同的光程后相遇,在空间形成光强稳定分布的现象叫作干涉现象. 利用干涉法测量长度的原理(见图 1-1-2)为:从光源发出的光,经分光镜分为两路,一路透过分光镜射向可动反射镜 M_1,另一路由分光镜反射到固定反射镜 M_2,两束光再分别从 M_1 和 M_2 反射回来,经过分光镜叠加在观察屏上. 当 M_1 移动 $\frac{1}{2}\lambda$(入射光波长)的距离时,就有一条干涉条纹从视场中移过. 如果记下条纹移动的数目,就可以计算出 M_1 的移动量. 利用这一原理测量长度的光学系统称为迈克耳孙干涉仪. 激光干涉仪就是利用这个原理来测量长度的.

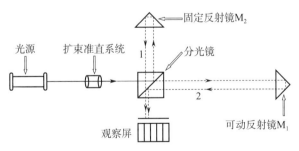

图 1-1-2　干涉法测量长度原理图

在迈克耳孙干涉仪的基础上,法布里(Fabry)和珀罗(Perot)又进行了改进,其后逐渐构成了现在各种类型、不同用途的干涉仪. 使用干涉仪,长度测量可精确到光波长的数量级(10^{-7} m).

由于激光器的普遍使用和近代光学技术的发展,促使一些测量长度的新方法、新技术和新仪器不断涌现,最有代表性的是激光散斑全息干涉技术和莫尔(Mohr)条纹技术. 利用这些技术进行长度测量可精确到 10^{-8} m.

激光干涉仪是以激光束的波长为已知长度,利用干涉法测量位移的工具,有单频和双频两种.

六、光机电法测量长度

利用机械放大机构与光学原理来测量长度的方法称为光机电法. 读数显微镜是典型的利用光机电法测量长度的仪器.

读数显微镜利用显微镜光学系统对线纹尺的分度进行放大、细分和读数, 其分度值有 $10\ \mu m, 1\ \mu m$ 和 $0.5\ \mu m$ 几种. 按细分的原理, 读数显微镜通常可分为直读式、标线移动式和影像移动式三种. 读数显微镜常被用作比长仪、测长机和工具显微镜等的读数部件, 也可单独用于测量较小的长度, 如线纹间距、硬度测试中的压痕直径、裂缝和小孔直径等.

七、角游标法测量角度

角度和长度是构成几何量的两个基本要素. 角度可以用长度的比值来表示, 所以有时人们就把角度和长度的测量统称为长度测量. 角度测量在物理实验中经常遇到, 特别是在光学实验中, 常常需要精确地测量角度.

习惯上, 角度的单位沿用了六十分制, 又称为秒角度制. 六十分制将整个圆周分成 360 等份, 每等份弧长所对应的圆心角为 1 度($1°$); $1°$ 分成 60 等份, 每等份为 1 分($1'$); $1'$ 再分成 60 等份, 每等份为 1 秒($1''$). 整个圆周对应的圆心角为 $360°$, 即有

$$360° = 21\ 600' = 1\ 296\ 000''.$$

秒是六十分制的最小单位, 小于 $1''$ 时, 按十进制计算, 如 $0.6''$; 小于 $1°$ 的分值, 也可按十进制计算, 如 $30'$ 可写为 $0.5°$.

图 1-1-3　弧度的定义

科学计算中常用弧度单位. 在一个圆内, 若圆心角 φ 所对应的弧长 $\overset{\frown}{AB}$ 恰好等于该圆的半径 R, 则该圆心角 φ 称为 1 弧度, 记作 1 rad(见图 1-1-3). 角度以弧度给出时, 通常不写弧度单位. 用弧度作单位来衡量角度大小的单位制度, 叫作弧度制. 弧度单位主要用于计算. 在角度测量中, 主要用度、分、秒作为角度的单位. 但在进行理论计算时, 一般又要换算成弧度单位. 实际上, 度、分、秒之间的换算使用六十进制, 而在单独的度(分或秒)上仍然使用十进制. 因此, 角度的乘、除、开方运算只需将角度化成以度为单位的数(或者以分为单位的数, 或者以秒为单位的数), 按十进制计算即可.

半径为 R 的圆的周长为 $2\pi R$, 所以整个圆周对应的圆心角为 2π. 当某圆心角 φ 对应的圆周弧长为 l 时, 则有

$$\varphi = \frac{l}{R}.$$

弧度制和六十分制的换算为

$$360° = 2\pi \approx 6.283\ 2,$$

$$1° = \frac{2\pi}{360} \approx 0.017\ 453\ 3,$$

$$1' = \frac{2\pi}{360 \times 60} \approx 0.000\ 291,$$

$$1'' = \frac{2\pi}{360 \times 60 \times 60} \approx 0.000\ 004\ 848,$$

$$1 \approx 57.295\ 78° \approx 57.3° \approx 3\ 438' \approx 206\ 265'' \approx (2 \times 10^5)''.$$

在角度测量中,当待测角度 θ 小于 $2°$ 时,常用近似的计算式

$$\theta \approx \sin\theta \approx \tan\theta$$

求解.

大多数的精密测角仪都由望远镜和刻度盘组成. 由于用途不同,这些仪器增加了不同的附件,从而名称各异,如经纬仪和分光计等. 在物理实验中,分光计又称为分光测角仪,它是专门用来测量角度的仪器. 为了提高测量角度的精度,在分格为 $0.5°$ 的刻度盘上附加一个可以滑动的角游标,如图 1-1-4 所示. 角游标分成 30 格,则分光测角仪的测量精度为 $1'$.

图 1-1-4 角游标

生产中常用角度规来测量工件的角度. 角度规是一种轻便的通用角度量具,由于其结构简单,使用方便,在生产中得到了广泛的应用. 角度规按结构可分为游标角度规、光学角度规和正弦尺角度规.

八、几何光学法测量小角度

小角度的测量,一般是指待测角度只有几分,或者几十秒甚至几秒,而且要求测量精度较高. 小角度测量的方法大体上可分为三种:第一种,对于平面度误差与粗糙度参数值均较小,反射率较高的待测元件表面可采用光学自准直法,使用的仪器是光学自准直仪或光电自准直仪等;第二种,对于水平或垂直安放的待测元件,测量相对于水平面或铅垂面的倾斜角,使用的仪器是各种水平仪,如框式水平仪和电子水平仪等;第三种,利用正弦原理,在正弦臂为定长的情况下,其转过的小角度与其端点的位移成正比,激光小角度测量仪就是应用正弦原理来测量小角度的.

九、干涉法测量小角度

利用劈尖干涉可以测量小角度,同时也可以测量微小物件的线度. 将两块平板玻璃叠合,使它们的一端紧密接触,另一端夹住一个微小物件,两平板玻璃之间就形成了空气劈尖. 一束波长为 λ 的单色平行光垂直照射空气劈尖将发生干涉,形成干涉条纹,相邻暗纹(或明纹)之间空气膜的厚度差为 $\frac{\lambda}{2}$. 干涉法测量小角度的装置如图 1-1-5 所示,设 k 条明纹在表面的距离为 d,则有

$$\theta \approx \sin\theta = \frac{k\lambda}{2d}.$$

只要用读数显微镜测出 k 条明纹在表面的距离 d,就可以得到小角度的测量值.

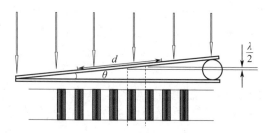

图 1-1-5　干涉法测量小角度装置图

第二节　　压强的测量

单位面积上所受到的垂直作用力称为压强. 若力 F 均匀地垂直作用在面积为 A 的平面上, 则其压强 p 为

$$p = \frac{F}{A}. \tag{1-2-1}$$

根据气体动理论, 气体的压强是气体分子运动的宏观体现, 有

$$p = \frac{2}{3} n_0 \bar{\varepsilon}_t,$$

式中 n_0 为气体的分子数密度, $\bar{\varepsilon}_t$ 为气体分子的平均平动动能. 对于液体系统, 除压力传递外, 在重力场中还有由于液体的重量而产生的静压力, 静压力与液柱的垂直高度有关.

在非均匀介质情形或系统处在非平衡态时, 压强并不是处处相等的, 但可以任取一面积元 $\mathrm{d}A$, 垂直作用在面积元 $\mathrm{d}A$ 上的力的大小为 $\mathrm{d}F$, 则压强表示为

$$p = \frac{\mathrm{d}F}{\mathrm{d}A}. \tag{1-2-2}$$

一、压强的表压及压强的单位

流体的压强可以用压力计测量. 工程上常用的压力计有两种: 弹簧管压力计和测量微小压强的 U 形管压力计. 它们实际上是测量差压 (压强之差) 的仪器, 故又称为差压计.

弹簧管压力计的基本结构如图 1-2-1 所示, 它利用弹簧管在内外差压作用下产生变形, 从而拨动指针转动来指示工作物质与环境之间的差压.

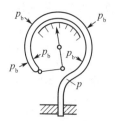

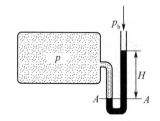

图 1-2-1　弹簧管压力计　　　　图 1-2-2　U 形管压力计

U 形管压力计的基本结构如图 1-2-2 所示, 其主要部件为一 U 形玻璃管, 管内盛有用来测压的液体, 如水银或水. U 形管的一端与待测系统相连, 另一端与环境 (如大气) 相连. 当待

测系统的压强与环境压强不等时,可由 U 形管两边液柱的高度差读出待测系统与环境之间的差压.

根据流体静力学原理,当流体处于静止时,U 形管内同一高度上的压强相等. 于是,对于 A-A 等压面可写出如下压强平衡方程:

$$p = p_b + \rho g H \tag{1-2-3}$$

或

$$H = \frac{p - p_b}{\rho g} = \frac{\Delta p}{\rho g}, \tag{1-2-4}$$

式中 H 为 U 形管两边液柱的高度差,p 为待测系统的压强,p_b 为环境压强(一般情况下为大气压强),ρ 为测压液体的密度.

由式(1-2-4)可知,当选定测压液体,且将 ρ,g 视为常量时,液柱高度差 H 与差压 Δp 成正比,故可用液柱高度差 H 单值地度量差压 Δp,这就是 U 形管压力计的工作原理. 式(1-2-4)反映了差压 Δp 与液柱高度差 H 之间的数量关系.

如果液体处于运动状态,液体中某一点处的静压强(液体处在静止时的压强)p_1 与该点处液体的流速 v_1 及该点距参照点的高度 h_1 之间遵从伯努利(Bernoulli)方程,即

$$p_1 + \frac{1}{2}\rho v_1^2 + \rho g h_1 = 常量. \tag{1-2-5}$$

当流体沿水平方向流动时,参照点选在待测点处,则 $h_1 = 0$,由式(1-2-5)可得

$$p_1 + \frac{1}{2}\rho v_1^2 = 常量. \tag{1-2-6}$$

显然,当流体处于静止状态,即 $v_1 = 0$ 时,则有

$$p_1 + \rho g h_1 = 常量. \tag{1-2-7}$$

在流体中,压强的测量十分重要. 压强的表示方法有三种:差压、表压和绝对压强.

差压:用两个压强之差表示的压强叫作差压,也就是以大气压强以外任意压强值作为零标准表示的压强.

表压:由于测压仪表本身经常受到大气压强的作用,测压仪表上所指示的压强并非待测系统的真实压强,而是待测系统的压强与当时当地大气压强的差值,或者是将大气压强作为零标准表示的压强,称为表压,用 p_e 表示.

绝对压强:系统的真实压强称为绝对压强,或定义为以绝对真空作为零标准表示的压强,用 p 表示. 在用绝对压强表示低于大气压强的压强时,把绝对压强叫作真空度.

表压 p_e 与绝对压强 p 有以下关系:

(1)当 $p > p_b$ 时,有

$$p = p_e + p_b, \tag{1-2-8}$$

式中 p_b 为当时当地大气压强.

(2)当 $p < p_b$ 时,测量压强的仪表叫作真空计,其读数用 p_v 表示,如图 1-2-3 所示. 此时有

$$p = p_b - p_v. \tag{1-2-9}$$

若以绝对压强为零时作为基线,则可将表压、真空度、绝对压强和大气压强之间的关系用图 1-2-4 表示. 工作物质的状态参数应该是 p 而不是 p_e 或 p_v.

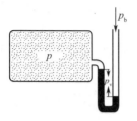

图 1-2-3 真空计

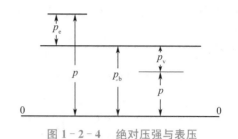

图 1-2-4 绝对压强与表压

压强的单位:在法定计量单位中,压强的单位由基本单位导出.根据牛顿第二定律

$$F = ma,$$

当 m 为 1 kg,a 为 1 m/s²,F 为 1 N 时,由此导出的压强单位称为帕[斯卡],符号为 Pa.

在工程应用上常因 Pa 过小,而用 MPa(10^6 Pa)作为压强单位.习惯中曾用巴(符号为 bar,1 bar = 10^5 Pa)作为压强单位.

在公制单位中,压强用 at(工程大气压)作为单位(1 at = 1 kgf/cm² = 10^4 kgf/m²).

标准大气压:物理学中,把温度为 0 ℃,纬度为 45°的海平面上的气压定为标准大气压(符号为 atm,1 atm = 101 325 Pa).标准大气压在气压计上的水银柱高度为 760 mm.

物理学上规定,压强为 1 atm、温度为 0 ℃ 的状态为物理标准状态.

二、压力计测压强

凡是用来测量流体压强的仪器,称为压力计,在实验室中也常称为压强计.压强计按照测量原理可分为两大类:一类是采用机械法,例如利用弹簧应力与待测压力平衡进行测量的压力计;另一类是利用在力的作用下产生的物理效应进行测量的压力计.

机械式压力计有液柱式、活塞式和弹簧式三种.

液柱式压力计　液柱式压力计是一种使用了很久的简便压力计,其原理是由液柱(测压液体为水、水银、酒精、甲苯矿物油等)所产生的压力与待测压力平衡,并用液柱高度来表示相应的压强.作为大气压强测量标准器的福廷式气压计就是一种典型的液柱式压力计.将玻璃管的一端封闭,另一端插入水银槽中便构成了福廷式气压计,如图 1-2-5 所示.

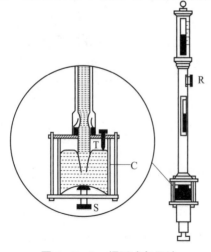

图 1-2-5 福廷式气压计

将一端封闭的玻璃管内注满水银并倒插入水银槽 C 内,水银槽底由能渗透空气而不能渗透水银的材料(如麂皮革)密封.密封材料底部由上下可调节的螺旋 S 支撑,S 的作用是每次读数时,调节水银面的位置,使其与标尺的起点(零点,象牙针 T 的尖端)相接触.水银槽上面也用能渗透空气而不能渗透水银的材料封闭,因此空气可以进入,内部压强即为大气压强,同时也使 C 内的水银不会外流.玻璃管上部用铜管围护,在铜管上部开有观测窗,用来观测水银面的位置.窗前右侧刻有标尺,由 R 调节游标移动,可以直接测量水银柱的高度,由此直接读出大气压强.

液柱式压力计的相关数据如表 1-2-1 所示.

表 1-2-1　液柱式压力计

类型	测量范围 /Pa	测量精度	用途
U 形管式	98 ~ 14 500	0.98 Pa	表压、差压、标准用
单管式	98 ~ 14 500	0.98 Pa	表压、差压、绝对压强、标准用
斜管式	49 ~ 98	0.49 Pa	表压、差压、气流压强
双液体式	4.9 ~ 294	1.47 Pa	表压、差压、气流压强
零位法式	0.49 ~ 980	0.49 Pa	表压、差压
浮子式	392 ~ 3 920,5 880 ~ 117 600	1% ~ 2%	表压、差压
环形平衡式	196 ~ 24 500	1%	表压、差压、气流压强
钟罩式	49 ~ 2 940	1% ~ 2%	表压、差压、气流压强

活塞式压力计　活塞式压力计基于帕斯卡(Pascal)定律和流体动力学原理,由校验器、专用砝码和活塞系统三部分组成,利用专用砝码产生的重力和液体对活塞的作用力相平衡来检测压力,并通过校验器调节压力值.如果专用砝码的作用面积较小,就能产生高压,多数情况下将这种压力计作为标准压力发生器.活塞式压力计的相关数据如表 1-2-2 所示.

表 1-2-2　活塞式压力计

类型	测量范围 /Pa	测量精度	用途
重锤形	19.6 ~ 39 200	0.1%	表压、标准用
杠杆形	(19.6 ~ 39 200)×10⁴	0.2%	表压、标准用
振摆形	(19.6 ~ 39 200)×10⁴	0.2%	表压、标准用
差动活塞形	(9.8 ~ 127.4)×10⁷	0.2% ~ 0.5%	表压、标准用、超高压用

弹簧式压力计　在压力作用下,装有流体的容器会产生微小形变,可用机械的方法将这种形变放大,然后进行检测,这就是弹簧式压力计的工作原理.波登管压力计就是一种典型的弹簧式压力计.

波登管压力计如图 1-2-6 所示,分为单管式、螺线式和螺旋式.波登管的一端固定并由此端引入待测压力,另一端为封闭的自由端;波登管充压时,自由封闭端将发生位移,将此端接上机械放大装置,位移将直接传动指示仪表,即可进行读数.

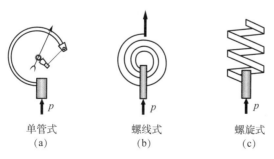

<table>
<tr><td>单管式
(a)</td><td>螺线式
(b)</td><td>螺旋式
(c)</td></tr>
</table>

图 1-2-6　波登管压力计

弹簧式压力计的相关数据如表1-2-3所示.

表1-2-3　弹簧式压力计

类型	测量范围 /Pa	测量精度	用途
活塞式	$(49 \sim 2\,450) \times 10^4$	0.5%	表压、差压
金属膜片式	$98 \sim 19.6 \times 10^4$	$1\% \sim 2\%$	表压、差压
非金属膜片式	$9.8 \sim 19\,600$	$1\% \sim 2\%$	表压、差压
膜盒式	$98 \sim 19.6 \times 10^4$	$1\% \sim 2\%$	表压、动压
空位式	$98 \sim 14\,700$	$1\% \sim 2\%$	绝对压强
波登管形	$(4.9 \sim 39\,200) \times 10^4$	$1\% \sim 2\%$	表压、动压

常见的弹簧式压力计有波纹管、膜片式和膜盒式三种.

波纹管压力计是把感压元件做成外表呈波纹状的金属管,当内部受压时,金属管将伸长,伸长位移通过机械放大可读取待测压强,如图1-2-7(a)所示.

膜片式压力计有两类:一类是利用膜片的弹性力制成弹性膜片式压力计;另一类是利用膜片把待测流体和压力计的其他部分隔开,称为非弹性膜片式压力计.

膜盒式压力计的感压元件为膜盒.膜盒是由两个金属膜片对焊而成的,如图1-2-7(b)所示.

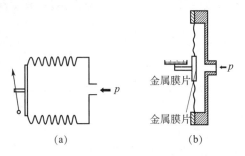

(a)　　　　　　　　(b)

图1-2-7　波纹管压力计和膜盒式压力计

三、电学式压力传感器

电学式压力传感器是利用物质的电学性质与压力的关系构造的一类压力计,由电阻、压阻、电容、电感和差动变压器等敏感元件构成.

电学式压力传感器的相关数据如表1-2-4所示.

表1-2-4　电学式压力传感器

类型	测量范围 /Pa	测量精度	用途
电阻式(应变) 金属箔、金属丝	$(4.9 \sim 980) \times 10^4$	$0.5\% \sim 2\%$	表压、差压
半导体式	$(0.49 \sim 4\,900) \times 10^4$	$0.03\% \sim 2\%$	表压、差压、绝对压强

续表

类型	测量范围 /Pa	测量精度	用途
磁式	$(98 \sim 9\,800) \times 10^4$	$2\% \sim 5\%$	表压力、波动压力
电容式	$98 \sim 9\,800$	0.2%	表压、差压
感应式	$(0.98 \sim 980) \times 10^4$	$0.5\% \sim 1\%$	表压、差压
(差动变压器)	$98 \sim 9\,800$	0.5%	表压、差压、绝对压强
其他压电式	$(0.98 \sim 490) \times 10^4$	$0.5\% \sim 1\%$	绝对压强、表压、动压
	$(98 \sim 4\,900) \times 10^4$	0.5%	表压强、波动压力
表面弹性波	$(9.8 \sim 490) \times 10^4$	—	表压
光电式	$(0.98 \sim 9.8) \times 10^4$	—	表压

电阻应变片 电阻应变片的工作原理是基于金属的应变效应(金属丝的电阻随着它所受的机械变形(拉伸和压缩)而发生相应变化的现象称为应变效应).

由金属丝的电阻 R 与电阻率 ρ、长度 l、横截面积 A 的关系

$$R = \rho \frac{l}{A}$$

可知,机械变形会引起电阻 R 的变化.

电阻应变片的种类很多,形式各样,但基本构造大体相同,应用电阻材料在基底上制作敏感栅,在敏感栅上面加覆盖层保护. 丝式应变片是一种典型的电阻应变片,其基本结构如图 $1-2-8$ 所示,敏感方向沿 l 方向.

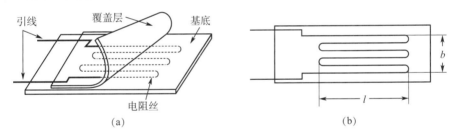

(a)   (b)

图 $1-2-8$ 丝式应变片的基本结构

箔式应变片如图 $1-2-9$ 所示,这类应变片是利用光刻技术制作而成的. 薄膜应变片是薄膜技术发展的产物,其厚度在 $0.1\ \mu m$ 以下,采用真空蒸发或真空沉积等方法在基底上制作一层敏感栅.

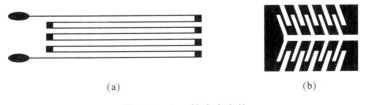

(a)   (b)

图 $1-2-9$ 箔式应变片

半导体应变片的原理是基于半导体材料的压阻效应(在一块半导体材料的某一轴向施加

一定的应力时,其电阻发生变化的现象称为压阻效应).常见的半导体应变片是采用锗和硅等半导体材料作为敏感栅,一般为单根状,如图1-2-10所示.

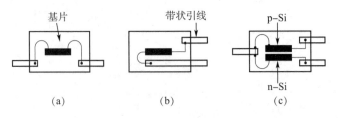

图1-2-10　半导体应变片

应变式压力传感器主要用于液体、气体动态和静态压强的测量,主要采取的形式为膜片式、薄板式、筒式、组合式等弹性元件.测量气体和液体压强的薄板式压力传感器将膜片作为承压体,将应变片粘在薄板上.当待测压强较大时,多采用筒式压力传感器,如图1-2-11所示.

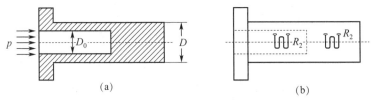

图1-2-11　筒式压力传感器

压阻式固态压力传感器　压阻式固态压力传感器是根据半导体材料的压阻效应制成的.在n型硅片(基片)上扩散p型杂质形成电阻条,基片直接作为测量传感元件,电阻条在基片内组成电桥.当基片受到应力作用产生形变时,电阻值发生改变,由各种电阻构成的电桥电路产生不平衡输出.压阻式固态压力传感器由外壳、硅膜片和引线组成,其结构如图1-2-12所示.

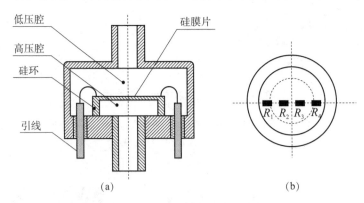

图1-2-12　压阻式固态压力传感器

电容式压力传感器　电容式压力传感器以各种类型的电容器作为传感元件,将待测物理量的变化转换为电容的变化.以平行板电容器为例,其电容为$C = \dfrac{\varepsilon A}{d}$,其中极板间距$d$、极板面积$A$、介电常量$\varepsilon$三个参量中的任意一个参量发生变化都会引起电容变化.相应地有三种类型的电容器:改变极板间距d的变隙式、改变极板面积A的变面积式和改变介电常量ε的变介电常量式.

采用集成电路工艺可在薄硅膜片上构造电容式压力传感器,并可实现规模化生产.图 1-2-13 所示为膜式电容式压力传感器,当一边的压强改变时,膜片电极随之改变,引起极板间距 d 改变,转化为电容器电容的改变,电容的改变由后续的转换电路转换成电信号输出.

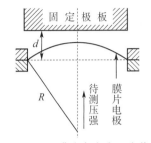

图 1-2-13　膜式电容式压力传感器

电感式传感器　电感式传感器是建立在电磁感应的基础上,利用线圈自感或互感的改变来实现非电学量测量的.根据工作原理的不同,可分为变阻磁式、变压器式和涡旋式.测量方法是将待测物理量(如位移、振动、压力、流量、比重等参数)转换为线圈的自感和互感,利用转换电路进一步将自感和互感转换成电流和电压等电信号.

变阻磁式传感器的结构如图 1-2-14 所示,它由线圈、铁芯和衔铁三部分组成.当待测物理量引起衔铁运动而产生位移时,将导致气隙厚度 d 变化,从而使线圈的自感变化.线圈的自感值 L 与线圈的匝数 N、磁路的总磁阻 R_M 的关系为

$$L = \frac{N^2}{R_\mathrm{M}},$$

式中

$$R_\mathrm{M} = \sum_{i=1}^{N} \frac{l_i}{\mu_i S_i} + 2\frac{d}{\mu_0 S},$$

这里 l_i 为各段铁芯的长度,μ_i 为各段铁芯的相对磁导率,S_i 为各段铁芯的面积.这些量的变化都会引起自感的变化,因此派生出各种类型的传感器,如变气隙厚度、变气隙面积、变磁导率的电感式传感器.图 1-2-15 所示为变气隙面积的电感式传感器示意图.

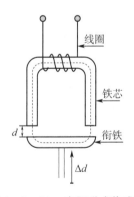

图 1-2-14　变阻磁式传感器

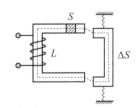

图 1-2-15　变气隙面积的电感式传感器

电感式传感器一般用于接触式测量,可用于静态和动态测量,主要用于位移测量,以及其他可以转化为位移的物理量的测量.

差动变压器是电感式传感器的一种,其本身是一个变压器,它可以把待测位移量转化为互感的变化,同时使次级线圈感应电压也产生相应的变化.结构上常做成差动型,图 1-2-16 所示为差动变压器示意图.在初级线圈上施加一定的交流电压,由于铁芯被激励,两次级线圈会感应出一定的感应电动势.当铁芯在中间时,两次级线圈感应的电动势反向叠加使得总输出为

零. 当铁芯偏离中心后, 两次级线圈输出大小不等, 叠加后为差动输出, 这样不但反映了铁芯移动的距离, 还反映了运动的方向. 差动变压器可用于测量位移、加速度、压力、压强和液位等.

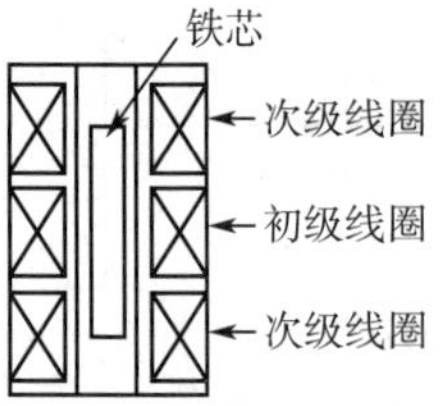

图 1-2-16 差动变压器

压电式传感器 某些物质沿一定的方向受到压力或拉力作用而发生变形时, 其表面上会产生电荷, 若将外力卸掉, 又可重新回到不带电的状态, 这种现象称为压电效应. 压电式传感器就是应用压电效应制成的. 常见的压电材料有石英、钛酸钡和锆钛酸铅等.

第三节 质量的测量

一、质量的定义及质量基准

牛顿第一定律揭示出物体具有惯性, 物体的惯性表现为反抗运动状态的改变. 例如, 在物体上施加一恒力, 物体的惯性越大, 则所产生的加速度越小; 惯性越小, 则所产生的加速度越大. 惯性作为物体的一种属性, 用惯性质量来度量, 简称质量.

国际单位制(SI)中质量的单位是千克(kg). 国际单位制规定: 当普朗克常量 h 以单位 J·s, 即 kg·m^2/s 表示时, 将其固定数值取为 $6.626\ 070\ 15 \times 10^{-34}$ 来定义千克.

关于质量的测量, 要借助于质量相等定义: 将待测物体与标准物体做比较, 在相同的力的作用下, 如果两个物体产生相同的加速度, 则它们具有相同的质量. 对于处在重力场中的物体, 当重力加速度不变时, 设待测物体的重量(所受重力的大小)为 $\omega_1 = m_1 g$, 标准物体的重量为 $\omega_0 = m_0 g$, 当两个物体重量相等($\omega_1 = \omega_2$)时, 两个物体相对静止, 即有相同的运动状态, 则

$$m_1 g = m_2 g,$$

于是 $m_1 = m_2$. 所以, 测量物体的质量是通过测量该物体的重量而获得的. 这种方法需要已知标准物体的质量.

物体质量的测量和比较通常采用根据杠杆原理制成的仪器, 有时也采用利用作用力引起固体形变的性质作为测量原理制成的仪器, 如弹簧秤或一些特殊用途的微量天平(如乔里氏秤和扭力天平等).

二、杠杆天平

杠杆天平是一种杠杆装置, 通常简称为天平, 按其精度分级, 精度较低的为物理天平, 精度较高的为分析天平. 分析天平又可分为摆动式、空气阻尼式和光电自动式. 天平在质量测量中是一个比较器, 标准质量是砝码, 不同等级的天平配置有不同等级的砝码.

天平的主要规格指标有最大称量和感量. 最大称量是天平允许称量的最大质量; 感量是天平的摆针从刻度尺上零点平衡位置偏转一个最小分格时, 天平两秤盘上的质量差. 灵敏度定义为感量的倒数. 天平的感量与最大称量之比决定了天平的精度级别, 我国国家标准规定天平共分为 10 级, 如表 1-3-1 所示. 例如, 最大称量为 1 000 g 的天平, 横梁最小分度为 0.1 g(感量为 0.1 g), 属于 10 级. 有关物理天平和分析天平的使用方法参见基础篇. 选用哪一级天平, 需

要对待测对象有一个大概了解,可以先用最大称量较大的天平进行称量,然后再选用适当的天平.表 1-3-2 列举了几种常见的天平.

表 1-3-1　天平等级

精度级别	感量 / 最大称量	精度级别	感量 / 最大称量
1	1×10^{-7}	6	5×10^{-6}
2	2×10^{-7}	7	1×10^{-5}
3	5×10^{-7}	8	2×10^{-5}
4	1×10^{-6}	9	5×10^{-5}
5	2×10^{-6}	10	1×10^{-4}

表 1-3-2　几种常见的天平

名称	主要技术指标			特点及用途
	感量 /mg	最大称量 /g	精度级别	
普通天平	100	5 000	8	常用于物理实验
工业天平	50	5 000	7	用于工商业及教学实验
精密天平	25	5 000	6	用于质量标准传递和物理实验
高精密天平	0.02	200	1	计量部门用于检定一等砝码、高精度衡量

三、电子秤

电子秤越来越被广泛地使用.电子秤的主要部件是传感器和承载器等,电子秤的感量和最大称量在很大程度上取决于传感器以及转换和放大电路.在实验技术和工业测量中,主要采用电阻应变片作为传感器.

第四节　时间和频率的测量

一、频率基准与秒的定义

时间是国际单位制中的七个基本单位之一.时间的测量在现代科学的各个领域变得越来越重要,当今各项高技术应用中不少需要精确的时间(或频率)标准.国际单位制规定:铯的频率 $\Delta \nu_{Cs}$,即铯-133 原子不受干扰的基态超精细能级跃迁频率以单位 Hz 表示时,将其固定数值取为 9 192 631 770 来定义秒.

实际上,时间和频率的测量装置常用石英晶体振荡器作为频率源,石英晶体振荡器的频率范围很宽,频率稳定度在 $10^{-4} \sim 10^{-12}$ 范围内.高质量的石英晶体振荡器,在经常校准的前提下,稳定度可达 10^{-11}.

测量时间的方法很多,它们的理论基础都是利用周期性变化的规律.在晶体钟和原子钟出现后,人们更关心的是频率的测量,因为频率测准后时间也就测准了.随着电子技术的迅速发展,频率测量的方法和手段日趋成熟,精度越来越高,例如,晶体钟的精度可达三百年差一秒,而原子钟甚至可达三千年差一秒以内.

常用的计时器和频率计可根据实际要求选用.常用的计时器有机械钟表、电子钟表和电子计数器,精度更高的有晶体钟和原子钟.

停表 停表是利用摆的等时性控制指针转动而计时的.停表可分为机械停表和电子停表.用机械法测量时间的缺点是机械记录结构中的零件有很大惯性,因此一般只能测 $\frac{1}{10}$ s 的时间间隔.机械秒表的分度值为 0.1 s,其长、短针在表面的位置分别指示秒和分的数值;电子停表使用范围十分广泛,其测量精度为 0.01 s.

数字毫秒计 数字毫秒计是用数字显示来表示时间的一种精确计时仪器.这种仪器用于测量很短的时间,一般的数字毫秒计可以测得的最小时间间隔为 0.1 ms,最大时间间隔(最大量程)为 99.999 s.

虽然数字毫秒计的种类很多,但它们的工作原理是相同的,即利用标准频率源(一般选用石英晶体振荡器)产生的频率稳定电脉冲,用这些脉冲在开始计数和停止计数的时间间隔内去推动计数器计数.一个脉冲计一个数,根据脉冲个数和两个相邻的脉冲的时间间隔来确定开始计数到停止计数这段时间的长短,并且由显示部件转换成时间单位显示出来.

二、模拟电路测量频率

利用电学测量频率的方法有很多,按照其工作原理分为无源测频法、比较法、示波器法和计数法等.无源测频法是利用电路的频率响应特性来测量频率;比较法是把待测频率与已知的参考频率进行比较来测量频率;计数法实质上属于比较法,其中的电子计数法是一种最常用的方法.

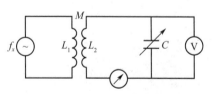

图 1-4-1 谐振法测量频率基本原理图

常用的无源测频法有谐振法和电桥法.

(1)谐振法. 谐振法测量频率的基本原理如图 1-4-1 所示.待测信号经互感 M 与 LC 串联谐振回路进行耦合,改变可变电容器的电容,使回路发生串联谐振.谐振时,回路电流 I 达到最大,待测频率 f_x 可用下式计算:

$$f_x = f_0 = \frac{1}{2\pi\sqrt{LC}},$$

式中 f_0 为谐振回路的谐振频率,L,C 分别为谐振回路的谐振电感和谐振电容.

(2)电桥法. 凡是平衡条件与频率相关的任何电桥都可用来测量频率.测频电桥的种类很多,常用的有文氏电桥、谐振电桥和双 T 电桥等.

常用的比较法有拍频法和差频法.

(1)拍频法. 拍频法是将待测信号与标准信号经线性元件(如拾音器、电压表等)直接进行叠加来实现频率测量.拍频法通常用于音频的测量.

(2)差频法. 高频段频率的测量常用差频法.差频法是利用非线性元件和标准信号对待测

信号进行差频变换来实现频率的测量.两个信号经混频器混频再经滤波器滤波后,输出两者的差频信号,调节标准信号的频率直至两个信号频率相等即可得到待测频率.

示波器是时域测量仪器,可以用来观测信号的波形,测量电压、频率、相位和时间等物理量.示波器的具体应用参见基础篇第二章.

一般示波器只能显示振幅与时间的关系曲线,而扫频仪由于把调频和扫频技术相结合,能显示频率与振幅的关系曲线.扫频仪又称为频率特性测试仪,可用来测定调谐放大器、宽频带放大器、滤波器、鉴频器,以及其他有源或无源网络的频率特性.

电子计数器是一种最常见、最基本的数字化测量仪器.最常用的测量方法是测频法和测周期法.测频法是直接计算 1 s 内有多少个脉冲数.测周期法是测交流电每变化一周期所需的时间.按其测试功能的不同,电子计数器分为以下几类:

（1）通用电子计数器.通用电子计数器又称为多功能电子计数器,它可以测量频率、频率比、周期、时间间隔及累加计数等,通常还具有自检功能.

（2）频率计数器.频率计数器是一种专门用于测量高频和微波频率的电子计数器,它具有较宽的频率范围.

（3）计算计数器.计算计数器是一种带有微处理器,能够进行数学运算,求解较复杂方程式等功能的电子计数器.

（4）特种计数器.特种计数器是一种具有特殊功能的电子计数器,如可逆计数器、顶置计数器、程序计数器和差值计数器等.

通用电子计数器和频率计数器是时间、频率测量的主要电子计数器.电子计数器测量频率的原理如图 1-4-2 所示,待测信号经整形、放大送入主计数门,石英晶体振荡器输出标准频率,经分频后可得到一系列周期为 T 的标准信号.按设定的时间 T 控制待测信号进入计数器的脉冲个数,若待测信号的周期和频率分别为 T_x，f_x，则在 T 时间内进入计数器的脉冲数为

$$N = \frac{T}{T_x} = Tf_x.$$

若 $T = 1$ s，则 $N = f_x$，计数器记录的数字为待测信号的频率.标准信号的周期也可以取 0.1 s，0.01 s，甚至更小.

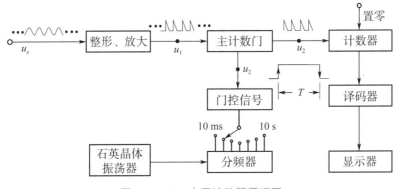

图 1-4-2 电子计数器原理图

第五节　温度的测量

一、温度与温标

温度是一个重要的物理量,它是国际单位制中的七个基本物理量之一,也是科学实验、生产过程的重要参数.

物体的冷热程度常用温度这个物理量表示,它是物质的一种性质,具有相同温度的物体之间不会发生热量传递.温度可以借助于物质的其他性质来间接表述,利用物质的某种性质(如体积、压强、电阻等)随温度而变化的规律测量温度,制成温度计.但不同物质性质随温度变化的规律并不相同,所以利用不同物质制成的温度计都存在局限性.

温度的量化是温标,温标就是温度的数值表示法,各种温度计的数值都是由温标决定的.历史上,人们制定温标是从经验温标开始的,现在广泛使用的经验温标有摄氏温标和华氏温标.摄氏温标是瑞典人摄尔修斯(Celsius)在1740年给出的,测温物质为水银,固定点为冰水混合物0 ℃和水的沸点100 ℃,两个固定点之间分为100份,每份1 ℃.华氏温标是德国人华伦海特(Fahrenheit)在1714年给出的,测温物质为水银,以纯水凝固时的温度为32 ℉,以水的沸点为212 ℉,分为180份,每份1 ℉.所有的经验温标的共同缺点是测温的局限性和依赖于测温物质的测温属性.较为科学的温标是热力学温标,它是借助于热力学第二定律定义的理论温标.为了使用方便,国际计量委员会制订了便于使用的国际实用温标,它具有接近热力学温标、复现精度高和使用方便等特点.现行的国际实用温标为1989年7月第77届国际计量委员会批准的ITS-90,我国从1994年1月1日起全面实行ITS-90.ITS-90温标分为四个温区,其对应标准仪器分别为

① 0.65 ~ 5.00 K,^{3}He 和^{4}He 蒸气压温度计;

② 3.0 ~ 24.556 1 K,^{3}He 和^{4}He 定容气体温度计;

③ 13.803 3 K ~ 961.78 ℃,铂电阻温度计;

④ 961.78 ℃ 以上,光学或光电高温计.

作为补充,2000年10月国际计量委员会决定采用基于^{3}He溶解压曲线的压力与温度关系的PLTS-2000,作为覆盖0.9 mK ~ 1 K范围的暂行低温温标.

二、温度测量原理与方法

温度测量原理　热力学第零定律给出,两个物体分别与第三个物体相接触而达到热平衡,则这三个物体之间没有热量传递,即具有相同的性质 —— 温度.热力学第零定律也是温度测量的依据,将温度计与待测物体接触,当达到热平衡时,温度计显示的温度就是待测物体的温度.必须注意的是温度计吸热不能对待测物体产生影响.由于物体在任何温度下都存在辐射,使用辐射能量随温度变化的原理,也可对温度进行测量.

温度测量方法　基于热平衡原理的测温方法称为接触法;基于热辐射原理的测温方法称为非接触法.

(1)接触法.测温时用传感器与待测物体相接触,传感器从待测物体上吸热,经过足够长的时间达到热平衡.接触法的优点是测温的准确度较高,容易测量1 000 ℃以下的温度;缺点是响应较慢,可能破坏待测物体的热平衡,易受待测物体腐蚀等.

（2）非接触法. 测温时传感器与待测物体不接触, 吸热来自待测物体在具有一定温度时的辐射能. 非接触法的优点是不改变待测物体的温度分布、热惯性大, 测量 1 000 ℃ 以上的温度时准确度较高; 缺点是测量 1 000 ℃ 以下的温度时误差较大.

三、温度计及温度传感器

利用物理效应可制成各种温度计, 如表 1-5-1 所示. 温度计按常用的测温属性（膨胀、压力、电阻、热电动势和热辐射等）制成的温度计如表 1-5-2 所示. 不同的温度计适用于不同的温区, 图 1-5-1 为各种温度计的测温范围.

表 1-5-1　物理效应与温度计

物理效应	制成的传感器	温度计
热电效应	热电偶传感器	热电高温计
电阻随温度变化	热电阻传感器	数值温度计、多点温度计
pn 结的温度特性	二极管传感器	半导体温度计
光电效应	太阳能电池 光电倍增管传感器	辐射温度计 亮度温度计、比色温度计
热电效应	晶体钛酸钡传感器	晶体温度计
核磁共振	氯酸钾传感器	核四极共振温度计
膨胀	双金属、水银、酒精、气体传感器	双金属温度计 玻璃液体温度计、气体温度计 液体压力温度计
磁性变化	感温铁氧体传感器	磁温度计

表 1-5-2　测温属性与常用温度计

测温属性	种类	使用温度范围 /℃	准确度 /℃	线性化	响应速度	记录与控制
膨胀	水银温度计	−50～650	0.1～2	可	中	不合适
	有机液体温度计	−200～200	1～4	可	中	不合适
	双金属温度计	−50～500	0.5～5	可	慢	合适
压力	液体压力温度计	−30～600	0.5～5	可	中	合适
	蒸气压温度计	−20～350	0.5～5	非		
电阻	铂电阻温度计	−260～1 000	0.01～5	良	快	合适
	热敏电阻温度计	−50～350	0.3～5	非		
热电动势 （热电温度计）	B	0～1 800	4～8	可	快	合适
	S-R	0～1 600	1.5～5	可		
	N	0～1 300	2～10	良		
	K	−200～1 200	2～10	良		
	E	−200～800	3～5	良		
	J	−200～800	3～10	良		
	T	−200～350	2～5	良		

续表

测温属性	种类	使用温度范围 /℃	准确度 /℃	线性化	响应速度	记录与控制
热辐射	光学温度计	700～3 000	3～10	非	一	不合适
	光电温度计	200～3 000	1～20	非	快	合适
	辐射温度计	100～3 000	5～20	非	中	合适
	比色温度计	180～3 500	5～20	非	快	合适

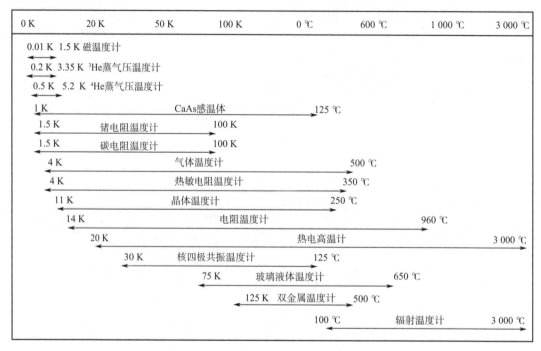

图 1-5-1　各种温度计的测温范围

四、膨胀式温度计

玻璃液体温度计　玻璃液体温度计利用感温液体在温包和毛细管内的膨胀来测量温度,利用与毛细管并排的刻度尺来读取温度.选用的感温液体主要有水银和酒精等,其中水银应用最广.

实验室用的一般为水银温度计,分度值为 1 ℃,有些精确的水银温度计分度值可为 0.1 ℃,作为标准用的水银温度计分度值可达到 0.01 ℃.它们是成套配制的,其测温范围为 －30～300 ℃.

压力温度计　压力温度计利用定容条件下一定质量的液体的压力随温度变化的关系测量温度,或利用在封闭系统内气体蒸气压随温度的变化测量温度.

压力温度计由充有感温介质的温包、传压元件(如毛细管)及压力敏感元件(如弹簧管)构成.温包内填充的感温介质可以是气体或液体.

双金属温度计　双金属温度计是由两种线膨胀率不同的金属薄片叠焊在一起制成的,它是一种固体膨胀式温度计,如图 1-5-2 所示.将双金属片的一端固定,如果温度升高,一种金属片受热膨胀而有较大伸长,另一种金属片伸长较小,使得双金属片弯曲翘起.

双金属温度计有角型、直型、钝角型和万向型.双金属温度计的测温范围通常为 $-80 \sim 600$ ℃,其热响应时间与结构有关,一般不超过 40 s.

气体温度计 气体温度计的测温物质为气体,如氢气、二氧化碳等.气体温度计分两种:一种是一定质量的气体,保持体积不变,用压强随温度的变化来测量温度,称为定容气体温度计;另一种是保持压强不变,用体积随温度的变化来测量温度,称为定压气体温度计.

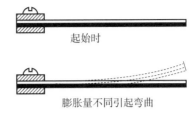

图 1-5-2 双金属温度计的工作原理

五、电阻温度计

电阻温度计利用导体或半导体作为测温物质,用导体或半导体的电阻随温度的变化来测量温度.习惯上将作为标准的热电阻体称为标准热电阻,将用于一般测量的热电阻体称为热电阻.电阻温度计的测温范围比较宽,一般为 $-200 \sim 850$ ℃,特殊的可低到 1 K,高到 1 000 ℃.与使用比较广泛的热电温度计相比,电阻温度计有准确度高、输出信号大、信号稳定、无须参考点等优点.

物体的电阻随温度的变化一般用电阻温度系数 α 描述,定义为单位时间内温度改变 1 K 引起的电阻值的相对变化,其表达式为

$$\alpha = \frac{1}{R} \frac{\mathrm{d}R}{\mathrm{d}t}.$$

一般情况下,电阻与温度的关系并不是线性的,制作温度计时将做线性化处理.电阻温度系数有正负之分,金属的电阻一般随温度的升高而增加,其电阻温度系数为正,而半导体的电阻温度系数是负的.金属的电阻还与其纯度有关,纯度越高,则电阻温度系数越大.常温下合金的电阻温度系数通常总比纯金属小.

标准铂电阻温度计是由标准热电阻制成的温度计,有杆式和套筒式两种.杆式测温范围分为中温和高温两个温区,中温用于 $-183 \sim 630$ ℃,高温用于 $0 \sim 1\,064$ ℃;套筒式为低温温度计,用于 $-260 \sim 100$ ℃.

常用的工业热电阻有铂热电阻、铜热电阻、镍热电阻和低温热电阻等.铂热电阻的测温范围为 $-200 \sim 850$ ℃,国家标准中规定了 Pt10 和 Pt100 两种,实际使用中还有 Pt20,Pt50,Pt200,Pt300,Pt500,Pt1000,Pt2000 等.铜热电阻的测温范围为 $-50 \sim 150$ ℃,其优点是电阻温度系数大、价格便宜、互换性好,缺点是固有电阻太小、电阻与温度的关系为非线性、测温范围太窄等,目前使用逐渐减少.镍热电阻的特点是电阻温度系数较大,但因很难获得电阻温度系数相同的镍丝,故互换性较差,导致不同厂商的镍热电阻不能互换.镍热电阻的测温范围为 $-50 \sim 300$ ℃.低温时,金属的电阻通常变得很小,纯金属已不适应于作为温度传感器,有些合金材料在低温时电阻仍然较大,可作为温度传感器,如铑-铁热电阻、铂-钴热电阻等.

热电阻常常使用铠装方式,就是将热电阻感温元件装入金属套筒内,用压制和密实的氧化镁绝缘焊封实体.铠装热电阻的外径尺寸一般为 $2 \sim 8$ mm,也可做到 1 mm,测温范围为 $-200 \sim 600$ ℃.

半导体的电阻随温度呈指数变化,根据此特点可制成热敏电阻,其特点是电阻温度系数比金属大 $10 \sim 100$ 倍,具有电阻高、体积小、结构简单、热响应时间短和功耗小等优点,缺点是电阻与温度的关系为非线性、互换性较差等.热敏电阻的温度特性有三类:负电阻温度系数热敏电阻、正电阻温度系数热敏电阻和临界电阻温度系数热敏电阻.热敏电阻常用于温度调节与控制、电路温度补偿等,工业上应用尚不普遍.

热敏电阻作为感温元件,当要指示温度时还需对热敏电阻进行定标.

六、热电温度计

热电偶是将温度转换为热电动势的热电式传感器,具有结构简单、使用方便、精度高、热惯性小、可测局部温度和便于远距离传送与集中检测等优点.

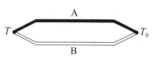

图 1-5-3 热电效应

热电效应由塞贝克(Seebeck)在 1821 年发现.如图 1-5-3 所示,在两种不同的金属所组成的闭合回路中,当两接触处的温度不同时,回路中产生热电动势,称为塞贝克热电动势,这种物理现象称为热电效应.实验证明,回路的总热电动势为

$$E_{AB}(T, T_0) = \int_{T_0}^{T} \alpha_{AB} \mathrm{d}T = E_{AB}(T) - E_{AB}(T_0),$$

式中 α_{AB} 为塞贝克系数.后来的研究指出,热电效应产生的热电动势是由佩尔捷(Peltier)效应和汤姆孙(Thomson)效应引起的.佩尔捷效应揭示了当同温度的两种不同金属互相接触时,将产生电动势,如图 1-5-4 所示.由于不同金属内自由电子的密度不同,在两种金属 A 和 B 的接触处会发生自由电子扩散,一种金属得到电子,另一种金属失去电子,两种金属接触处将产生电动势,称为接触电动势.接触电动势的大小为

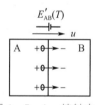

图 1-5-4 接触电动势

$$E'_{AB}(T) = \frac{kT}{e} \ln \frac{n_A}{n_B},$$

式中 n_A 为金属 A 的电子数密度,n_B 为金属 B 的电子数密度,k 为玻尔兹曼常量,e 为元电荷.

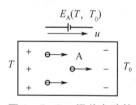

图 1-5-5 温差电动势

汤姆孙效应证明在一均匀的金属棒的一端加热,则沿此金属棒纵向方向将形成温度梯度,导致自由电子从高温端向低温端扩散,并在低温端积聚,使金属棒内建立起一个电场,出现电动势,如图 1-5-5 所示.当电子所受电场力与扩散力平衡时,电场产生的电动势称为汤姆孙电动势或温差电动势.温差电动势的大小为

$$E_A(T, T_0) = \int_{T_0}^{T} \alpha_A \mathrm{d}T,$$

式中 α_A 为金属 A 的汤姆孙系数.

如果用两种金属 A 和 B 构成回路,则回路中有四个电动势,总热电动势是这四个电动势的代数和,如图 1-5-6 所示.当 $T > T_0$ 时,总热电动势为

$$\begin{aligned}
E_{AB}(T, T_0) &= -E_A(T, T_0) - E'_{AB}(T_0) + E_B(T, T_0) + E'_{AB}(T) \\
&= -\int_{T_0}^{T} \alpha_A \mathrm{d}T - E'_{AB}(T_0) + \int_{T_0}^{T} \alpha_B \mathrm{d}T + E'_{AB}(T) \\
&= E'_{AB}(T) - E'_{AB}(T_0) - \int_{T_0}^{T} (\alpha_A - \alpha_B) \mathrm{d}T
\end{aligned}$$

$$= \left[E'_{AB}(T) - \int_0^T (\alpha_A - \alpha_B)dT \right] - \left[E'_{AB}(T_0) - \int_0^{T_0} (\alpha_A - \alpha_B)dT \right]$$
$$= E_{AB}(T) - E_{AB}(T_0).$$

按照上式,可得到:① 如果热电偶两个电极的材料相同,两个接触点温度不同,不会产生热电动势;② 如果热电偶两个电极的材料不同,但两个接触点温度相同,也不会产生热电动势;③ 如果热电偶两个电极的材料不同,回路热电动势为两个接触点温度的函数.另外,在总热电动势中,接触电动势较温差电动势大得多,因此,其极性也就取决于接触电动势的极性.在两个热电极中,自由电子数密度大的金属为正极.热电偶总热电动势仅与热电偶的电极材料和两接触点温度有关,使用时颠倒两电极不会改变总热电动势的大小,但符号要取反.

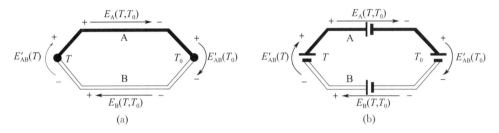

图 1-5-6　总热电动势

热电偶的基本定律有:均质导体定律、中间导体定律和中间温度定律.

均质导体定律　两种均质金属组成的热电偶,其电动势的大小与电极直径、长度及沿电极长度上的温度分布无关,只与电极材料和两接触点温度有关.电极材质不均匀将产生附加热电动势.

中间导体定律　在热电偶回路中插入导体,只要被插入导体两端的温度相等,且插入导体是均匀的,则无论插入导体的温度如何,都不影响原来热电偶的热电动势的大小.

在热电偶的实际应用中,必须有连接导线和显示仪表,若将连接导线和显示仪表看成串联的导线,只要它们两端的温度相同,就不会影响总热电动势.

中间温度定律　若将一热电偶看成是由两段构成的,如图 1-5-7 所示,则两接触点温度为 $T, T_0 (T > T_0)$,中间温度为 T_n 时,总热电动势为两段热电动势的代数和,即

$$E_{AB}(T, T_0) = E_{AB}(T, T_n) + E_{AB}(T_n, T_0).$$

图 1-5-7　中间温度定律示意图

自1821年塞贝克发现热电效应以来,已有300多种电极材料制成热电偶,其中被广泛使用的有 40 多种,最为广泛使用的部分标准热电偶的参数如表 1-5-3 所示.

表 1-5-3　部分标准热电偶参数

名称	铂铑10-铂 铂铑13-铂	铂铑30-铂铑6	镍铬-镍硅	镍铬硅-镍铬镁	铜-铜镍	镍铬-铜镍	铁-铜镍
分度号	S,R	B	K	N	T	E	J
直径/mm	最高使用温度(长期使用 ～ 短期最高)/℃						
0.2					150～200		
0.3			700～800	700～800	200～250	350～450	300～400
0.5	1 400～1 600	1 400～1 700	800～900	800～900	200～250	350～450	300～400
0.8			900～1 000	900～1 000		450～550	400～500
1.0			900～1 000	900～1 000	250～300	450～550	400～500
1.2			1 000～1 100	1 000～1 100		450～550	
1.6			1 000～1 100	1 000～1 100	350～400	550～650	500～600
2.0			1 100～1 200	1 100～1 200		550～650	500～600
2.5			1 100～1 200	1 100～1 200		650～750	600～700
3.2			1 200～1 300	1 200～1 300		750～900	600～700

常用的非标准热电偶有钨铼系热电偶、铂铑系热电偶、铱铑系热电偶、铂钼系热电偶、金-铂热电偶、铂-钯热电偶、钨-钨铼热电偶、镍铬-金铁热电偶、铂钼 5-铂钼 0.1 热电偶、镍钼 18-镍钴 0.8 热电偶、铱铑 40-铱热电偶等.

目前各国都在开发非金属热电偶,可采用的非金属热电偶材料如表 1-5-4 所示.

表 1-5-4　非金属热电偶材料

类别	热电偶材料		最高使用温度 /℃	长期使用温度 /℃	使用方向
	正极	负极			
非金属热电偶材料	石墨 C	碳化钛 TiC	2 500	2 000	适用于还原性气氛、中性气氛或惰性气氛
	石墨 C	二硼化锆 ZrB₂	1 800	1 600	适用于含碳气氛
	石墨 C	碳化铌 NbC	2 500	1 700	适用于含碳气氛、还原性气氛或中性气氛
	石墨 C	碳化硅 SiC	1 800	1 600	适用于含碳气氛,不可用于氧化气氛
	碳化硅 SiC(p)	碳化硅 SiC(n)	1 750	1 600	适用于氧化气氛等
	二硼化锆 ZrB₂	碳化锆 ZrC	2 000	1 800	适用于氮、一氧化碳等非氧化气氛
	碳化铌 NbC	碳化锆 ZrC	2 600	2 500	适用于非氧化气氛和真空
	二硅化钼 MoSi₂	二硅化钨 WSi₂	1 800	1 700	适用于氧化气氛、含碳气氛、中性气氛、还原性气氛及金属蒸气等介质及熔盐或玻璃
金属陶瓷热电偶材料	钨＋2% 氧化钍 W-2(ThO₂)	碳化硅 SiC	2 200	2 000	适用于喷气发动机排气口测温

热电偶并不能显示温度,还要借助于测量仪表将热电动势进行放大、调整、转换成温度显示.测量热电动势的仪表有电势差计、数字电压表、电子式自动平衡仪表、动圈式仪表、数字温度计、变压器等.这些仪表用于测量热电动势的优缺点如表1-5-5所示.

表1-5-5　用于测量热电动势的各种仪表的优缺点

测量仪表	优点	缺点
电势差计	精度最高,可作为标准仪表	1. 操作者技术需熟练 2. 需手动操作,不便用于动态
数字电压表	1. 精度高,可作为标准仪表 2. 使用方便,不需要熟练的技术	1. 需定期进行校对以维持高精度 2. 通电后到稳定使用需要时间,受电网影响
电子式自动平衡仪表	1. 显示机构的转矩大 2. 精度高	结构复杂,维护困难
动圈式仪表	1. 无须辅助电源,可直接配合热电偶使用 2. 结构简单	1. 与热电偶配合使用时,需要外接电阻进行调节 2. 转矩小
数字温度计	1. 可直接显示温度 2. 不需要熟练的技术	保持高精度较难,受环境影响较大
变压器	1. 温度对测量结果影响小 2. 无运动部件	不能显示温度,需有换算仪器

目前用于温度测量与温度控制的仪器中有许多智能化仪器,通常从温度传感、温度变送、数据采集、温度转换、温度显示等环节形成系列产品和综合产品,已能满足各种需求.

第六节　电流的测量

一、电流测量的基本原理

电流是国际单位制中的七个基本物理量之一. 电流的测量是电学其他物理量测量的基础.测量电流的方法和仪器多种多样,这些仪器是基于电流的各种效应(如热效应、磁效应和电磁感应)制成的,最常见的仪器是以待测电流的磁场与仪器中的永久磁铁的磁场的相互作用为基础的磁电式电流表.

电流有直流电流和交流电流之分,交流电流常常需转换为电压后进行测量.用于电流测量的基本原理有通过安培力测量电流,由测质子磁旋比γ_p来复现电流单位,利用欧姆定律$I = \dfrac{U}{R}$来实现电流测量等.

安培秤是利用安培力来测量电流的,如图1　6-1所示为安培秤的示意图. 天平的右端悬挂的载流动线圈C在一对平行固定圆线圈A,B之间,动线圈与固定圆线圈之间的作用力用天平来称量.

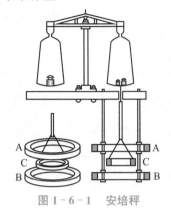

图 1-6-1 安培秤

磁旋比的测量精度随技术的提高也在不断提高,如质子的磁旋比测量值已达到 $\gamma_p = 267\,522\,187.44\ \text{s}^{-1} \cdot \text{T}^{-1}$. 一定尺寸的线圈中心的磁场正比于电流 I,磁场中核磁共振的频率为 $\nu = \gamma_p B$,测出 ν 就可求出磁感应强度的大小 B,进而求出电流 I.

当能够得到电压基准和电阻基准时,可以利用欧姆定律求电流,这是实现电流测量的一种方法.电压基准的参数参见本书第一章第七节,电阻基准可利用量子霍尔效应来实现(在低温强磁场下,场效应管长条形表面沟道两侧的霍尔电极之间产生的霍尔电压 U_H 和漏极电流 I_D 之比为霍尔电阻 R_H,其值为冯·克利青(von Klitzing)常量的约定值 $R_{K\text{-}90}$($R_{K\text{-}90} = 25\,812.807\ \Omega$)的整数分之一,这一效应称为量子霍尔效应).

二、常用电流测量仪表及装置

振动电容静电计　振动电容静电计是由振动电容器、电子放大器和指示仪表等组成的,可用来测量微电流.微电流经振动电容器调制后放大,然后通过指示仪表显示电流值,其电流分度值可达 1×10^{-16} A.

磁电式电流表　磁电式仪表在电参量指示仪表中占有极其重要的地位,它可以直接测量直流电压和电流.普通物理实验中所用的电流表、电压表和多用表都是磁电式仪表.磁电式测量机构加上整流器,可用于多种非电参量的测量,如温度、压力等.当磁电式仪表采用特殊结构时,还可以制成灵敏度极高的检流计,用来测量极其微小的电流.

动圈式磁电式仪表的结构特征为载流线圈在永久磁铁磁场中发生偏转,如图 1-6-2 所示.这类仪表准确度高、灵敏度高、功耗小、刻度均匀,但过载能力差.磁电式电流表(表头)可以直接作为直流电流表使用,使用时与待测电路串联.表头允许通过的电流很小,一般是几十微安,最多也不过几十毫安.如果电流过大,会损坏表头,它通常用作检流计、微安表和小量程毫安表.

图 1-6-2 动圈式磁电式仪表结构图

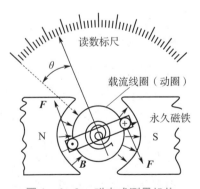

图 1-6-3 磁电式测量机构

磁电式电流表的测量机构是利用永久磁铁和载流线圈(动圈)的相互作用而制成的,如图 1-6-3 所示.当载流线圈中有电流通过时,磁场对动圈产生一定大小的转动力矩,使动圈发生偏转.同时,与动圈固定在一起的游丝因动圈偏转而发生形变,产生回复力矩(与转动力矩反向),且随动圈偏转角的增加而增加. 当回复力矩增加到与转动力矩相等时,指针便停留在相应位置上,指针在读数标尺上指示出待测量的数值.

动圈的线径很细,而且电流还要通过游丝,所以允许通过的电流很小. 无分流器的磁电式电流表只有微安表或毫安表,仅能测量直流电流. 若进行较大电流的测量,必须在测量电路上采取措施,使待测量通过测量线路时,变成测量机构所能接受的小电流. 一般采用分流器扩大电流测量量限.

如图 1-6-4 所示为电流表的原理接线图,其中 R_d 为一个并联在磁电式测量机构上的分流电阻(分流器),它比测量机构的内阻 R_0 小很多,则待测电流 I 的大部分将从分流器的支路流过,只有很少的一部分通过测量机构. 测量机构的内阻 R_0 是已知的,允许通过的分流电流由线径及游丝决定,故可以根据待测电流 I 的大小计算出分流器 R_d 的大小. 由图 1-6-4 知

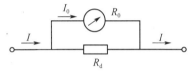

图 1-6-4　电流表的原理接线图

$$I_0 R_0 = (I - I_0) R_d,$$

所以

$$R_d = \frac{R_0}{I/I_0 - 1}.$$

磁电式电流表可直接用来检验电路中有无电流通过,这种用途的电流表称为检流计,指针式检流计的分度值可达 $10^{-6} \sim 10^{-7}$ A. 常用直流放大器和检流计(或微安表)相连组成弱电流测量装置或平衡指示装置. 利用光杠杆原理可以制成高灵敏度检流计,又叫光点检流计,如图 1-6-5 所示. 光点检流计的灵敏度很高,其分度值可达 $10^{-6} \sim 10^{-11}$ A. 光点检流计是一种非常易损坏的电表,机械振动、较大的电流(超过 1 μA)都会使其遭到损坏.

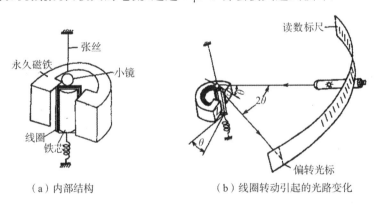

(a) 内部结构　　　　　　　　　(b) 线圈转动引起的光路变化

图 1-6-5　光点检流计结构图

电磁式电流表　电磁式仪表常用于交流电流、电压的测量. 电磁式仪表的测量机构主要由通过待测电流的固定线圈和处于固定线圈内的可动软磁铁片组成. 常见的电磁式测量机构分为扁线圈吸引型和圆线圈排斥型两种. 可携式电流表、电压表的测量机构往往由扁线圈吸引型测量机构构成;安装式电流表、电压表的测量机构往往由圆线圈排斥型测量机构构成.

电磁式电流表的特点为:① 电磁式电流表既可用于直流测量,也可用于交流测量. 当铁芯采用优质导磁材料时,可制成交流、直流两用的仪表. ② 由于待测电流直接进入固定线圈,所以允许通过较大的待测电流,即过载能力强,可测 $10^{-2} \sim 10^2$ A 的电流,准确度等级一般达不

到 0.5 级.③ 结构简单、成本低、应用较广.④ 在固定线圈和可动软磁铁片之间产生偏转力矩 M, $M \propto I^2$, 故仪表的标尺刻度不均匀.⑤ 由于电磁式电流表的整个磁路中几乎没有铁磁材料,磁场在空气中形成回路,磁阻较大,造成工作磁场较弱,易受外磁场的干扰. 为了克服这种影响,电磁式电流表常采用磁屏蔽或无定位结构的方法来减小或消除外磁场的影响.⑥ 电磁式电流表受温度和电源频率的影响较大,会产生一定的误差.

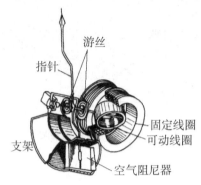

游丝

指针

固定线圈
可动线圈

支架

空气阻尼器

图 1-6-6　电动式测量机构基本结构图

电动式电流表　电动式测量机构利用两个通电线圈之间的相互作用力来产生转动力矩实现电流的测量,其基本结构如图 1-6-6 所示.

电动式测量机构用来测量直流电流时,固定线圈(定圈)和可动线圈(动圈)中分别通过直流电流 I_1 和 I_2,I_1 通过定圈,产生磁场,动圈在磁场中受到的转动力矩的大小为 $M = kI_1I_2$,即转动力矩的大小与两个线圈中的电流的乘积成正比. 如果电动式测量机构用来测量交流电流,只要使 I_1 和 I_2 的方向同时改变,其转动力矩的方向就不会改变.

当测量机构内的定圈和动圈同时通以交流电流 i_1 和 i_2 时,转动力矩的瞬时值为

$$m_i = ki_1i_2 = kI_1I_2\cos\varphi - kI_1I_2\cos(\omega t + \varphi), \qquad (1-6-1)$$

式中 I_1,I_2 分别为 i_1 和 i_2 的有效值,φ 为 i_1 和 i_2 的相位差. 式(1-6-1)说明转动力矩的瞬时值 m_i 是随时间 t 变化的. 由于仪表可动部分具有惯性,所以指针的偏转角取决于测量机构的平均转矩

$$M = kI_1I_2\cos\varphi. \qquad (1-6-2)$$

式(1-6-2)说明,当电动式测量机构用于测量交流电流时,指针的偏转角不仅和通过两个线圈的电流的有效值有关,而且还与两电流之间的相位差的余弦成正比.

将电动式测量机构的定圈和动圈串联构成的电动式电流表通常只用在 0.5 A 以下的量限中,因为待测电流要通过游丝导通,而且动圈的导线又很细,所以不宜通过较大的电流. 量限较大的电动式电流表采用动圈和定圈并联,或用分流器将动圈分流的方法来构成.

电动式仪表的准确度等级高,可达 0.5 级以上,最高可达 0.1 级. 量限为 $10^{-1} \sim 1$ A 的电动式电流表可用于交流电流的测量,其灵敏度较高,但刻度不均匀,过载能力差,易受外磁场干扰. 由于电动式测量机构的磁路是空气,磁阻很大,所需的励磁安匝数很大,所以功耗较大.

数字电流表　数字式仪表与模拟式仪表相比,具有很多优点,如数字式仪表的准确度高、灵敏度高、输入阻抗高、操作简单、测量速度快等. 数字电流表是利用基于欧姆定律的电流电压转换器将电流转换为电压,经数字电压表显示电流值,量限为 $10^{-8} \sim 10$ A,分辨率小于 10^{-10} A. 数字电流表和数字电压表往往集成在一台仪器上.

第七节　电压的测量

电压测量是电磁测量中极其重要的部分. 在标准电阻两端的电压一经测得,就可以计算出

电路中表征信号能量的三个基本参量中的两个 —— 电流和功率. 电压测量是许多电路参数和非电参量测量的基础.

在实际测量中,待测电压具有频率范围宽、振幅差别大、波形种类多等特点. 电压测量应满足的基本要求如下:① 所用电压表必须有足够宽的频率范围,即具有足够的频宽. 电压表需要满足待测电压的频率范围从零到数百兆赫兹的频宽要求,因此根据使用频率范围,电压表大致可分为直流、低频、高频和超高频.② 所用电压表应具有相当大的量限或具有针对性,测量微小电压时需要选用高灵敏度的电压表,测量高电压时需要选用绝缘强度高的电压表.③ 电压表要有足够高的输入阻抗,即输入电阻应尽可能大,输入电容应尽可能小,减小对待测电路的影响. 因为在测量电压时,电压表以并联方式接入待测电路,其输入阻抗是待测电路的额外负载.④ 电压表的抗干扰能力必须强,因为测量工作一般是在受各种干扰的情况下进行的. 当选用高灵敏度电压表进行测量时,干扰会引入明显的测量误差,这就要求电压表具有较强的抗干扰能力,必要时应采取一些抗干扰措施,如接地、使用短的测试线、加屏蔽罩等,以减小干扰的影响.⑤ 电压表应满足不同类型电压的测量要求. 不同类型电压表的适用对象和使用方法是不同的,测量时应根据电压的类型来确定电压表.

电压测量有多种方法,物理实验中常用磁电式仪表测量法、补偿法和静电学法.

一、电压测量基准量具及实现原理

标准电池　标准电池是作为电动势参考标准的一种化学电池,是一种高度可逆的电池,它的电动势极其准确,重现性好,具有极小的温度系数(温度变化对电动势的影响很小),并且能长时间稳定不变. 现在国际上通用的电势测量标准电池是韦斯顿(Weston)电池,韦斯顿电池多为饱和式.

饱和标准电池正极是硫酸亚汞/汞电极,负极是镉-汞电极(含有 10% 或 12.5% 的镉),电解液是酸性的饱和硫酸镉溶液,溶液中留有适量的硫酸镉晶体,以确保溶液饱和,其构造示意如图 1-7-1 所示. 饱和标准电池的标准电动势为 1.018 32 V(25 ℃),电动势稳定度等级为 0.2 ~ 0.001,国家基准电池组的平均值年漂移小于 2×10^{-7}.

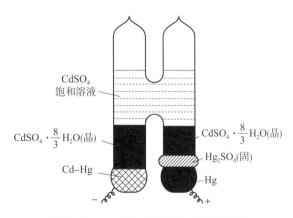

图 1-7-1　饱和标准电池构造示意图

标准电池一般用作电动势的校验,它具有稳定的电动势、较小的温度系数. 另外,还有一种标准电池是干式的,其溶液呈糊状、不饱和,故也称为糊状不饱和电池. 这种电池精度略差,一般可免除温度校正,常安装在便携式电势差计中.

任何标准电池(新的或旧的),未经严格校正都不能保证它所标定的电动势. 标准电池在使用中要注意以下几点:

(1)标准电池决不能作为电源使用,一般放电电流应小于 0.000 1 A,操作中不能长时间接通,并须防止标准电池短路.

（2）使用标准电池决不允许超过额定电流（即使通过超过额定电流的时间为 1 s 也不允许）. 当偶然超过额定电流之后，可以参考有关资料将其恢复为标准电池，或者不再把它作为标准电池使用. 因此，使用标准电池时一般需串联一个 10 kΩ 的保护电阻. 在许多标准电池里，已事先串联了保护电阻. 所以，使用标准电池之前，要弄清是否已装了保护电阻，如有疑问，可以外接一个电阻. 有时为了提高测量线路的灵敏度，可以降低保护电阻的电阻值，甚至将其拆去，但一定要注意不能超过额定电流.

（3）使用标准电池时，要平稳拿取，水平放置，决不允许倒置、摇动.

（4）标准电池使用温度要控制在 277.2 ~ 313.2 K 范围内，且应置于温度波动不大的环境中.

利用约瑟夫森（Josephson）效应实现电压的新实用基准 低温下两超导体之间夹以极薄的绝缘层组成了约瑟夫森结. 用频率为 ν 的电磁波照射约瑟夫森结时，在一系列分立的电压值 U_n 上，可感应出直流电流，且 $\nu n = K_{J\text{-}90} U_n$，式中 n 是正整数，常量 $K_{J\text{-}90}$ 取约定值 483 597.9 GHz/V. 这就是外感应约瑟夫森效应. 约瑟夫森效应提供了一种具有再现性的频率和电压转换，且由于频率已由铯标准明确界定，因此约瑟夫森效应实现了电压的新实用基准.

二、常用电压仪表与装置

电压天平 与安培秤相似，将固定线圈换成两平行平板电极，电极之间的静电引力的大小 F 和电压的平方 U^2 成正比. 已知 F、电极间距和电极面积，可确定电压 U，不确定度约为 1×10^{-5}.

液体静电计 液体静电计由汞液体、平板电极等构成. 汞液面和它上方的平板电极之间加电压 U，静电力使电极下方的汞液面升高一定距离 Δh，通过 Δh 可测量电压，其不确定度约为 1×10^{-5}.

标准电压发生器 标准电压发生器由基准电压源、精密电阻分压器和运算放大器组成. 基准电压源由稳压二极管等构成. 稳压二极管的温度系数小，其电压不确定度小于 2×10^{-6}，广泛用于数字式仪表中.

直流电势差计 直流电势差计具有测量准确度高、对检测电路无影响等特点，可用来测量微伏级到 2 V 的电压. 直流电势差计配以标准附件，可测量电流、电阻、功率及较大电压，配合热电偶可测量温度，还可以对各种直流电压表、电流表及标准电阻进行标定.

直流电势差计准确度等级分为 10 个级别：0.000 1，0.000 2，0.000 5，0.001，0.002，0.005，0.01，0.02，0.05，0.1. 按测量范围分为高电动势电势差计（最大测量电压≥1 V）和低电动势电势差计（最大测量电压＜1 V）.

直流电势差计的测量电路有单向分压电路、串联代换电路、并联分压电路、电流叠加电路、桥式电路和分列环式电路等.

磁电式电压表 在电流的测量中已经介绍了磁电式测量机构，并用磁电式测量机构构造了电流表. 磁电式测量机构同时也是一个简单的电压表，磁电式电压表准确度高、功耗小，但过载能力低，内阻一般为 10^3 ~ 10^4 Ω/V 量级，量程一般小于 10^3 V.

磁电式表头的内阻是不变的，若在表头两端施加一允许电压，表头将有与所施加电压成正比的电流流过，引起指针偏转. 如果在标尺上用电压单位来刻度，就变成了电压表. 指针偏转角与待测电压成正比. 因表头允许通过的电流很小，容许加在表头两端的电压也很小，所以一般只能做成毫伏表. 为了扩大其电压量程,需将表头串联较大的电阻(附加电阻). 将表头串联一个附加电阻就构成了单量程电压表,如图 1-7-2(a) 所示. 设表头电流量程为 I_g,内阻为 R_g,则附加电阻 R_i 与电压量程 U 的关系为

$$R_g = \frac{U}{I_g} - R_i.$$

将表头串联多个附加电阻就构成了多量程电压表,如图 1-7-2(b) 所示.

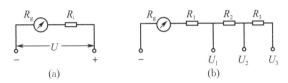

图 1-7-2　单量程电压表与多量程电压表

用电压表测量电压时,电压表内阻越大,电压表接入待测电路后的分流作用就越小,对待测电路工作状态的影响就越小,测量误差就越小. 电压表内阻是表头的电阻 R_g 与附加电阻之和. 电压表各量程的内阻与相应电压量程的比值为一个常量,这个常量常常在电压表的刻度盘上注明,单位为 Ω/V. 它是电压表的一个重要参数,这个参数越大,说明该电压表并联到电路上对电路的分流作用就越小.

多用电表(简称多用表)　多用表是一种多量程、多功能、便于携带的电工用表. 多用表由表头、测量线路、转换开关以及外壳等组成. 表头用来指示待测量的数值,测量线路用来把各种待测量转换为适合表头测量的直流微小电流,转换开关用来实现对不同测量线路的选择,以适应各种待测量的要求.

电磁式电压表　电磁式测量机构串联一个附加电阻便构成电磁式电压表. 常用的电磁式电压表的测量范围为 $1 \sim 10^3$ V,准确度等级一般为 $0.1 \sim 0.5$ 级. 安装式电压表常制成单量程,量程可以达到 600 V,测量更高电压时则应采用电压互感器. 便携式电压表通常制成多量程,不同量程的电压表可以通过改变附加电阻及将固定线圈分段串联、并联来完成.

电动式电压表　将电动式测量机构的固定线圈和可动线圈串联后,再和附加电阻串联,就构成了电动式电压表,如图 1-7-3 所示. 由于线圈中电流和加在电动式电压表两端的待测电压成正比,因此电动式电压表的偏转角和待测电压的平方有关,其标尺也具有平方的特性.

电动式电压表的优点是准确度高、可测交流电压、常配有防外磁场干扰的结构,缺点是过载能力差、分度不均、内阻一般小于磁电式仪表等.

电动式电压表一般制成多量程的便携式仪表,通过改变附加电阻的大小便可以改变其量程. 如图 1-7-4 所示为三量程电压表的测量电路图. 由于线圈电感的存在,当待测电压的频率变化时,将引起阻抗的变化而造成误差. 但可以通过并联电容的方法来补偿这种误差,图中与附加电阻 R_1 并联的电容 C 就是用来补偿这种频率误差的,故称 C 为频率补偿电容. 当电压表接入频率补偿电容后,就可以用于较宽频率范围的测量.

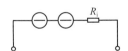

图 1-7-3　电动式电压表原理电路图

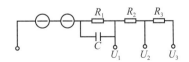

图 1-7-4　三量程电压表的测量电路图

静电式电压表　利用几个导体和电介质之间的电场能量去推动可动部分偏转而构成的仪表称为静电式仪表.例如,电容器两极板之间的静电力产生的转动力矩正比于极板间电压的平方.这种仪表可直接测量几千伏甚至更高的电压,也可测量很低的电压,测量时功耗极小,能交流、直流两用,输入阻抗很高但准确度较低.

静电式电压表的测量范围为几十伏到几十万伏,它特别适用于测量高电压,而且不需要并联阻值很大的附加电阻.在适当的结构下,静电式电压表可直接接入高压电路进行测量,并可采用附加电容器或电容分压器来扩大静电式电压表的量程.

静电计是具有特殊结构的高灵敏度静电式仪表.静电计可用于在小功率电路中测量不大的电压或电容、功率等,它采用辅助电压的方法提高灵敏度.

数字电压表　数字电压表是利用 A/D(模／数)转换器将模拟量转换成相应的数字量,并以十进制数字形式显示待测电压的一种电压测量仪器,如图 1-7-5 所示.

图 1-7-5　数字电压表的简化方框图

最基本的数字电压表是直流数字电压表.直流数字电压表配上交流直流转换器即构成交流数字电压表.在交流数字电压表的基础上,如果配上交流电压／直流电压(AC/DC)转换器、电流／直流电压(I/V)转换器和电阻／直流电压(R/V)转换器,就构成了数字多用表.

数字多用表(又称数字万用表或数字繁用表)是数显技术与大规模集成电路技术的结晶.与模拟式电压表相比,数字多用表具有灵敏度和准确度高、显示清晰直观、功能齐全、性能稳定、过载能力强和便于携带等优点.数字多用表最基本的功能是对电流、电压和电阻进行测量.

智能型数字电压表是指以微处理器为核心的数字多用表.微处理器为专用微处理器,由 CPU、存放仪器监控程序的只读存储器 ROM 和存放测量及运算数据的随机存储器 RAM 等构成.智能型数字电压表不仅具有测量功能,同时还具有很强的数字处理能力.

模拟示波器　模拟示波器(通用示波器)是瞬时值扫描,利用视觉暂留原理显示物理量变化轨迹的仪器.待测信号输入仪器通道并进行放大后,加至示波器的垂直偏转板,扫描电路产生的锯齿波电压加至示波器的水平偏转板,将待测信号稳定地显示在示波器的屏幕上.示波器的应用十分广泛,凡涉及电子技术的地方都离不开它.示波器常用于实验测量、观察、数据记录.它能直观表示二维、三维及多维变量之间的瞬态或稳态函数关系、逻辑关系,以及实现对某些物理量的变换或存储.

模拟示波器的主要特点如下:① 模拟示波器的工作频率范围宽,适用于测试快速脉冲信号,可测直流、交流或脉冲电压,量限为 $10^{-4} \sim 10^2$ V.② 模拟示波器的灵敏度高.因为配有高增益放大器,所以模拟示波器能够观测微弱信号的变化.又由于不采用表针指示方式,因而模拟示波器的过载能力强.③ 模拟示波器的输入阻抗高,可达$10^5 \sim 10^6$ Ω 或更高,对待测电路影响很小.

模拟示波器的类型有简易示波器、示教示波器、高灵敏度示波器、慢扫描(超低频)示波器、多线示波器、多踪示波器等.

频谱分析仪　频谱分析仪一般用于分析各种波形的特性和稳态信号.在所研究的频率范围内,频谱分析仪重复扫描,就可显示信号的全部组成.按频谱分析仪的工作原理可分为多通道滤波式、扫频滤波式、扫频外差式、时基压缩式及傅里叶变换式等.

第二章 近代物理实验与综合实验

第一节 物理效应实验

实验一 塞 曼 效 应

1896 年,荷兰物理学家塞曼(Zeeman)发现当光源放在足够强的磁场中时,原来的一条光谱线分裂成几条光谱线,且分裂的谱线成分是偏振的,分裂的条数随能级的类别而不同,这种现象被称为塞曼效应.

【实验目的】

1. 掌握观测塞曼效应的方法,加深对原子磁矩及空间量子化等原子物理学概念的理解.
2. 观察汞原子谱线的分裂现象及它们的偏振状态,并计算电子荷质比.
3. 学习法布里-珀罗(F-P)标准具的调节方法.

【实验仪器】

F-P 标准具,偏振片,成像透镜,电磁铁,会聚透镜,笔形汞灯,干涉滤色片等.

【实验原理】

塞曼效应不仅证实了洛伦兹电子论的准确性,而且为汤姆孙发现电子提供了证据,还证实了原子具有磁矩,并且空间取向是量子化的. 1902 年,塞曼与洛伦兹因这一发现共同获得了诺贝尔物理学奖. 直到今日,塞曼效应仍然是研究原子能级结构的重要方法.

原子的总磁矩由电子磁矩和核磁矩两部分组成,但由于后者比前者小三个数量级以上,所以暂时只考虑电子磁矩这一部分. 原子中的电子由于做轨道运动产生轨道磁矩,电子还具有由于自旋运动而产生自旋磁矩,根据量子力学,电子的轨道磁矩 $\boldsymbol{\mu}_L$ 和轨道角动量 $\boldsymbol{P}_L$ 在数值上有如下关系:

$$\mu_L = \frac{e}{2m}P_L, \quad P_L = \sqrt{L(L+1)}\hbar, \tag{2-1-1}$$

电子的自旋磁矩 $\boldsymbol{\mu}_S$ 和自旋角动量 $\boldsymbol{P}_S$ 在数值上有如下关系:

$$\mu_S = \frac{e}{m}P_S, \quad P_S = \sqrt{S(S+1)}\hbar, \tag{2-1-2}$$

式中 e,m 分别表示元电荷和电子质量，L,S 分别表示角量子数和自旋量子数，$\hbar$ 为约化普朗克常量. 轨道角动量和自旋角动量合成原子的总角动量 P_J，轨道磁矩和自旋磁矩合成原子的总磁矩 $\boldsymbol{\mu}$. 将 $\boldsymbol{\mu}$ 进行分解，只有 $\boldsymbol{\mu}$ 在 $\boldsymbol{P_J}$ 方向的投影 μ_J 对外平均效果不为零，可以得到 μ_J 与 P_J 数值上的关系为

$$\mu_J = g\frac{e}{2m}P_J, \qquad (2-1-3)$$

式中

$$g = 1 + \frac{J(J+1) - L(L+1) + S(S+1)}{2J(J+1)} \qquad (2-1-4)$$

称为朗德(Landé)因子，它表征原子的总磁矩与总角动量的关系，而且决定了能级在磁场中分裂的大小.

设某一能级的能量为 E，在外磁场 $\boldsymbol{B}$ 的作用下，原子将获得附加能量 ΔE，其表达式为

$$\Delta E = Mg\frac{e\hbar}{2m}B, \qquad (2-1-5)$$

式中 M 为磁量子数，$M = J, J-1, \cdots, -J$，共有 $2J+1$ 个值，即无外磁场时的一个能级在外磁场作用下分裂为 $2J+1$ 个子能级. 由式(2-1-5)决定的每个子能级的附加能量 ΔE 正比于外磁场的大小 B，并且与朗德因子 g 有关.

塞曼效应的选择定则　设某一光谱线在未加磁场时，跃迁前、后的能级分别为 E_2 和 E_1，则谱线的频率 ν 满足

$$h\nu = E_2 - E_1. \qquad (2-1-6)$$

在外磁场中，上下能级分裂为 $2J_2+1$ 和 $2J_1+1$ 个子能级，附加能量可由式(2-1-5)算出，其值分别为 ΔE_2 和 ΔE_1. 新的谱线频率 ν' 满足

$$h\nu' = (E_2 + \Delta E_2) - (E_1 + \Delta E_1), \qquad (2-1-7)$$

所以分裂后的谱线与原谱线的频率差为

$$\Delta\nu = \nu' - \nu = \frac{1}{h}(\Delta E_2 - \Delta E_1) = (M_2 g_2 - M_1 g_1)\frac{eB}{4\pi m}. \qquad (2-1-8)$$

用波数差表示为

$$\Delta\tilde{\nu} = (M_2 g_2 - M_1 g_1)\frac{eB}{4\pi mc} = (M_2 g_2 - M_1 g_1)L, \qquad (2-1-9)$$

式中 $L = \dfrac{eB}{4\pi mc}$ 称为洛伦兹单位，c 为光速. 但是，并非任何两个能级的跃迁都是可能的，跃迁必须满足以下选择定则：

$\Delta M = M_2 - M_1 = 0, \pm 1$(当 $J_2 = J_1$ 时，$M_2 = 0$ 到 $M_1 = 0$ 的跃迁被禁止).

(1) 当 $\Delta M = 0$ 时，产生 π 线. 沿垂直于磁场的方向观察时，得到光振动方向平行于磁场方向的线偏振光；沿平行于磁场的方向观察时，光强为零.

(2) 当 $\Delta M = \pm 1$ 时，产生 $\sigma^\pm$ 线，合称 σ 线. 沿垂直于磁场的方向观察时，得到的都是光振动方向垂直于磁场方向的线偏振光. 当光的传播方向与磁场方向相同时，σ^+ 线为一左旋圆偏振光，σ^- 线为一右旋圆偏振光. 当光的传播方向与磁场方向相反时，观察到的 σ^+ 线和 σ^- 线分别为右旋圆偏振光和左旋圆偏振光.

沿其他方向观察时，π 线保持为线偏振光，σ 线变为圆偏振光. 由于光源必须置于电磁铁两磁极之间，为了在沿磁场的方向上观察塞曼效应，必须在磁极上镗孔.

本实验中所观察的汞绿线 546.1 nm 对应于跃迁 $6s7s^3S_1 \rightarrow 6s6p^3P_2$. 与 $^3S_1$ 和 $^3P_2$ 能级及其塞曼分裂能级对应的量子数和 g, M, Mg 值如表 2-1-1 所示.

表 2-1-1　原子态对应的数值列表

原子态符号	$^3S_1$	$^3P_2$
L	0	1
S	1	1
J	1	2
g	2	3/2
M	1, 0, −1	2, 1, 0, −1, −2
Mg	2, 0, −2	3, 3/2, 0, −3/2, −3

这两个状态的朗德因子 g 和在磁场中的能级分裂,可以由式(2-1-4)和式(2-1-5)计算得出,并且绘成能级跃迁图,如图 2-1-1 所示.

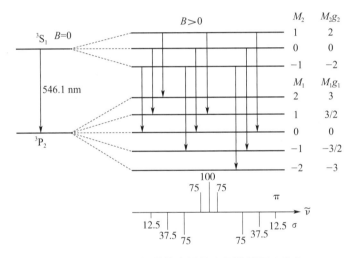

图 2-1-1　汞绿线的塞曼效应及谱线强度分布

由图 2-1-1 可见,上、下能级在外磁场中分裂为 3 个和 5 个子能级. 在能级图上画出了选择定则允许的 9 种跃迁. 在能级图下方画出了与各跃迁相应的谱线在频谱上的位置,它们的波数从左到右增加,并且是等距的. 为了便于区分,将 π 线画在水平线上,σ 线画在水平线下,各线的长短对应其相对强度.

塞曼分裂的波长差很小,普通的棱镜摄谱仪无法测量,应使用分辨能力高的光谱仪器,如法布里-珀罗(F-P)标准具、陆末-格尔克(Lummer-Gehrcke)板、迈克耳孙阶梯光栅等. 大部分的塞曼效应实验选择 F-P 标准具测量波长差.

F-P 标准具由两块平行平面玻璃板和夹在中间的一个间隔圈组成. 平面玻璃板内表面平整,其加工精度要求优于 $\frac{1}{20}$ 中心波长. 内表面上镀有增反膜,增反膜的反射率高于 90%. 间隔圈用膨胀系数很小的熔融石英材料制作,精加工至一定的厚度,用来保证两块平面玻璃板之间有很高的平行度和稳定的间距.

F-P 标准具的光路如图 2-1-2 所示,当单色平行光束 S_0 以某一小角度入射到 F-P 标准

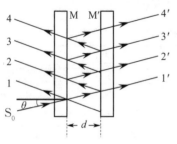

图 2-1-2　F-P 标准具的光路图

具的 M 平面上,光束在 M 和 M′ 两表面上经过多次反射和透射,分别形成一系列相互平行的反射光束 $1,2,\cdots$ 及透射光束 $1',2',\cdots$,任意相邻光束间的光程差 Δ 是一样的,即

$$\Delta = 2nd\cos\theta,$$

式中 d 为两平面玻璃板之间的间距,θ 为光束的入射角,n 为两平面玻璃板之间的介质的折射率,在空气中使用 F-P 标准具时可以取 $n=1$. 一系列相互平行并有一定光程差的相干光束经会聚透镜在会聚透镜的焦平面上发生干涉,当光程差为波长整数倍时产生相长干涉,得到光强极大值,即

$$2d\cos\theta = K\lambda, \tag{2-1-10}$$

式中 K 为整数,称为干涉级. 由于 F-P 标准具的间隔 d 是固定的,对于波长 λ 一定的光,不同的干涉级 K 出现在不同的入射角 θ 处. 如果采用扩展光源照明,在 F-P 标准具中将产生等倾干涉,这时相同 θ 角的光束所形成的干涉条纹是一圆环,整个干涉图样是一组同心圆环.

由于 F-P 标准具中发生的是多光束干涉,干涉条纹的宽度非常细锐. 通常用精细度(定义为相邻条纹的相位差与条纹的相位宽度之比)F 表征 F-P 标准具的分辨性能,可以证明:

$$F = \frac{\pi\sqrt{R}}{1-R}, \tag{2-1-11}$$

式中 R 是平面玻璃板内表面的反射率. 精细度仅依赖于增反膜的反射率,反射率越大,精细度越大,则干涉圆环越细锐,仪器能分辨的圆环数越多,也就是仪器的分辨本领越高. 实际上平面玻璃板内表面的加工精度受到一定的限制,增反膜是非均匀的,这些都会带来散射等耗散因素,往往使得仪器的实际精细度比理论值要低.

考虑两束具有微小波长差的单色光,波长分别为 λ_1 和 $\lambda_2 (\lambda_1 > \lambda_2$,且 $\lambda_1 \approx \lambda_2 \approx \lambda)$,当两束光分别发生干涉时,对于同一干涉级 K,根据式(2-1-10),λ_1 和 λ_2 的光强极大值对应于不同的入射角 θ_1 和 θ_2,因而形成两套干涉条纹. 如果 λ_1 和 λ_2 的波长差随磁感应强度 B 的大小逐渐加大,使得波长为 λ_2 的单色光的第 K 级圆环与波长为 λ_1 的单色光的第 $(K-1)$ 级圆环重合,这时满足以下条件:

$$K\lambda_2 = (K-1)\lambda_1. \tag{2-1-12}$$

考虑到靠近干涉圆环中央处的 θ 都很小,因而有 $K = 2d/\lambda$,于是式(2-1-12)可以转化为

$$\Delta\lambda = \lambda_1 - \lambda_2 = \frac{\lambda^2}{2d}, \tag{2-1-13}$$

用波数差表示为

$$\Delta\tilde{\nu} = \frac{1}{2d}. \tag{2-1-14}$$

按式(2-1-13)和式(2-1-14)算出的 $\Delta\lambda$ 或 $\Delta\tilde{\nu}$ 定义为 F-P 标准具的色散范围,又称为自由光谱范围. 色散范围是 F-P 标准具的特征量,它给出了靠近干涉圆环中央处不同波长差的干涉条纹不重合时所允许的最大波长差.

用焦距为 f 的会聚透镜使 F-P 标准具的干涉条纹成像于其焦平面上,如图 2-1-3 所示,这时靠近干涉圆环中央处的各圆环的入射角 θ 与其直径 D 有如下关系:

$$\cos\theta = \frac{f}{\sqrt{f^2 + (D/2)^2}} \approx 1 - \frac{1}{8}\frac{D^2}{f^2}. \tag{2-1-15}$$

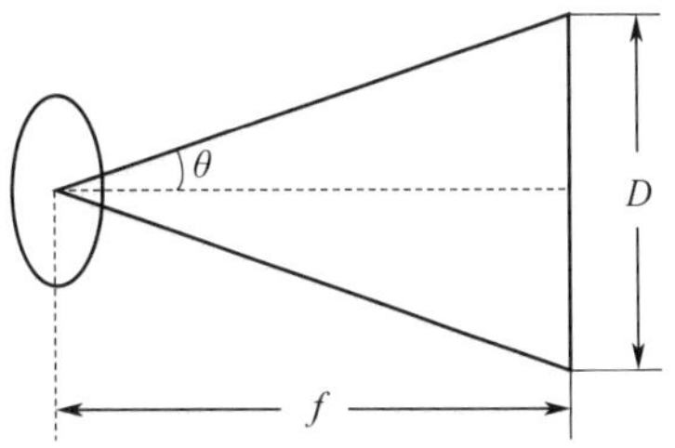

将式(2-1-15)代入式(2-1-10)可得

$$2d\left(1 - \frac{D^2}{8f^2}\right) = K\lambda. \tag{2-1-16}$$

图 2-1-3　入射角与干涉圆环直径的关系

由式(2-1-16)可知,靠近干涉圆环中央处的各圆环的直径的平方与干涉级之间呈线性关系. 对同一波长的波源的干涉条纹而言,随着圆环直径的增大,圆环分布愈来愈密,并且由式(2-1-16)可知,直径大的干涉圆环对应的干涉级低. 同理,就不同波长的波源而同干涉级的干涉圆环而言,直径大的干涉圆环波长小.

同一波长相邻圆环的直径平方差 ΔD^2 可以从式(2-1-16)求出,计算可得

$$\Delta D^2 = D_{K-1}^2 - D_K^2 = \frac{4f^2\lambda}{d}. \tag{2-1-17}$$

可见,ΔD^2 是一个与干涉级 K 无关的常量.

由式(2-1-16)又可以求出对于同一干涉级不同波长 λ_a 和 λ_b 的波长差,如分裂后两相邻谱线的波长差为

$$\lambda_a - \lambda_b = \frac{d}{4f^2 K}(D_b^2 - D_a^2) = \frac{\lambda}{K}\frac{D_b^2 - D_a^2}{D_{K-1}^2 - D_K^2}. \tag{2-1-18}$$

测量时,通常利用在干涉圆环中央附近的圆环,令入射角 $\theta = 0$,则有

$$K = \frac{2d}{\lambda}. \tag{2-1-19}$$

将式(2-1-19)代入式(2-1-18)可得

$$\lambda_a - \lambda_b = \frac{\lambda^2}{2d}\frac{D_b^2 - D_a^2}{D_{K-1}^2 - D_K^2}, \tag{2-1-20}$$

用波数差表示为

$$\tilde{\nu}_a - \tilde{\nu}_b = \frac{1}{2d}\frac{D_b^2 - D_a^2}{D_{K-1}^2 - D_K^2} = \frac{1}{2d}\frac{\Delta D_{ab}^2}{\Delta D^2}, \tag{2-1-21}$$

式中 $\Delta D_{ab}^2 = D_b^2 - D_a^2$. 由式(2-1-21)可知波数差与相应圆环的直径的平方差成正比.

将式(2-1-21)代入式(2-1-9)得到电子荷质比为

$$\frac{e}{m} = \frac{2\pi c}{(M_2 g_2 - M_1 g_1)Bd}\frac{D_b^2 - D_a^2}{D_{K-1}^2 - D_K^2}. \tag{2-1-22}$$

【实验内容】

1. 按图 2-1-4 所示依次放置各光学元件(偏振片可以先不放置),并调节光路上各光学元件使它们等高共轴,点燃笔形汞灯,使光束通过每个光学元件的中心.

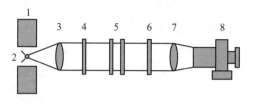

1—电磁铁(连电源);2—笔形汞灯;3—会聚透镜;4—干涉滤色片;

5—F-P标准具;6—偏振片;7—成像透镜;8—读数显微镜

图 2-1-4　塞曼效应实验装置图

2.注意会聚透镜和成像透镜的区别:成像透镜的焦距大于会聚透镜的焦距,而会聚透镜的通光孔径大于成像透镜的通光孔径.用内六角扳手调节 F-P 标准具上的三个压紧弹簧螺钉(一般 F-P 标准具在出厂前已经调好,做实验时,请不要自行调节),使两平面玻璃板达到严格平行,在读数显微镜中可观察到清晰明亮的一组同心干涉圆环.

3.从读数显微镜中可观察到细锐的干涉圆环发生分裂的图像.调节会聚透镜的高度,或者

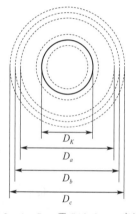

图 2-1-5　汞 546.1 nm 光谱加磁场后的图像

调节电磁铁两端的内六角螺钉,改变磁极间隙,达到改变磁感应强度 B 的大小的目的,可以看到随着 B 的增大,谱线的分裂宽度也在不断增大.放置偏振片(注意:测量数据时应将偏振片中的小孔光阑取掉,以增加通光量),当旋转偏振片 $0,45°,90°$ 时,可观察到偏振性质不同的 π 成分和 σ 成分.

4.旋转偏振片,通过读数显微镜能够看到清晰的每级的三个分裂圆环,如图 2-1-5 所示.旋转读数显微镜的读数鼓轮,使测量分划板的铅垂线依次与待测圆环相切,从读数鼓轮上读出相应的一组数据,它们的差值即为待测的干涉圆环直径,测量四个圆的直径 D_c,D_b(即为 D_{K-1}),D_a,D_K,并将数据填入表 2-1-2 中,用高斯计测量中心磁场的磁感应强度 B 的大小,并将相关数据代入式(2-1-22),计算电子荷质比和测量误差.

表 2-1-2　干涉圆环直径数据表　　　　　　　　　　　　单位:mm

	D_c	$D_b(D_{K-1})$	D_a	D_K
上切读数				
下切读数				
测量直径				

【注意事项】

1.笔形汞灯工作时会辐射能量比较强的波长为 253.7 nm 的紫外线,因此操作者不能直接观察笔形汞灯的灯光,如果需要直接观察笔形汞灯的灯光,须佩戴防护眼镜.

2.为了保证笔形汞灯有良好的稳定性,在振荡直流电源上应用笔形汞灯时,对其工作电流应该加以选择.另外,将笔形汞灯放入磁头间隙时,注意尽量不要使灯管接触磁头.

3.笔形汞灯起辉电压达 1 000 V 以上,所以笔形汞灯通电时,注意不要触碰它的接插件和连接线,以免发生触电.

4.仪器应存放在干燥、通风的清洁房间内,长时间不用时应加罩防护.

5.F-P标准具等光学元件应避免沾染灰尘、污垢和油脂,还应避免在潮湿、过冷、过热和酸碱性蒸气环境中存放和使用.

6.光学元件的表面上如有灰尘可以用橡皮吹气球吹去,如有污渍可以用脱脂、清洁棉花球蘸酒精、乙醚混合液轻轻擦拭.

【思考题】

1.实验中如何观察和鉴别塞曼分裂谱线中的 π 成分和 σ 成分?

2.调整 F-P 标准具时,如何判别 F-P 标准具的两平面玻璃板是严格平行的? F-P 标准具调整不好会产生怎样的后果?

实验二　光电管特性研究

光电管特性研究

金属或金属化合物在光的照射下有电子逸出的现象,称为光电效应或光电发射.光电管是研究光电效应的核心部件.

【实验目的】

1.研究光电管的光电流与其极间电压的关系;研究光电流与光通量之间的关系;验证光电效应第一定律.

2.掌握光电管的一些主要特性,学会正确使用光电管.

【实验仪器】

GD-Ⅰ 型光电效应实验仪等.

GD-Ⅰ 型光电效应实验仪是一组成套仪器,包括暗箱一只,实验仪一台.使用这套仪器可以对光电管的伏安特性和光电特性进行研究.

仪器采用暗箱结构,关闭箱盖后,箱内即成为一个微型暗室,外界光线不能射入,作为点光源的灯泡装在活动支架上,并可在暗箱外调节,以改变灯泡到光电管的距离.

实验仪面板示意如图 2-2-1 所示,当面向实验仪面板时,左侧为 24 V 稳压电源并内附电位器调压装置,在接线柱上可获得 0 ~ 24 V 连续可变的电压,该电压值由电压表显示;右侧为 12 V 稳压电源并内附可变电阻调节电流装置,在接线柱上连接灯泡后可连续调节灯泡的发光度,电流值由电流表显示,推荐的灯泡电流值为 400 ~ 500 mA.

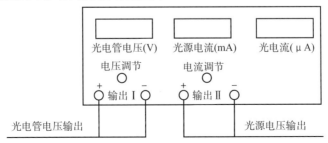

图 2-2-1　实验仪面板示意图

【实验原理】

产生光电效应的物体表面通常接电源负极,又称为光电阴极.光电阴极往往并不由纯金属制成,而常用锑钯或银氧钯等复杂化合物制成,因为这些金属化合物的电子逸出功远小于纯金属的电子逸出功,这样就能在较小的光照下得到较大的光电流.把光电阴极和另一个金属电极 —— 阳极一起封装在抽成真空的玻璃壳里就构成了光电管.光电管在现代科学技术的自动控制、有声电影、电视,以及光信号测量等领域都有重要的应用.实验中所用的 GD-Ⅰ 型光电效应实验仪的电路如图 2-2-2 所示.

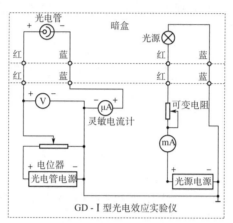

图 2-2-2　GD-Ⅰ型光电效应实验仪电路图

当用适当频率的光照射光电阴极时,光电阴极发射出电子,这些电子称为光电子.光电子在极间电场的作用下到达阳极,于是电路里就有了电流,在灵敏电流计上读数为 I,这个电流值 I 与无光照射时的电流(暗电流)值 I_g 之差 I_φ 叫作光电流($I_\varphi = I - I_g$).每只光电管的暗电流在出厂说明书上都已标明.本实验使用的 GD-24 型光电管因暗电流 I_g 不大于 1×10^{-3} A,因而有 $I \approx I_\varphi$,故可用电流 I 代替光电流 I_φ.

光电流的大小是由光电管本身的性质(主要是光电阴极的性质)及外界条件(光的频率、光强和光电管极间电压)来决定的.要使用光电管就必须了解光电流与上述这些条件的关系,以下就是光电管的一些特性.

1. 伏安特性

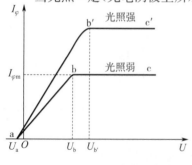

图 2-2-3　伏安特性曲线

当光照一定(光电阴极上所承受的各频率的光通量一定)时,起初光电流是随着极间电压的增大而增大(如图 2-2-3 所示的 ab 段),但是当电压大到某一值以后,继续增大极间电压,光电流却不再增大或增大很少,这时几乎所有光电子都参加了导电,这就是饱和现象(如图 2-2-3 所示的 bc 段).能使光电流饱和的最小极间电压称为饱和电压 U_b,此时的光电流称为饱和光电流 $I_{\varphi m}$.当光通量增大时,所需的饱和电压增大,饱和光电流也增大,值得注意的是当极间电压等于零时,光电流并不等于零,这是因为光电子从光电阴极逸出时还具有初动能,只有加上适当反向电压时,光电流才等于零,这一电压称为反向遏止电压 U_a.

2. 光电特性

按照光电效应第一定律,当光源频率一定或光源频谱分布一定时,饱和光电流与光电阴极的光通量有严格的正比关系,即 $I_{\varphi m}$ 正比于 Φ. 可以在实验中验证这一定律.

光强为 E_0 的点光源,它在距离为 r,面积为 S 的光电阴极上的光通量(当 r 远大于光电阴极线度时)为

$$\Phi = \frac{SE_0}{r^2}.$$

如果保持点光源的电流不变,即 E_0 不变,而面积 S 是固定的,那么 Φ 就正比于 $\frac{1}{r^2}$. 由 $I_{\varphi m}$ 正比于 Φ,Φ 正比于 $\frac{1}{r^2}$,则饱和光电流 $I_{\varphi m}$ 正比于 $\frac{1}{r^2}$. 由实验求出 $I_{\varphi m}$ 与 $\frac{1}{r^2}$ 的对应关系并画出其关系曲线,如果该曲线为一条直线,就验证了光电效应第一定律.

3. 积分灵敏度

各种不同类型的光电管,对于同样的光通量,光电流是不同的. 为了描述这种特性,引入灵敏度这个参量,在实际应用中最重要的是积分灵敏度. 其定义为在一定的白色光源照射下,每单位光通量所产生的饱和光电流,它的单位是 $\mu A/lm$. 一般光电管的说明书上都会给出这个参量,如 GD-24 型光电管的积分灵敏度通常为 $100\ \mu A/lm$ 左右.

4. 频谱灵敏度

同一只光电管,对于光强相同而频率不同的光,灵敏度是不同的,描述这一特性的曲线叫光电管的频谱特性曲线. 实验所用的锑钯阴极的频谱特性曲线如图 2-2-4 所示,横坐标为波长,纵坐标为光电流的相对强度(光电流相对于最大光电流的百分数). 由图可以看出这种光电管对于波长为 450 nm 左右的光最灵敏,而红限波长约为 750 nm. 光电阴极材料不同,频谱灵敏度也不同,根据频谱特性曲线可以确定各种光电管的适用范围.

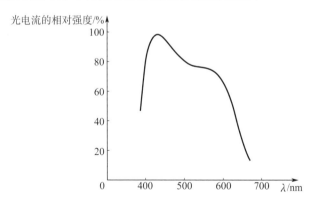

图 2-2-4　频谱特性曲线

实际应用中除了真空光电管外,还常用具有多个光电阴极的光电倍增管,其优点是灵敏度很高,缺点是应用的电路较复杂.

【实验内容】

1.按图 2-2-5 所示接线,用导线将实验仪和暗箱连接起来.实验仪上的红色接线柱为输出电压的正极端,黑色为负极端.暗箱光电管的红色接线柱为光电管的阳极,黑色接线柱为光电管的光电阴极.暗箱下方有一抽板,上面有标尺,作光源用的小灯固定在抽板上,抽板通过抽出或推进来改变光源与光电管之间的距离.调节可变电阻 R,使小灯的电流为规定值,在实验过程中小灯的电流要始终保持不变.

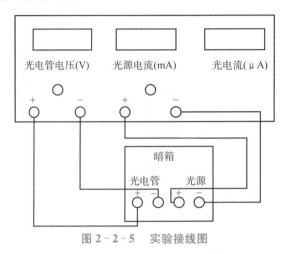

图 2-2-5 实验接线图

2.测量伏安特性.

(1) 使光源与光电阴极的距离为 1 cm,极间电压由零开始逐渐升高,测出若干个电压值下的光电流.

(2) 将光电管的接线对调,即在光电管两极加上反向电压,测定反向截止电压 U_a.注意:这时指示的电流极性与实际电流极性相反.

(3) 调整光源与光电阴极的距离为 2 cm,重复步骤(1)~(2)并绘出两条相应的伏安特性曲线.

3.测量光电特性.使极间电压 U 保持一定值,改变光源与光电阴极的距离 r,测出若干个距离下的饱和光电流,最后以 $\frac{1}{r^2}$ 为横坐标,$I_{\varphi m}$ 为纵坐标,画出光电特性曲线.

4*. 观看频谱灵敏度的演示实验.将不同颜色的滤色片插入幻灯机,使通过滤色片的光照射到接在电路中的光电管上,调节光源电压使各色光的光强保持一致,并测定各色光对应的光电流,绘出频谱特征曲线.定性地了解在光强相同的前提下,光的频率不同时光电流是不同的,而且每种光电管光电阴极材料都有一定的红限波长.

【注意事项】

1.灯泡电流的稳定与否对实验结果影响很大,必须做到接线良好.当发现光电流不稳定时,应首先检查灯泡插座及接线是否良好.

2.高灵敏度电流计的测量范围为 $0 \sim 10\ \mu A$,因受电流计内放大器的动态范围的限制,在测量 $10\ \mu A$ 以上的电流时会引起较大的误差,甚至会饱和.

3. 当光电管反向连接(阳极接负极,光电阴极接正极)时,电流表指示的电流是光电阴极至正极的电流(见图 2 - 2 - 2),因而实际的电流与指示的电流的极性正好相反.测量时一定要注意.

4. 稳压电源的额定工作电流为 500 mA,短时间可承受的最大电流为 1.5 A.

【思考题】

1. 光电管特性研究对光电效应的研究有什么实际意义?
2. 简述光电流与极间电压之间的关系.
3. 本实验装置是怎样验证光电效应第一定律的?

实验三 扫描隧穿显微镜的原理及应用

1982 年,国际商业机器公司苏黎世实验室的宾尼(Binning)和罗勒(Rohrer)研制出了世界上第一台扫描隧穿显微镜,这标志着一种具有原子级分辨率的实空间成像技术的诞生,为此这两位科学家获得了 1986 年诺贝尔物理学奖.

【实验目的】

1. 掌握和了解量子力学中隧穿效应的基本原理.
2. 学习和了解扫描隧穿显微镜的基本结构和基本实验方法及原理.
3. 了解扫描隧穿显微镜的样品制作过程、设备的操作和调试过程,并观察样品的表面形貌.
4. 正确使用扫描隧穿显微镜的控制软件,并对获得的表面图像进行处理和数据分析.

【实验仪器】

扫描隧穿显微镜,计算机,样品(二维光栅和高序石墨),金属探针及工具.

【实验原理】

多年来,人们对物质结构的认识,大都是通过如 X 射线衍射这类实验间接验证的,而扫描隧穿显微镜(STM) 却能真正揭示每一种导电固体表面在原子尺度上的局域结构.STM 的一种拓展,即原子力显微镜(AFM),还可以使绝缘体表面的局域原子结构成像,使人们亲眼看见原子的存在.STM 能在普通环境下(如大气中) 得到稳定的、高分辨率的原子图像,并有对样品无损伤、无干扰和可连续观察等优点,因而它成为了凝聚态物理、化学、生物和纳米材料学科的研究工具,同时也诞生了一门崭新的科学分支 —— 扫描隧穿显微镜学.

1.隧穿效应

在经典力学中,电子的总能量 E 可表示为

$$E = \frac{p_Z^2}{2m} + U(Z), \tag{2-3-1}$$

式中 $U(Z)$ 为电子的势能,p_z 为电子的动量,m 为电子质量. 由于动能为非负的量,所以一个电

子的势能 $U(Z)$ 要大于它的总能量 E 是完全不可能的. 电子运动遇到高于电子总能量的势垒时, 按照经典力学, 电子是不可能越过势垒的. 而在量子理论中, 电子具有波动性, 其位置是弥散的, 因而电子的状态由波函数 $\psi(Z)$ 描述, 它满足薛定谔方程

$$-\frac{\hbar}{2m}\frac{\mathrm{d}^2}{\mathrm{d}Z^2}\psi(Z)+U(Z)\psi(Z)=E\psi(Z),\qquad(2\text{-}3\text{-}2)$$

式中 $\hbar$ 为约化普朗克常量. 如果 $U(Z)$ 一定, 电子的总能量 $E>U(Z)$, 方程(2-3-2)的解为

$$\psi(Z)=\psi(0)\mathrm{e}^{\pm ikZ},\qquad(2\text{-}3\text{-}3)$$

式中

$$k=\frac{\sqrt{2m(E-U)}}{\hbar}\qquad(2\text{-}3\text{-}4)$$

为波矢. 电子有恒定的动量 $p_Z=\hbar k$. 结果与经典力学相同.

如果电子的总能量 $E<U(Z)$, 方程(2-3-2)的解为

$$\psi(Z)=\psi(0)\mathrm{e}^{-KZ},\qquad(2\text{-}3\text{-}5)$$

式中

$$K=\frac{\sqrt{2m(U-E)}}{\hbar}\qquad(2\text{-}3\text{-}6)$$

为衰减常量, 它的物理意义是描述电子在 $+Z$ 方向上的衰减状态. 因而在 $Z=S$ 附近观察到一个电子的概率密度正比于 $|\psi_n(0)|^2\mathrm{e}^{-2KS}$, 这就说明了它在 $U(Z)>E$ 的区域有非零的数值, 也就说明了电子以一定的概率穿透势垒. 具体地说, 导体表面上一些电子会逸散出来, 在样品的四周形成电子云. 导体外某一位置发现电子的概率会随着其与导体表面的距离 Z 的增大而呈指数衰减.

按此基本理论, 可以简单地说明金属-真空-金属这种交界面上的电子状态, 如图 2-3-1 所示, 样品和针尖之间的距离非常接近(间隙 S 约为 10 Å, 1 Å $=10^{-10}$ m)时, 图中样品(金属)表面的功函数 φ 定义为一个电子从金属表面移动到真空能级所需的最低能量.

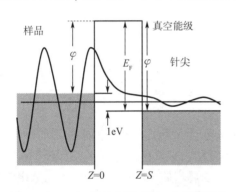

图 2-3-1　一维的金属-真空-金属隧道结

功函数与样品和针尖材料有关, STM 实验中常用材料的功函数典型值如表 2-3-1 所示(碱金属的功函数低得多, 典型值为 $2\sim3$ eV). 忽略热激发, 金属中费米(Fermi)能级为占有态的上限, 如果取真空能级作为能量的参考点, 则费米能级 $E_F=-\varphi$. 为便于讨论, 假设样品和针尖的材料相同, 则功函数相同, 那么图 2-3-1 中左右两块阴影区上限(E_F)高度相等. 由于存在隧穿效应, 样品中的电子可隧穿进入针尖, 反之亦然, 此时不存在净隧穿电流.

表 2-3-1　功函数的典型值

元素	Al	Au	Cu	Ir	Ni	Pt	Si	W
φ/eV	4.1	5.4	4.6	5.6	5.2	5.7	4.8	4.8

2. 隧穿电流的产生

如图 2-3-1 所示, 在样品和针尖之间加上偏压 U, 使得对电子而言, 样品和针尖之间的能量差为 1 eV, 这就出现了从样品流向针尖的隧穿电流, 即处于 E_F-1 eV 与 E_F 之间能量为 E_n

的样品态 ψ_n 有机会隧穿进入针尖. 假定偏压远小于功函数的值, 则所有有意义的样品态能级十分接近费米能级, 即 $E_n \approx -\varphi$. 这样第 n 个样品态中的电子出现在针尖表面 $Z=S$ 处的概率

$$\omega \propto |\psi_n(0)|^2 e^{-2KS}, \tag{2-3-7}$$

式中 $\psi_n(0)$ 是样品表面处第 n 个样品态的数值, 而

$$K = \frac{\sqrt{2m\varphi}}{h} \tag{2-3-8}$$

是势垒中接近费米能级的样品态衰减常量.

在 STM 实验中, 针尖扫描遍及样品表面. 在一次扫描过程中, 针尖的状态通常无变化, 隧穿的电子到达针尖表面时, 以恒定速度流入针尖, 从式(2-3-7)可知, 隧穿电流直接正比于能量处于 $E_F - 1\,\text{eV}$ 与 E_F 之间的样品表面电子态的数目. 对于金属样品, 电子态数目有定值, 对于半导体及绝缘体, 电子态数目非常小或者是零. 把处于 $E_F - 1\,\text{eV}$ 与 E_F 之间的所有样品态 (电子态) 都包括在内时, 隧穿电流 I 可表示为

$$I \propto \sum_{E_F - 1\,\text{eV}}^{E_F} |\psi_n(0)|^2 e^{-2KS}, \tag{2-3-9}$$

通过计算和整理后可得

$$I \propto B e^{-KS}, \tag{2-3-10}$$

式中 K 由式(2-3-8)表示, B 是与所施加的偏压有关的系数. 由式(2-3-10)可得, 样品和针尖的距离 S 每改变 1 Å, 隧穿电流 I 就会改变一个量级, 这就说明了隧穿电流几乎总是集中在间隔最小的区域内, 如图 2-3-2 所示.

一般来说, 样品和针尖为不同材料, 它们的功函数 φ 不同, 因而式(2-3-8)中的功函数 φ 用平均功函数 $\frac{1}{2}(\varphi_1 + \varphi_2)$ 表示, 式中 φ_1 和 φ_2 分别为针尖和样品的功函数.

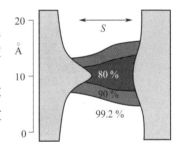

图 2-3-2 电流密度分布图

3. 样品表面的扫描

如果针尖相对于样品始终处于同一位置不动, 这种测量是没有实际意义的. 为了获取样品表面某一区域的原子分布图像, 必须让针尖沿样品表面扫描. 如果扫描后获取了隧穿电流的变化, 就可以得到样品表面高低起伏的形貌变化信息. 如果同时在 X,Y,Z 方向上进行扫描, 就获取了三维的样品表面形貌图. 能够同时实现 X,Y,Z 方向扫描的基本实验装置如图 2-3-3 所示.

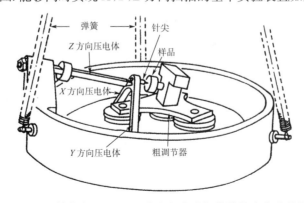

图 2-3-3 针尖在 X,Y,Z 三个方向实现扫描的基本实验装置图

在图2-3-3中,针尖安装在三个边(各边互成90°)的支架顶角上.支架的每一边都是由压电材料制成的.由压电效应可知,在压电体两端施加一个交变电压,压电体会产生形变,其长度会产生伸缩变化.在一定条件下,这种伸缩的变化量与交变电压的大小成正比.

一般的实验装置设计在 Y 方向压电体上施加锯齿波电压,周期为 T_Y,而在 X 方向压电体上施加三角波电压,周期为 T_X,令 $T_Y = NT_X$,这样针尖就在样品表面 X-Y 平面内实现同步扫描.

4. 扫描模式

针尖在样品表面 X-Y 平面内的扫描方式有两种.

(1)恒流模式.该模式是当针尖扫描时保持隧穿电流不变,根据式(2-3-10)可知需保持针尖到样品表面的距离 S 不变.由图2-3-3和图2-3-4(a)可知,在扫描时需要调节针尖在 Z 方向上的位置,当样品表面凸起时,针尖就会自动向后退;反之,当样品表面凹进时,针尖自动向前移动.这种针尖上下移动的轨迹可通过计算机记录下来,再合成处理后,就可得出样品表面的三维形貌.

(2)恒高模式.如图2-3-4(b)所示,针尖在 X-Y 方向上的扫描仍起主导作用,在 Z 方向则保持水平高度不变,这样当样品表面凹凸不平时,所产生的隧穿电流随距离 S 有明显的变化,只要用计算机记录 X-Y 方向上电流变化的数据,经合成处理后,也可得出样品表面的三维形貌.

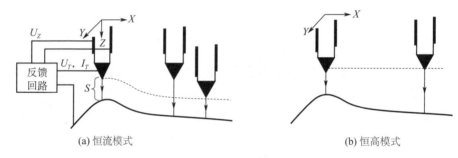

(a) 恒流模式   (b) 恒高模式

图2-3-4 STM的两种扫描模式

一套完备的STM仪器测试系统的结构示意如图2-3-5所示.探测针尖附着于 X,Y,Z 三个方向的压电传感器,施加如图中所示的电压,针尖就在 X-Y 平面内扫描.隧穿电流经电流放大器放大并转换为电压,然后与所设定的参考值进行比较,所得差值再次放大,用以驱动 Z 方向的压电元件,同时选择合适的相位以便实现负反馈控制,若隧穿电流大于参考值,则加到 Z 方向的压电元件的电压倾向于使针尖从样品表面后撤,反之亦然.这样就实现了恒流模式测量.

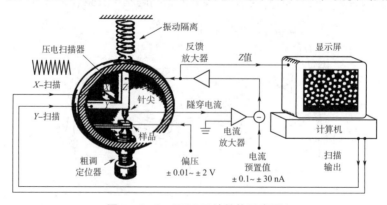

图2-3-5 STM系统结构示意图

【实验内容】

1.仪器操作.

（1）启动计算机进入 Windows 系统，打开控制器电源开关.单击桌面的"AJ-1"图标，执行操作软件.此时显示屏上出现在线软件的主界面，再选择菜单中的"显微镜\校正\初始化"选项，显示屏上出现一个对话框，选定"通道零"，然后多次单击"应用"，左边的"通道零"参数不断变化，选定变化参数绝对值最小的值，最后单击"确定".

（2）选择菜单中的"视图\高度图像"选项，显示屏上会出现"高度图像（H）""Z 高度显示（T）""马达高级控制（A）"操作框，然后将"图像模式"修改成"曲线模式"，同时出现"高度曲线"操作框.此时的显示屏显示如图 2－3－6 所示.

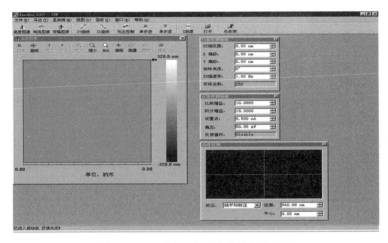

图 2－3－6　AJ-1 在线软件控制主界面

（3）剪一段符合要求的针尖，将探头反面放置，用镊子小心地将针尖插入针槽内（切勿反插），留在针槽外的长度为 5～6 mm，插入时保持针尖与针槽内壁有较强的摩擦力，以确保针尖的稳固（方法是先将针尖事先稍微折弯后再插入）.

（4）用镊子将待测样品平稳地放到样品平台上，然后用手调节机座上两个带螺旋测微仪的旋钮，逆时针调节（退针）10 多圈，再把探头以针尖朝下的方向缓慢平稳地安放在平台上.注意探头 1.5 cm 宽的缺口处朝前方，探头端面的两个凹孔应正好落在平台前面的两个支架上，此时针尖应正好指向样品表面.

（5）手动进针.首先仔细观察样品表面位置并找到镜像红灯，此时可在样品表面上看到在镜像红灯背景下的镜像针尖，因而可以估计出针尖与样品（镜面）之间的距离.接着用计算机进行一次"单步进"操作，再用手顺时针调节两个螺旋测微仪的旋钮，观察背景镜像红灯，使实际针尖和镜像针尖缓缓靠近，直至两针尖距离十分接近为止（千万不能接触）.在计算机显示屏上选择菜单中的"视图\Z 高度"选项，出现"Z 高度面板"，观察红线应居于 0 V，如果红线达到顶部即为撞针，针尖报废，需重新再制备和安装新针尖.如果一切正常就可以轻轻地将探头盖盖好并锁定.

（6）自动进针.在计算机控制主界面上，选择"马达\高级控制"选项，再在"马达高级控制面板（A）"中单击"连续进"，并密切观察显示屏上显示的进针情况，待"已进入隧穿区马达停止连续进"的提示框出现后,再单击"确定",此时红线应在 $-50 \sim +100$ V 之间. 然后进行"单步进"操作,即单击"马达高级控制面板(A)"中的"单步进",使红线最后调节到中间位置时停止操作,进针结束. 最后关闭"马达高级控制面板(A)"图框.

(7) 针尖检验. 在计算机控制主界面上打开"I_z 曲线"图(I_z 的高度曲线图),出现"高度图像"后在最左端单击"扫描",实现针尖在样品表面扫描. 扫描完毕后观察 I_z 曲线图中电流的衰减情况,如果图中的曲线较陡峭,同时变化不大,就说明针尖良好.

2. 光栅样品的扫描.

(1) 在控制主界面上设置测量条件.

① 在"扫描控制面板"框中,设置"扫描范围"为最大,设置"X 偏移"和"Y 偏移"为 0.00 nm,设置"旋转角度"为 0°,设置"扫描速率"为 1.00 Hz 左右.

② 在"反馈控制面板"框中,设置"比例增益"为 5.0000,设置"积分增益"为 5.0000,设置"设置点"(隧穿电流) 为 0.500 nA,设置"偏压"为 50.00 mV 左右,设置"反馈循环"为"able"状态.

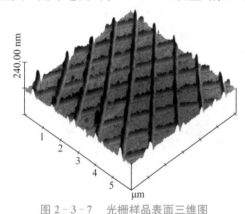

③ 在"高度控制面板"框中,设置"显示模式"为图像模式,设置"校正"为"线平均校正",设置"范围"为 150.00 nm,设置"中心"为 0.00 nm.

(2) 单击"高度图像"框左上方的"扫描"按钮,即可开始对样品进行扫描,样品表面形貌图像按扫描规律出现在"高度图像"框中,扫描结束后可将图像存盘,以便以后离线处理和分析. 如果要获得较理想的光栅图像,请参阅"注意事项"中的有关内容. 一个较理想的光栅样品的表面三维图像如图 2-3-7 所示.

图 2-3-7　光栅样品表面三维图

3. 高序石墨的原子级图像的扫描.

(1) 针尖和高序石墨样品的制备. 针尖的安装与"仪器操作"中的步骤(1)~(4)相同,并按步骤(5)的要求实现手动进针. 如果刚刚做完光栅样品的扫描,可跳过针尖检验这一步.

(2) 悬挂防振. 要获得高序石墨的原子级图像,将头部受到的振动减小到最小是关键,为此要将整个头部悬挂起来. 首先,单击"高级马达控制面板"中的"连续退"按钮,使针尖退 1 000 ~ 1 500 步(或者手动按控制器面板的退键"▲"约 6 ~ 7 s),这是防止针尖和样品在悬挂过程中碰撞;然后,将探头防尘盖与机座轻轻盖好并锁定,接着一手按住探头,另一手将弹簧悬挂环拉长,慢慢地和防尘盖的扣环套牢,连接后不能松手,并用手平稳地托起整个头部,缓慢地使头部上移,直到感觉到弹簧的拉力和头部的重量平衡时才能松手;最后,将防尘防振箱封闭.

(3) 自动进针. 此过程与"仪器操作"中的步骤(6)相同,不再赘述.

(4) 高序石墨样品的阶梯扫描. 先将显示屏上的"扫描控制面板"中的"扫描范围"设置为最大,再将"高度控制面板"框中的"范围"设置为 10.00 nm,其他参数无须设定,保持初始默认值,然后即可对样品进行扫描. 此扫描的目的是选择一块样品表面平整的区域,供高序石墨的原子级扫描使用.

(5) 扫描区域的选择. 在前面阶梯扫描中要仔细观察高度曲线和高度图像的变化情况. 在高度图像中,颜色的深浅变化表示待测样品表面的凹凸变化,而高度曲线的变化就很直观地反映待测样品的平整度. 总的来说,我们希望所选择的扫描区域平坦、无毛刺. 可结合上述两方面,多进行几次阶梯扫描. 选中一块扫描区域后,单击菜单栏中的"＊"按钮,该区域即被选中.

(6) 高序石墨的原子级扫描. 扫描区域选定后,要进行测量参数的调节. 因为针尖与振动、噪声等有很大的关系,所以参数的调节显得尤为重要. 将"扫描范围"设置为 1.00 nm,将"扫描速率"设置为 5.00 ~ 8.00 Hz,将"比例增益"和"积分增益"设置为 10.0000,将"设置点"(隧穿电流)设置为 1.000 nA(最大不要超过 10 nA,最小不要小于 0.05 nA). 参数设置完毕后,单击"扫描"按钮,进行一次试探性的预览扫描. 仔细观察扫描后的图像,如能看到较为细密的原子形貌图,可将"范围"设置为 0.30 ~ 0.10 nm 之间,同时将"扫描范围"设置为 5.00 nm 左右,并再次扫描观察是否有比前次扫描所得图像分辨率更高、更为清晰的原子形貌图出现. 若有,则进一步调节"比例增益""积分增益""设置点"等参数,或许会有更好的原子形貌图出现;若无,则需调节"扫描速率"和"旋转角度"."旋转角度"是调节针尖相对于轴心旋转的位置,目的是使针尖最尖的位置对准样品表面. 先以 15° 为一个阶梯进行针尖旋转角度粗调,然后再进行 1° 一个阶梯的微调. 每次调节都要注意扫描范围的变化,因为角度的变化会使显示范围做相应的改变(此时应调节"扫描范围",保持扫描范围恒定不变),而"扫描速率"可在 4.00 ~ 21.00 Hz 范围内调节. 如环境有轻微振动,"扫描速率"可调整到 12.00 ~ 15.00 Hz,但原子形貌图的边缘可能不太清楚. 只要细心地多次进行上述操作,就可获得令人满意的原子形貌图. 最后还应将扫描的图像存盘,以备离线分析使用.

4. 结束实验. 在计算机显示屏上单击"高级马达控制面板"中的"连续退"按钮,使针尖退 500 ~ 1 000 步,然后关闭 AJ-1 在线控制软件,接着关掉控制箱电源,最后关闭计算机. 离开实验室前还须整理和清洁实验所用的工具.

【注意事项】

1. 应避免针尖污染,避免针尖撞上样品表面.
2. 在线操作控制软件时,要注意测量条件的选择(包括扫描区域的选择).
3. 做光栅样品的扫描时,也可先将头部悬挂防振再做扫描.

【思考题】

1. 阐述 STM 的恒高模式和恒流模式的基本工作原理.
2. 通过对 STM 的实际操作,说明和分析不同的扫描速率对样品表面形貌图的影响.
3. 样品偏压和隧穿电流的不同设置对实验结果有何影响?
4. 用 STM 技术获得的样品表面形貌图实质上表示的内容是什么?

<h2 style="text-align:center">实验四　　多普勒效应综合实验</h2>

当波源和接收器之间有相对运动时,接收器接收到的波的频率与波源频率不同的现象称为多普勒(Dopper)效应. 多普勒效应在科学研究、工程技术、交通管理、医疗诊断等方面都有十分广泛的应用. 例如,原子、分子和离子由于热运动使其发射和吸收的光谱线变宽,称为多普勒增宽. 在天体物理和受控热核聚变实验装置中,光谱线的多普勒增宽已成为一种分析恒星大气及等离子体物理状态的重要测量和诊断手段. 基于多普勒效应制成的雷达系统已广泛应用于对导弹、卫星、车辆等运

动目标速度的监测.在医学上,超声波的多普勒效应可用来检查人体内脏的活动情况、血液的流速等.电磁波(光波)与声波(超声波)的多普勒效应的原理是一致的.本实验不仅研究超声波的多普勒效应,而且以超声探头为运动传感器,将多普勒效应用于研究物体的运动状态.

【实验目的】

1.测量超声接收器运动速度与接收频率之间的关系,验证多普勒效应,并由 $f-v$ 线性关系求声速.

2.利用多普勒效应测量物体运动过程中多个时间点的速度,由 $v-t$ 关系曲线,或调阅有关测量数据,得出物体在运动过程中的速度变化情况,并研究以下问题:

(1)匀加速直线运动过程,测量力、质量与加速度之间的关系,验证牛顿第二定律;

(2)自由落体运动过程,由 $v-t$ 关系曲线求重力加速度;

(3)简谐振动过程,测量简谐振动的周期等参数,与理论值比较;

(4)其他变速直线运动过程.

【实验仪器】

超声发射／接收器,红外发射／接收器,导轨,小车,支架,光电门,电磁铁,弹簧,滑轮,砝码,内置微处理器等.

【实验原理】

1.多普勒效应

根据声波的多普勒效应公式,当声源与接收器之间有相对运动时,接收器接收到的频率为

$$f = f_0 \frac{u + v_1 \cos \alpha_1}{u - v_2 \cos \alpha_2}, \qquad (2-4-1)$$

式中 f_0 为声源的发射频率,u 为声速,v_1 为接收器的运动速率,α_1 为声源和接收器的连线与接收器运动方向之间的夹角,v_2 为声源的运动速率,α_2 为声源与接收器的连线与声源运动方向之间的夹角.

若声源保持不动,运动物体上的接收器沿声源与接收器的连线方向以速率 v 运动,则从式(2-4-1)可得接收器接收到的频率应为

$$f = f_0 \left(1 + \frac{v}{u}\right). \qquad (2-4-2)$$

当接收器向着声源运动时,v 取正,反之取负.若 f_0 保持不变,以光电门测量物体的运动速度,并由仪器对接收器接收到的频率自动计数,根据式(2-4-2),作 $f-v$ 关系图可直观验证多普勒效应,且由实验点作直线,其斜率应为 $k = \dfrac{f_0}{u}$,由此可计算出声速为 $u = \dfrac{f_0}{k}$.

由式(2-4-2)可解出

$$v = u\left(\frac{f}{f_0} - 1\right). \qquad (2-4-3)$$

若已知声速 u 及声源的发射频率 f_0,通过设置使仪器以某种时间间隔对接收器接收到的频率 f 采样计数,由内置微处理器按式(2-4-3)计算出接收器的运动速度,由显示屏显示 v-t 关系图,或调阅有关测量数据,即可得出物体在运动过程中的速度变化情况,进而对物体运动状况及规律进行研究.

2.红外调制与接收

早期产品中,超声接收器接收的超声信号由导线接入实验仪进行处理.由于超声接收器安装在运动物体上,导线的存在对运动状态有一定影响.新仪器对接收到的超声信号采用了无线的红外调制-发射-接收方式,即用超声信号对红外信号进行调制后发射,固定在运动导轨一端的红外接收端接收红外信号后,再将超声信号解调出来.由于在红外信号发射/接收的过程中,信号的传输速度是光速,远远大于声速,因此可忽略红外信号发射/接收引起的多普勒效应.采用此技术将实验中运动物体的导线去掉,使得测量更准确,操作更方便.

（一）验证多普勒效应并测定声速

小车以不同速度通过光电门,仪器自动记录小车通过光电门时的平均运动速度及与之对应的平均接收频率.观察仪器显示的 f-v 关系图,若呈线性关系,则符合式(2-4-2)描述的规律,即直观验证了多普勒效应.用作图法或线性回归法计算 f-v 线性关系的斜率 k,由 k 计算声速 u,并与声速的理论值比较,计算其百分误差.

【实验内容】

1.测量准备.

（1）熟悉实验仪器.多普勒效应综合实验仪采用菜单式操作,如图 2-4-1 所示,显示屏显示菜单及操作提示,用"▲▼◀ ▶"键选择菜单或修改参数,按"确认"键后仪器执行,在菜单中的"查询"页面,可以查询在实验时已保存的实验数据.

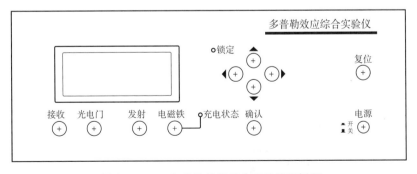

图 2-4-1　多普勒效应综合实验仪面板图

（2）实验仪开机后,首先要求输入室温.因为计算物体的运动速度时要代入声速,而声速是温度的函数.利用"◀ ▶"键将室温 t 调到实际值,按"确认"键确认.

（3）实验装置按图 2－4－2 所示进行安装.用电磁铁吸住小车,给小车上的传感器充电.第一次充电时间为 6 ～ 8 s,充满后(面板上的充电状态灯变为绿色),小车可以持续使用 4 ～ 5 min.在充电时要注意,必须让小车上的充电板和电磁铁上的充电针接触良好.

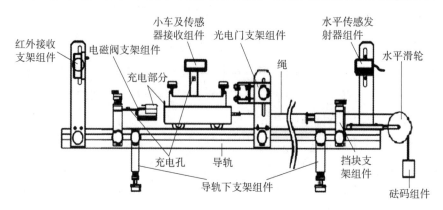

图 2－4－2　验证多普勒效应实验装置安装示意图

（4）对超声发射器的驱动频率进行调谐.在超声应用中,需要将发射器与接收器的频率匹配,并将驱动频率调至谐振频率 f_0,这样接收器获得的信号幅度才最强,才能有效地发射与接收超声波.一般 f_0 在 40 kHz 左右,调谐好后,面板上的锁定灯将熄灭.

（5）电流调至最大值后,按"确认"键确认.本实验仪所有操作,均要按"确认"键后,数据才能被写入仪器.

2.测量步骤.

（1）在显示屏上,选中"多普勒效应验证实验",并按"确认"键.

（2）利用"▶"键修改测试总次数(选择范围为5～10,这里选 6 次),按"▼"键,选中"开始测试".

（3）按"确认"键释放电磁铁,测试开始进行.仪器自动记录小车通过光电门时的平均运动速度及与之对应的平均接收频率.要改变小车的运动速度,可用以下两种方式:

① 砝码牵引:利用砝码的不同组合实现.

② 用手推动:沿水平方向对小车施以变力,使其通过光电门.

为便于操作,一般由小到大改变小车的运动速度.

（4）每一次测试完成,都有"存入"或"重测"的提示,可根据实际情况选择.按"确认"键后回到测试状态,并显示测试总次数及已完成的测试次数.

（5）改变砝码质量(砝码牵引方式),并退回小车让电磁铁吸住,按"开始"键,进行第 2 次测试.

（6）完成 6 次测试后,仪器自动存储数据,并显示 f－v 关系图.

（7）观察 f－v 关系图,若呈线性关系,则符合式(2－4－2)描述的规律,即直观验证了多普勒效应.用"▶"键选中"数据","▼"键翻阅数据并记入表2－4－1中,用作图法或线性回归法计算 f－v 线性关系的斜率 k.用线性回归法计算 k 值的公式为

$$k = \frac{\sum\limits_{i=1}^{n} v_i f_i - n\bar{v}\bar{f}}{\sum\limits_{i=1}^{n} v_i^2 - n\bar{v}^2}, \tag{2-4-4}$$

式中 n 为测量次数，$\bar{v} = \dfrac{1}{n}\sum\limits_{i=1}^{n} v_i$，$\bar{f} = \dfrac{1}{n}\sum\limits_{i=1}^{n} f_i$.

表 2-4-1　多普勒效应的验证与声速的测定实验数据　　　　$f_0 = $ _____ Hz

测量数据							直线斜率 k/m^{-1}	声速测量值 $u = \dfrac{f_0}{k}/(\mathrm{m/s})$	声速理论值 $u_0/(\mathrm{m/s})$	百分误差 $\dfrac{u-u_0}{u_0}$
次数 i	1	2	3	4	5	6				
$v_i/(\mathrm{m/s})$										
f_i/Hz										

(8) 由 k 计算声速 $u = \dfrac{f_0}{k}$，与声速的理论值比较，计算其百分误差，并将相关计算结果填入表 2-4-1 中. 声速理论值(单位:m/s) 由

$$u_0 = 331\sqrt{1 + \frac{t}{273}}$$

给出，式中 t(单位:℃) 表示室温.

【注意事项】

1. 使红外接收器、小车上的红外发射器和超声接收器、超声发射器在同一轴线上，以保证信号传输良好.

2. 小车不使用时应立放，避免小车滚轮沾上污物，影响实验进行.

3. 调谐及实验进行时，须保证超声发射器和超声接收器之间无任何阻挡物.

4. 为保证使用安全，三芯电源线须可靠接地.

5. 小车速度不可太快，以防小车脱轨，跌落损坏.

(二)研究匀变速直线运动,验证牛顿第二定律

质量为 M 的接收器组件，与质量为 m 的砝码托及砝码悬挂于滑轮的两端，运动系统的总质量为 $M+m$，所受合外力为 $(M-m)g$ (滑轮的转动惯量与摩擦力忽略不计). 根据牛顿第二定律，系统的加速度应为

$$a = \frac{M-m}{M+m}g. \tag{2-4-5}$$

采样结束后会显示 v-t 曲线，将显示的采样次数及对应速度记入表 2-4-2 中. 由记录的 t, v 数据求得 v-t 直线的斜率即为加速度 a. 将得出的加速度 a 作为纵轴，$\dfrac{M-m}{M+m}$ 作为横轴作图，若呈线性关系，则符合式(2-4-5)描述的规律，即验证了牛顿第二定律，且直线的斜率应

为重力加速度.

【实验内容】

1. 测量准备.

(1) 实验仪器安装如图 2-4-3 所示,使电磁阀吸住自由落体接收组件,并使接收组件上的充电部分和电磁阀上的充电针接触良好.

(2) 用天平称量接收组件的质量 M,砝码托及砝码的质量,每次取不同质量的砝码放于砝码托上,记录每次实验对应的砝码托及砝码的质量 m.

(3) 由于超声发射器和超声接收器已经改变了,因此需要对超声发射器的驱动频率重新调谐.

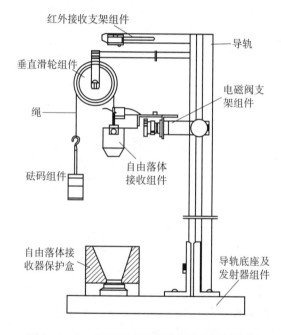

图 2-4-3 匀变速直线运动实验安装示意图

2. 测量步骤.

(1) 在显示屏上,用"▼"键选中"变速运动测量实验",并按"确认"键.

(2) 利用"▶"键修改测量点总数为 8(选择范围为 8 ~ 150),然后用"▼"键选择采样步距,并修改为 50 ms(选择范围为 50 ~ 100 ms),选中"开始测试".

(3) 按"确认"键后,电磁铁释放,接收组件拉动砝码组件做垂直方向的运动. 测量完成后,显示屏上会显示 v-t 直线,用"▶"键选择"数据",将显示的采样次数及相应速度记入表 2-4-2 中(为避免电磁铁剩磁的影响,第 1 组数据不记录),t_i 为采样次数与采样步距的乘积.

(4) 在结果显示界面中用"▶"键选择"返回",按"确认"键后重新回到测量设置界面. 改变砝码质量,按以上步骤进行新的测量.

(5) 由记录的 t,v 数据求得 v-t 直线的斜率即加速度 a. 将得出的加速度 a 作为纵轴,$\dfrac{M-m}{M+m}$ 作为横轴作图,若呈线性关系,则符合式(2-4-5)描述的规律,即验证了牛顿第二定律,且直线的斜率应为重力加速度.

表 2-4-2　匀变速直线运动实验数据　　　　　　$M =$ _____ kg

采样次数 i	2	3	4	5	6	7	8	加速度 $a/(\mathrm{m/s^2})$	m/kg	$\dfrac{M-m}{M+m}$
$t_i = 0.05(i-1)/\mathrm{s}$										
$v_i/(\mathrm{m/s})$										
$t_i = 0.05(i-1)/\mathrm{s}$										
$v_i/(\mathrm{m/s})$										
$t_i = 0.05(i-1)/\mathrm{s}$										
$v_i/(\mathrm{m/s})$										
$t_i = 0.05(i-1)/\mathrm{s}$										
$v_i/(\mathrm{m/s})$										

【注意事项】

1. 需把自由落体接收器保护盒套于超声发射器上,避免超声发射器在非正常操作时受到冲击而损坏.

2. 安装仪器时,切不可挤压电磁阀上的电缆.

3. 对超声发射器的驱动频率进行调谐时,需将自由落体接收组件用细绳拴住,置于超声发射器和红外接收器的中间,如此兼顾信号强度,便于调谐.

4. 安装滑轮时,滑轮支杆不能阻碍红外接收器和自由落体接收组件之间进行的信号传输.

5. 需保证自由落体接收组件内电池充满电后(实验仪面板上的充电状态灯为绿色)再开始测量.

6. 自由落体接收组件下落时,若其运动方向不是严格的在声源与接收器的连线方向,则声源与接收器的连线与接收器运动方向之间的夹角 α 在运动过程中增加,如图 2-4-4 所示,此时式(2-4-2)不再严格成立,由式(2-4-3)计算的速度误差也随之增加. 故在数据处理时,可根据情况对最后 2 个采样点进行取舍.

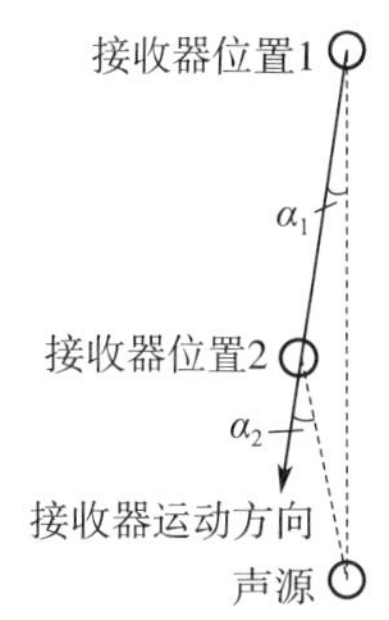

图 2-4-4　运动过程中 α 角度变化示意图

（三）研究自由落体运动,测定重力加速度

【实验内容】

1. 测量准备. 仪器安装如图 2-4-5 所示.

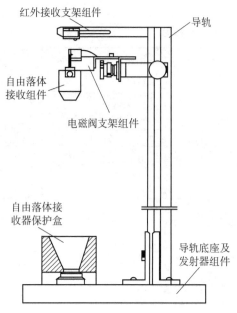

红外接收支架组件

导轨

自由落体接收组件

电磁阀支架组件

自由落体接收器保护盒

导轨底座及发射器组件

图 2-4-5 自由落体运动实验装置示意图

2.测量步骤.

(1) 在显示屏上,用"▼"键选中"变速运动测量实验",并按"确认"键.

(2) 利用"▶"键修改测量点总数为 8(选择范围为 8~150),然后用"▼"键选择采样步距,并修改为 50 ms(选择范围为 50~100 ms),选中"开始测试".

(3) 按"确认"键后,电磁铁释放,自由落体接收组件自由下落一段距离后被细绳拉住.测量完成后,显示屏上出现 $v-t$ 直线,用"▶"键选择"数据",将显示的采样次数及相应速度记入表 2-4-3 中(第 1 组数据不记录).

(4) 在结果显示界面中用"▶"键选择"返回",按"确认"键后重新回到测量设置界面.可按以上步骤进行新的测量.

(5) 由测量数据求得 $v-t$ 直线的斜率即为重力加速度 g.为减小随机误差,可做多次测量,将测量的平均值作为测量值,将测量值与理论值比较,求其百分误差,并将数据记入表 2-4-3 中.

表 2-4-3 自由落体运动实验数据

采样次数 i	2	3	4	5	6	7	8	加速度 $g/(\text{m/s}^2)$
$t_i = 0.05(i-1)/\text{s}$								
$v_i/(\text{m/s})$								
$t_i = 0.05(i-1)/\text{s}$								
$v_i/(\text{m/s})$								
$t_i = 0.05(i-1)/\text{s}$								
$v_i/(\text{m/s})$								
$t_i = 0.05(i-1)/\text{s}$								
$v_i/(\text{m/s})$								
平均值 $g/(\text{m/s}^2)$								
理论值 $g_0/(\text{m/s}^2)$								
百分误差 $\dfrac{g-g_0}{g_0}$								

【注意事项】

测量时必须保证红外接收器与超声发射器之间无任何阻挡物,其他实验注意事项同多普勒效应综合实验(二).

（四）研究简谐振动

当质量为 m 的物体受到大小与位移成正比，且方向指向平衡位置的力的作用时，若以物体的运动方向为 x 轴，其运动方程为

$$m\frac{\mathrm{d}^2 x}{\mathrm{d}t^2} = -kx. \tag{2-4-6}$$

由方程 $(2-4-6)$ 描述的运动称为简谐振动，当初始条件为 $t=0$，$x=-A_0$，$v=\dfrac{\mathrm{d}x}{\mathrm{d}t}=0$ 时，则方程 $(2-4-6)$ 的解为

$$x = -A_0 \cos \omega t. \tag{2-4-7}$$

将式 $(2-4-7)$ 对时间求导，可得速度方程

$$v = \omega A_0 \sin \omega t. \tag{2-4-8}$$

由式 $(2-4-7)$ 和方程 $(2-4-8)$ 可知，物体做简谐振动时，位移和速度都随时间做周期性变化. 式 $(2-4-7)$ 中 $\omega = \sqrt{\dfrac{k}{m}}$ 为振动的角频率. 对弹簧振子的运动进行研究，则方程 $(2-4-6)$ 中的 k 为弹簧的刚度系数.

【实验内容】

1. 测量准备. 仪器安装如图 $2-4-6$ 所示，将垂直谐振弹簧悬挂于电磁铁上方的挂钩孔中，自由落体接收组件的尾翼悬挂在弹簧上. 用天平称量自由落体接收组件的质量 M，测量自由落体接收组件悬挂在弹簧上之后，弹簧的伸长量 Δx，记入表 $2-4-4$ 中，就可计算 k 及 ω.

2. 测量步骤.

（1）在显示屏上，用"▼"键选中"变速运动测量实验"，并按"确认"键.

（2）利用"▶"键修改测量点总数为 150（选择范围为 $8 \sim 150$），用"▼"键选择采样步距，并修改为 100 ms（选择范围为 $50 \sim 100$ ms），选择"开始测试".

（3）将自由落体接收组件从平衡位置垂直向下拉约 20 cm，松手让自由落体接收组件自由振荡，然后按"确认"键，自由落体接收组件开始做简谐振动. 实验仪按设置的参数自动采样，测量完成后，显示屏上出现 v-t 曲线.

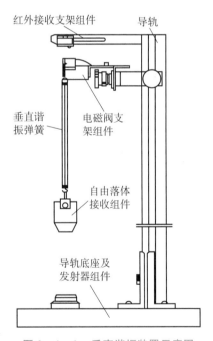

图 $2-4-6$　垂直谐振装置示意图

（4）在结果显示界面中用"▶"键选择"返回"，按"确认"键后重新回到测量设置界面. 可按以上步骤进行新的测量.

（5）查阅数据，记录第 1 次速度达到最大时的采样次数 $N_{1\max}$ 和第 11 次速度达到最大时的采样次数 $N_{11\max}$ 于表 $2-4-4$ 中，就可计算实际测量的运动周期 T 及角频率 ω，并可计算理论值

$\omega_0 = \sqrt{\dfrac{k}{m}}$ 与 ω 的百分误差.

表 2-4-4　简谐振动实验数据

M/kg	$\Delta x/\mathrm{m}$	$k = \dfrac{mg}{\Delta x}/(\mathrm{N/m})$	$\omega_0 = \sqrt{\dfrac{k}{m}}$ $/(\mathrm{rad/s})$	$N_{1\max}$	$N_{11\max}$	$T = 0.01(N_{11\max} - N_{1\max})$ $/\mathrm{s}$	$\omega = \dfrac{2\pi}{T}$ $/(\mathrm{rad/s})$	百分误差 $\dfrac{\omega - \omega_0}{\omega_0}$

【思考题】

1. 在实验过程中小车通过光电门时,实验系统里没有实验数据,这是什么原因?

2. 由多普勒效应测定声速,其精度与哪些因素有关?要提高它的精度应怎样操作?

实验五　法拉第效应

法拉第效应是一种磁光效应,指处于磁场中的均匀各向同性介质内的线偏振光沿磁场方向传播时,振动面会发生旋转. 1845 年,法拉第发现强磁场下的玻璃中会产生这种效应,之后韦尔代(Verdet)发现法拉第效应在固、液、气态物质中都存在. 在现代光学技术特别是激光技术中,法拉第效应获得了非常广泛的应用,如磁光调制器、磁光开关、磁光隔离器等.

【实验目的】

1. 了解法拉第效应的原理.

2. 学会测量法拉第效应的旋光角.

【实验仪器】

法拉第效应测试仪,待测样品等.

【实验原理】

一束线偏振光穿过一些原来不具有旋光性的介质时,若给介质沿光的传播方向加一磁场,就会观察到光经过该介质后偏振面旋转了一个角度. 也就是说,磁场使介质具有了旋光性. 这种现象就是法拉第效应.

在法拉第效应中,光的偏振面旋转的角度(旋光角)θ 与光在介质中通过的距离 L 及磁感应强度 B 的大小成正比,即

$$\theta = BLV, \tag{2-5-1}$$

式中 V 是表征介质磁光特性的系数(取决于样品介质的材料特性和工作波长),称为韦尔代常数.

1. 法拉第效应唯象解释

根据琼斯(Jones)矢量表示,任意线偏振光都可以用以同样角速度转动的一个左旋圆偏振光和一个右旋圆偏振光叠加得到. 电子在左旋圆偏振光和右旋圆偏振光的电场作用下做左旋和右旋圆周运动. 在法拉第效应实验中,电子运动平面与磁场垂直,电子在磁场中受到洛伦兹

力,其方向指向电子轨道中心或背离电子轨道中心,这需根据电子的速度方向而定.在洛伦兹力指向电子轨道中心的情况中,电子受到的向心力增加,电子旋转速率增大;在洛伦兹力背离电子轨道中心的情况中,电子旋转速率减小.当光从磁光介质射出时,重新合成线偏振光.由于在磁光介质中左旋和右旋的偏振光速率不同,合成的线偏振光的振动面相对入射光的振动面转过了一个角度.电子旋转速率变化只决定于磁场方向与电子的旋转方向,而与光的传播方向无关,如图 2-5-1 所示.

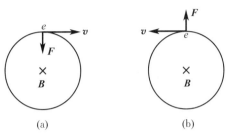

图 2-5-1 法拉第效应唯象解释

2.法拉第效应经典理论解释

假设电子的运动速度比光速小得多,则不必考虑相对论效应;还假设外磁场的变化频率比光的频率小得多,这样可以将磁感应强度 B 的大小看作不随时间变化的常量,并且只考虑光的电场部分而忽略光的磁场部分,因为在非相对论条件下电磁波的磁场对电荷的作用力远比电场对电荷的作用力小.于是,电子在光和外磁场作用下的运动方程为

$$\frac{\mathrm{d}^2 \boldsymbol{r}}{\mathrm{d}t^2} + \omega_0^2 \boldsymbol{r} = \frac{e}{m}\left(\boldsymbol{E} + \frac{\mathrm{d}\boldsymbol{r}}{\mathrm{d}t} \times \boldsymbol{B}\right), \qquad (2-5-2)$$

式中 e 为元电荷,m 为电子的质量,$\boldsymbol{B}$ 为外磁场的磁感应强度,$\boldsymbol{E}$ 为光矢量,$\boldsymbol{r}$ 为电子的位矢.在法拉第效应实验中,光沿 z 轴传播,光矢量与 z 轴垂直,电子在 Oxy 平面内运动,有

$$\boldsymbol{r} = x\boldsymbol{e}_x + y\boldsymbol{e}_y,$$

式中 $\boldsymbol{e}_x, \boldsymbol{e}_y$ 分别为 x 轴和 y 轴的单位矢量.式(2-5-2)可以分解为 x 轴和 y 轴方向的两个分量,分别为

$$\frac{\mathrm{d}^2 x}{\mathrm{d}t^2} - \frac{e}{m}B\frac{\mathrm{d}y}{\mathrm{d}t} + \omega_0^2 x = \frac{e}{m}E_x, \qquad (2-5-3)$$

$$\frac{\mathrm{d}^2 y}{\mathrm{d}t^2} + \frac{e}{m}B\frac{\mathrm{d}x}{\mathrm{d}t} + \omega_0^2 y = \frac{e}{m}E_y. \qquad (2-5-4)$$

将式(2-5-3)和式(2-5-4)合并整理可得

$$\frac{\mathrm{d}^2}{\mathrm{d}t^2}(x+\mathrm{i}y) + \mathrm{i}\frac{e}{m}B\frac{\mathrm{d}}{\mathrm{d}t}(x+\mathrm{i}y) + \omega_0^2(x+\mathrm{i}y) = \frac{e}{m}(E_x + \mathrm{i}E_y), \qquad (2-5-5)$$

$$\frac{\mathrm{d}^2}{\mathrm{d}t^2}(x-\mathrm{i}y) - \mathrm{i}\frac{e}{m}B\frac{\mathrm{d}}{\mathrm{d}t}(x-\mathrm{i}y) + \omega_0^2(x-\mathrm{i}y) = \frac{e}{m}(E_x - \mathrm{i}E_y). \qquad (2-5-6)$$

式(2-5-5)和式(2-5-6)分别对应于电子的右旋运动和左旋运动.令

$$\begin{cases} E_{\mathrm{r}} = E_x + \mathrm{i}E_y, \\ E_{\mathrm{l}} = E_x - \mathrm{i}E_y, \end{cases} \quad \begin{cases} r_{\mathrm{r}} = x + \mathrm{i}y, \\ r_{\mathrm{l}} = x - \mathrm{i}y, \end{cases}$$

式中 $E_{\mathrm{r}}, E_{\mathrm{l}}$ 分别对应于右旋圆偏振光和左旋圆偏振光,而 $(x+\mathrm{i}y)$ 和 $(x-\mathrm{i}y)$ 相当于电子分别向右和向左旋转.将上两式代入式(2-5-5)和式(2-5-6),得到

$$
\begin{cases}
\dfrac{d^2}{dt^2}r_r + i\dfrac{e}{m}B\dfrac{dr_r}{dt} + \omega_0^2 r_r = \dfrac{e}{m}E_r, \\
\dfrac{d^2}{dt^2}r_l - i\dfrac{e}{m}B\dfrac{dr_l}{dt} + \omega_0^2 r_l = \dfrac{e}{m}E_l.
\end{cases}
$$

这两个方程分别是电子右旋和左旋的运动方程. 设入射光在进入磁光介质之前是线偏振光,其光振动方程为

$$
\begin{cases}
E_x = E_0 \cos\omega t, \\
E_y = 0.
\end{cases}
$$

进入磁光介质后分解成右旋圆偏振光和左旋圆偏振光,两圆偏振光的方程分别为

$$
\begin{cases}
E_r = \dfrac{E_0}{2}e^{i(\omega t - k_r z)}, \\
E_l = \dfrac{E_0}{2}e^{i(\omega t - k_l z)},
\end{cases}
$$

式中 k_l, k_r 分别为左旋圆偏振光和右旋圆偏振光在磁光介质中的波矢.

对电子右旋的运动方程求解可以得到

$$
r_r = \frac{eE_0/2m}{\omega_0^2 - \omega^2 - \dfrac{e}{m}B\omega}, \tag{2-5-7}
$$

则感生电偶极矩为

$$
P_r = Ner_r = \frac{Ne^2E_0/2m}{\omega_0^2 - \omega^2 - \dfrac{e}{m}B\omega}, \tag{2-5-8}
$$

式中 N 为单位体积中电偶极子的数目.

令

$$
\omega_r = \frac{e}{2m}B, \tag{2-5-9}
$$

它和频率的量纲相同,称为拉莫尔(Larmor)频率,事实上它是在轨道上做圆周(或椭圆)运动的电子在外磁场 **B** 的作用下的进动频率,拉莫尔频率比光的频率(约10^{14} Hz)小得多.

将式(2-5-9)代入式(2-5-8)可得

$$
P_r = \frac{Ne^2E_0/2m}{\omega_0^2 - \omega^2 - 2\omega_r\omega}. \tag{2-5-10}
$$

由于 $\omega_r \ll \omega$,可得

$$
(\omega + \omega_r)^2 = \omega^2\left(1 + 2\frac{\omega_r}{\omega} + \frac{\omega_r^2}{\omega^2}\right) \approx \omega^2\left(1 + 2\frac{\omega_r}{\omega}\right),
$$

于是

$$
\omega_0^2 - \omega^2 - 2\omega_r\omega \approx \omega_0^2 - (\omega + \omega_r)^2.
$$

将上式代入式(2-5-10),可得

$$
P_r = \frac{Ne^2E_0/2m}{\omega_0^2 - (\omega + \omega_r)^2}.
$$

假设磁光介质是一种气体,可以得到折射率 n_r 为

$$
n_r = 1 + \frac{Ne^2}{m\varepsilon_0}\frac{1}{\omega_0^2 - (\omega + \omega_r)^2}, \tag{2-5-11}
$$

用同样的方法可以得到

$$n_1 = 1 + \frac{Ne^2}{m\varepsilon_0} \frac{1}{\omega_0^2 - (\omega + \omega_1)^2}. \tag{2-5-12}$$

实际上所用的大多数磁光介质是固体,可以得到

$$\frac{n_r^2 - 1}{n_r^2 + 2} = \frac{Ne^2}{3m\varepsilon_0} \frac{1}{\omega_0^2 - (\omega + \omega_r)^2}. \tag{2-5-13}$$

对于 n_1 也有类似的公式. 不过无论是气体还是稠密介质,在法拉第效应的情况下总有两个不同的折射率 n_1 和 n_r,它们分别对应于左旋圆偏振光和右旋圆偏振光. 线偏振光进入磁光介质后就分解成左旋圆偏振光和右旋圆偏振光,两者折射率略有不同,经过长度为 L 的磁光介质,两者的相位差为

$$\delta = \frac{2\pi}{\lambda} L(n_r - n_1),$$

当光从磁光介质另一端射出时,旋光角为

$$\theta = \frac{\delta}{2} = \frac{\pi}{\lambda} L(n_r - n_1). \tag{2-5-14}$$

3. 电子荷质比的计算

由原子物理的有关知识,可得

$$V = -\frac{e\lambda}{2mc} \frac{dn}{d\lambda}, \tag{2-5-15}$$

式中 c 为光速;n 为光在透明介质中的折射率,它是波长 λ 的函数. 由式(2-5-1)和式(2-5-15)可得,法拉第效应旋光角的计算公式为

$$\theta = -\frac{BLe\lambda}{2mc} \frac{dn}{d\lambda}. \tag{2-5-16}$$

对于重火石玻璃,有

$$\frac{dn}{d\lambda} = \frac{1.8 \times 10^{-14}}{\lambda^3} \ \text{m}^{-1},$$

因此 V 正比于 $\frac{1}{\lambda^2}$,有

$$V = -\frac{e}{2mc} \frac{1.8 \times 10^{-14}}{\lambda^2}, \tag{2-5-17}$$

$$\theta = -\frac{BLe}{2mc} \frac{1.8 \times 10^{-14}}{\lambda^2}. \tag{2-5-18}$$

根据式(2-5-17)和式(2-5-18)可以分别计算电子荷质比 $\frac{e}{m}$ 和韦尔代常数.

【实验内容】

1. 测量准备(组装已由实验室完成). 法拉第效应测试仪结构如图 2-5-2 所示. 由光源(12 V,100 W 的白炽灯)产生的复合白光通过小型单色仪后可以获得波长为 $360 \sim 800$ nm 的单色光,经过起偏器成为单色线偏振光,然后穿过电磁铁. 电磁铁采用直流供电,中间磁路有通光孔,保证入射光与磁场的方向一致,两磁极间隙为 11 mm. 磁感应强度与励磁电流的关系曲线如图 2-5-3 所示(1 T = 10^4 Gs),根据励磁电流的大小可以从图中查得对应的磁感应强度. 入射光穿过样品后从电磁铁的另一极穿出入射到检偏器上,透过检偏器进入光电倍增管,由数显表显示光电流的大小,即出射光强的大小. 根据出射光强最大(或最小)时检偏器的位置读

数即可得出旋光角. 检偏器的角度位置读数也由数显表读出, 其最大读数为 $99°59'$, 分辨率为 $1'$.

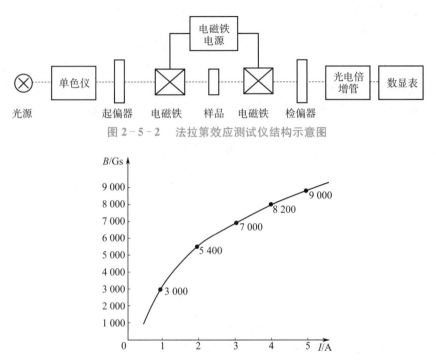

图 2-5-2　法拉第效应测试仪结构示意图

图 2-5-3　磁感应强度与励磁电流的关系曲线

WDX 型小型单色仪是由色散棱镜将复合光分解后通过限制谱线的宽度来获得单色光的. 通过旋转棱镜, 在狭缝处可获得不同波长的单色光. 光的波长与鼓轮读数的对照见表 2-5-1.

本实验采用的样品为重火石玻璃(ZF6), 制成顶角为 $60°$ 的三棱镜. 将白炽灯电源线接入电源变压器后, 接通电源, 开启单色仪. 将光源、单色仪与电磁铁按图 2-5-2 所示连接起来(把偏振片座套插入电磁铁的圆凹槽里), 从电磁铁另一磁极圆孔中, 用"30×"读数显微镜观察, 调整单色仪与电磁铁的位置, 使入射光位于圆孔中心. 然后将光电接收部分的连接罩插入电磁铁的圆凹槽里. 将重火石玻璃用弹性圈固定在电磁铁磁极中间.

表 2-5-1　旋光角 θ 和波长的关系原始数据

样品:重火石玻璃　　　　　　　　　　　　　　　　　　　　　　　　　　　　$L = 10.0$ mm

鼓轮读数	对应波长 /μm	电流或磁感应强度	角度表读数	平均角度	平均误差	旋光角
2.592	0.434 1					
2.789	0.435 8					

鼓轮读数	对应波长 /μm	电流或磁感应强度	角度表读数	平均角度	平均误差	旋光角
3.853	0.486 1					
4.587	0.546 1					
4.887	0.577 0					
4.915	0.579 0					
4.985	0.587 6					
5.000	0.589 3					
5.459	0.656 3					
5.561	0.667 8					

（1）打开光源及数显表的电源,预热 5 min,使仪器工作状态保持稳定.

（2）调整数显表的灵敏度旋钮,顺时针为增加.灵敏度的大小反映在数显表的数值变化的快慢上.也就是说,灵敏度越高,数值变化越快.调整至在加上 1 A 电流时,数值为两位有效数字即可.

（3）顺时针旋转检偏手轮到底,然后逆时针旋转 2 周,按清零按钮使角度表复位.

（4）将检偏器手柄与连接座及电磁铁的标记调成一条线.

（5）调整数显表,使数显表读数为零.

（6）验证角度表的零位是否正确.

（7）调整至适当的狭缝宽度和鼓轮读数.

（8）开始进行数据测量.

2.实验内容.

(1)绘制法拉第效应的旋光角 θ 与外加磁场电流 I 的关系曲线.

① 检查角度表是否在零位及数显表的初值是否为零.

② 打开电磁铁电源,逐渐增加电流至 1 A,数显表读数为两位有效数字.

③ 旋转检偏手轮,直到数显表读数为零,记录角度表数值于表 2-5-1 中,这就是旋光角 θ.

④ 电流增加 1 A,重复步骤 ③,如此反复,直到电流到正向最大值.

⑤ 逐渐减小电流(注意不能直接关闭电源,因为剩磁会影响结果),旋转检偏手轮使数显表读数为零.此时角度表的读数为重复误差.

⑥ 以上过程中,电流每增加 1 A,都要重复测量三次,求平均值,以减小误差.

(2)绘制法拉第效应的旋光角 θ 和波长的关系曲线.测量过程基本与(1)相同,在电流不变的基础上,每更改一次鼓轮读数,都要重复测量三次,求平均值.

(3)计算电子荷质比 $\dfrac{e}{m}$ 和韦尔代常数.将电子荷质比的实验值与公认值(1.758 820 010 76 × 10^{11} C/kg) 比较,求出百分误差,并分析误差来源.

【注意事项】

1.磁极间距要固定好,使样品刚好能放下又不受压力.

2.为保证能重复测得磁感应强度及与之相应的励磁电流的数据,励磁电流应从零上升到正向最大值,否则要进行消磁.

3.测量过程中,不能直接关闭直流恒流电源,要逐渐减小电流直到为零.

4.数显表和光源必须使用交流稳压净化电源,电压的波动和浪涌会对数显表和光源入射光强产生影响,使测量存在误差,数显表的读数不准确.

5.关闭、开启单色仪的入射狭缝时,切勿过零.

6.数显表显示溢出,可调小单色仪入射狭缝或调整放大倍数.

7.数显表未与主机相接之前切勿接通电源,以免烧坏仪器.

【思考题】

1.误差主要来源是什么？如何改进？

2.利用法拉第效应设计一个单向通光阀.

实验六　热声热机

【实验目的】

1.了解热声效应和热声热机的原理.

2.探讨热声热机的频谱特性.

【实验仪器】

自制热声热机,2700 系列数据采集／多路综合测量系统,双相 DSP 数字锁相放大器

SR830 等.

【实验原理】

1. 热声效应

在适当的条件下,热能与声能之间可以直接转换,产生热声现象.对该现象的研究早期主要局限于声学领域,后来人们发现该现象在工程中有广阔的应用前景,因而逐渐得到了重视.国外对该现象的集中研究开始于 1950 年,经过几十年的努力,发现了两类典型的热声现象:一种是 Sondhauss 型热声振荡;一种是 Rijke 型热声振荡.对于它们产生的条件及振荡特性,应用流体力学线性稳定性分析得出了一些理论结果,但仍然有大量关键问题,如声道中非稳态流动换热过程,Rijke 管中振荡产生的机理等,都有待进一步的研究.可以说,热声现象是少数几个至今尚未被完全揭示的流体力学和传热学现象之一.

热声振荡的发现和研究已超过两个世纪,1777 年首次观察和研究了"会唱歌的火焰",即将氢气火焰置于两端开口的管子中,在某一位置就能探测到声振荡.

如图 2-6-1(a) 所示,热声弛豫区中的气体微团处于板叠高温区.在图 2-6-1(b) 中,当气体微团从板叠高温端点 1 沿板叠温度降低的方向运动时,气体微团体积膨胀,温度降低,由于气体微团的温度低于所在处的板叠温度,因而气体微团从板叠壁面吸热;当气体微团到达 2 后,由于回热器两端温差大,气体微团的温度高于所在处的板叠温度,这时气体微团向板叠壁面放热.在从 1 经 2 到 3 的过程中,吸热大于放热,气体微团表现为吸热,体积膨胀,对外做功为 dW.当气体微团到达 3 后,沿温度升高的方向运动,由于气体微团的温度高于板叠边壁的温度,气体微团对边壁放热,气体微团被压缩;到达 4 后,气体微团进入板叠高温区,气体微团从边壁吸热,体积进一步被压缩,重新回到初始点 1,在从 3 经 4 到 1 的过程中,放热大于吸热,总的来说气体微团表现为放热,外界对气体微团做功为 dW',如图 2-6-1(d) 所示.最后气体微团回到如图 2-6-1(e) 所示的初始位置 1.这样,气体微团完成一个周期,振荡所做的净功为 $dW-dW'$.上述各过程的电网络类比如图 2-6-2 所示.上面仅仅描述了一个气体微团的工作过程,在回热器中无数个气体微团的这种"接力"作用实现了宏观上的纵向热量输运,对外所做的总净声功足以达到实用的程度.这就是热声发动机.

2. 热声热机

热声热机是利用 Sondhauss 型热声振荡将热能直接转换为声能,然后直接输出或将其转换为电能.这种热机具有结构简单、紧凑,功率密度大、效率高、无运动部件等特点.

热声热机按照不同的特征可分成以下几类.

(1) 按声场的形成机理.热声热机用回热器的热声效应进行能量转换,而产生热声效应的条件则由热声热机系统提供.回热器内的流体振荡与温度波动的耦合是通过声场的相位调节实现的,热声热机系统的各种结构都是为了给回热器提供合理的相位.因此,声振荡的产生方法与传播方法是热声热机系统的基本特征.到目前为止,有三种基本类型:平衡振荡、声驱动和热驱动.

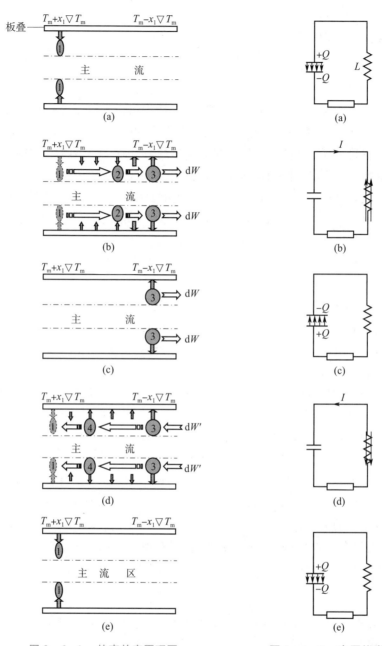

图 2-6-1　热声效应原理图　　　　图 2-6-2　电网络类比图

（2）按工作声场特征. 从概念上说,热声热机按其工作声场分为两类:一类是驻波热机,另一类是行波热机. 谐振管端首的声波发生器发射的入射波在封闭端反射并相互叠加,在谐振频率下形成驻波,热声部件在驻波声场的作用下工作. 单纯驻波是不能传播能量的,热声热机的声功流仍然须由行波分量来传递,所以实际热声热机在谐振腔中总要维持一定的行波分量. 因此,在对热声热机进行分析时,需要分别讨论声场行波分量和驻波分量不同的工作条件.

3. 热声热机的实验测试装置

本实验使用的外激励热声热机实验装置如图2-6-3所示. 回热器是产生并强化热声效应的关键构件, 其有源性使声功率得到放大. 它位于主冷却器的右方, 其长度在本实验中共有三种, 分别为30 mm, 36 mm, 42 mm. 回热器通过在一个薄壁不锈钢管内填充不锈钢丝网制成, 其中丝网的长度根据回热器的长度可分为三种, 分别为28 mm, 34 mm, 40 mm, 每种长度的回热器配有三种规格的丝网, 分别为150目、200目、250目. 丝网与不锈钢管壁应紧密贴合, 以防止回热器沿丝网边缘发生轴向串气, 为做到这一点, 制作时应使丝网与不锈钢管壁适当过盈贴合.

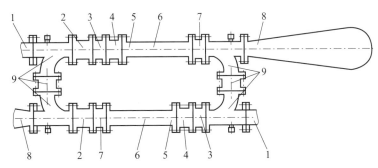

1—外激励; 2—测压连接管; 3—主冷却器; 4—回热器; 5—加热器;
6—真空夹套波纹管; 7—副冷却器; 8—谐振腔; 9—连接回路

(a)

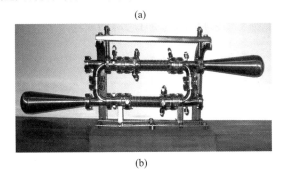

(b)

图2-6-3　外激励热声热机实验装置

加热器的作用是给回热器提供一个高温热源, 与主冷却器处的环境温度一起在回热器上形成一个温度梯度. 这个温度梯度是热声热机工作的温度源. 在本实验装置中, 加热器采用陶瓷框架结构, 加热器放置在真空夹套波纹管内.

如图2-6-4所示, P_1, P_6布置在三通管上, 用来测试外激励的驱动压力; P_2, P_9布置在测压连接管上, 用来测试工作物质进入主冷却器时的压力; P_3, P_7布置在回热器上, 用来测试回热器冷端侧的压力和回热器的压力相位; P_4, P_8布置在真空夹套波纹管处, 用来监测回热器高温端的压力情况; P_5, P_{10}布置在与谐振腔相连的三通管上, 用来观测谐振腔中的压力振荡情况.

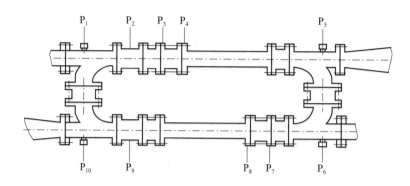

图 2-6-4　压力测点分布图

【实验内容】

1. 向热声热机充气,使其压强达到 1.2 MPa,检查各仪器工作状态.
2. 加热器加温,监测加热器、回热器、冷却器等处的压力和温度的变化,做好记录.
3. 监测和测量热声热机频率发生、发展、稳定过程,做整机频谱分析.

实验七　磁光调制

磁光效应发生在磁场与光场相互作用的过程中,包括法拉第效应、克尔(Kerr)效应、光磁效应等.利用法拉第效应在激光技术中可制成磁光调制器、磁光环形器、磁光衰减器等器件,其中磁光调制器在激光通信、激光显示等领域都有广泛的应用.

【实验目的】

1. 了解磁光调制原理.
2. 观察磁光调制现象.
3. 了解调制深度与调制角幅度之间的关系.
4. 了解直流磁场对磁光介质的影响.

【实验仪器】

磁光调制实验仪,示波器等.

【实验原理】

(1) 法拉第效应. 当线偏振光穿透某种介质时,若沿平行于光的传播方向施加一磁场,光的偏振面会发生旋转,实验表明其旋转角(旋光角)θ 正比于外加的磁感应强度 B 的大小,这种现象称为法拉第效应,也称磁致旋光效应,即

$$\theta = VlB, \tag{2-7-1}$$

式中 l 为光在介质中的路径长度;V 为表征法拉第效应特征的比例系数,称为韦尔代常数. 利用法拉第效应可制成具有光调制、光开关、光隔离、光偏转等功能的磁光器件,其中磁光调制器为最典型的一种. 如图 2-7-1 所示,在磁光介质的外围加励磁线圈就构成基本的磁光

调制器.

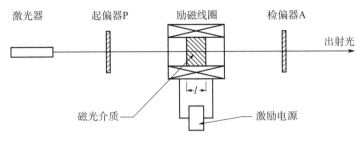

图 2 - 7 - 1　调制器效应示意图

(2) 直流磁光调制. 当线偏振光平行于外磁场入射磁光介质的表面时, 线偏振光的光强 I 可以分解成如图 2 - 7 - 2 所示的左旋圆偏振光 I_1 和右旋圆偏振光 I_r(两者旋转方向相反). 由于磁光介质对两者具有不同的折射率 n_1 和 n_r, 当它们穿过厚度为 l 的磁光介质后分别产生不同的相位差, 体现在角位移上有

$$\theta_1 = \frac{2\pi}{\lambda} n_1 l, \quad \theta_r = \frac{2\pi}{\lambda} n_r l,$$

式中 λ 为线偏振光的波长.

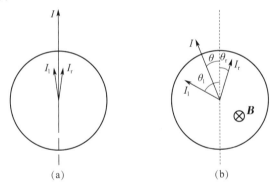

图 2 - 7 - 2　入射光偏振面的旋转运动

因 $\theta_1 - \theta = \theta_r + \theta$, 所以

$$\theta = \frac{1}{2} (\theta_1 - \theta_r) = \frac{2\pi}{\lambda} (n_1 - n_r) l. \tag{2-7-2}$$

如果折射率差值 $(n_1 - n_r)$ 正比于磁感应强度 B 的大小, 即可得式(2-7-1), 并由旋光角 θ 与测得的 B 与 l 求出韦尔代常数 V.

(3) 交流磁光调制. 用一交流电信号对励磁线圈进行激励, 使其对磁光介质产生一交变磁场, 就组成了交流(信号)磁光调制器(此时的励磁线圈称为调制线圈). 在调制线圈未通电流并且不计光损耗的情况下, 设通过起偏器 P 的线偏振光的振幅为 E_0, 光强为 $I_0 = E_0^2$, 将 E_0 分解为两个垂直分量 $E_0 \cos \alpha$ 及 $E_0 \sin \alpha$, 其中只有与检偏器 A 的偏振化方向平行的分量 $E_0 \cos \alpha$ 才能通过检偏器 A, 故有输出光强为

$$I = (E_0 \cos \alpha)^2 = I_0 \cos^2 \alpha,$$

式中 α 为起偏器 P 与检偏器 A 偏振化方向之间的夹角. 当调制线圈通以交流电流 $i = I_0 \sin \omega t$

时,设调制线圈产生的磁感应强度的大小为 $B = B_0 \sin \omega t$,则磁光介质相应地会产生旋光角 $\theta = \theta_0 \sin \omega t$,于是从检偏器 A 输出的光强为

$$I = I_0 \cos^2(\alpha + \theta) = \frac{I_0}{2}[1 + \cos 2(\alpha + \theta)] = \frac{I_0}{2}[1 + \cos 2(\alpha + \theta_0 \sin \omega t)].$$

$$(2-7-3)$$

由式(2-7-3)可知,光输出可以是调制波的倍频信号.因此,电信号可使入射光旋光角变化,从而实现对输出光强的调制.

(4)磁光调制的基本参量.磁光调制的性能主要由以下两个基本参量来描述:

① 调制深度 η.其表达式为

$$\eta = \frac{I_{\max} - I_{\min}}{I_{\max} + I_{\min}}, \qquad (2-7-4)$$

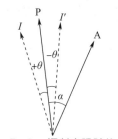

图 2-7-3 调制光强随旋光角
变化的情况

式中 $I_{\max}$ 和 $I_{\min}$ 分别为调制输出光强的最大值和最小值,在 $0 \leqslant \alpha + \theta \leqslant \frac{\pi}{2}$ 的条件下,由式(2-7-3)得到输出光强的最大值和最小值分别为

$$I_{\max} = \frac{I_0}{2}[1 + \cos 2(\alpha - \theta)], \qquad (2-7-5a)$$

$$I_{\min} = \frac{I_0}{2}[1 + \cos 2(\alpha + \theta)]. \qquad (2-7-5b)$$

调制光强随旋光角变化的情况如图 2-7-3 所示.

② 调制角幅度 θ_0.令 $I_A = I_{\max} - I_{\min}$ 为光强调制幅度,将式(2-7-5a)和式(2-7-5b)代入化简可得

$$I_A = I_0 \sin 2\alpha \sin 2\theta.$$

可见,若起偏器 P 与检偏器 A 的偏振化方向之间的夹角 $\alpha = 45°$ 时,光强调制幅度可达最大值 $I_{A\max} = I_0 \sin 2\theta$,此时调制输出的光强的最大值和最小值分别为

$$I_{\max} = \frac{I_0}{2}(1 + \sin 2\theta), \qquad (2-7-6a)$$

$$I_{\min} = \frac{I_0}{2}(1 - \sin 2\theta). \qquad (2-7-6b)$$

将式(2-7-6a)和式(2-7-6b)代入式(2-7-4),得 $\alpha = 45°$ 时的调制深度和调制角幅度分别为

$$\eta = \sin 2\theta,$$
$$\theta = \theta_0 = \frac{1}{2}\arcsin\left(\frac{I_{\max} - I_{\min}}{I_{\max} + I_{\min}}\right). \qquad (2-7-7)$$

【实验内容】

1.测量准备.

(1)在光具座导轨上放置好激光器和光电接收器(通常光电接收器位于光具座右侧末端),将激光器、铽玻璃调制器及与检偏器一体的光电接收器等组件连接到位.检偏器的两刻度

盘均预置在零位.

(2) 光路准直. 打开电源开关,接通激光器电源,点亮激光器,调节激光器尾部的旋钮,使激光器达到足够光强. 将激光器推近光电接收器,调节激光器架的夹持螺钉,使激光器基本与光具座导轨平行并使激光束落在光电接收器塑盖的中心点上. 然后将激光器推离光电接收器(移至导轨的另一端),再次微调激光器架的夹持螺钉,使光点仍落在光电接收器塑盖的中心点上. 调准激光器与光电接收器的位置后使其固定.

(3) 用电缆线分别将"调制监视"与"解调监视"插座与双踪示波器的 Y_1 与 Y_2 的输入端相连.

(4) 插入起偏器,移去光电接收器塑盖时,光强指示器应呈现读数;调节起偏器,使光强指示器读数接近于零,表示检偏器与起偏器的偏振化方向正交,记下起偏器角度. 再将起偏器旋转约 45°,使两偏振面在此夹角下光强调制幅度达最大值.

(5) 调节激光强度,使光强指示器的读数在 4～5. 若激光器调至最大值而光强仍感觉太小时,需要适当调节起偏器的转角,重复上述步骤.

(6) 将铽玻璃调制器插入镜片架中,拧紧定位压环的两个滚花螺钉,将铽玻璃调制器固定,然后将镜片架插入光具座后对准中心,使激光束正射透过磁光介质. 为使激光束能正射透过磁光介质,必须反复对激光器、磁光介质与光电接收孔三者加以准直调整. 为获得较好的实验效果,激光强度宜使光强指示器为 0.1(最小)至 6.5(最大)的读数范围之内.

2. 实验内容.

(1) 观察磁光调制现象.

① 将铽玻璃调制器线缆插入主控单元后面板的"调制输出"两插座中.

② 打开调制信号开关,调节输出幅度,在示波器上可同时观察到调制波形与解调波形,再细调检偏器的转角,即可明显地看到解调波与调制波的倍频关系.

(2) 测量调制深度与调制角幅度. 当示波器中显示出解调波形时,调节检偏器的转角,读出波形曲线上相应的光强的最大值 I_{max} 和最小值 I_{min},代入式(2-7-4)和式(2-7-7),计算出调制深度 η 和调制角幅度 θ_0.

(3) 测定旋光角与外加磁场的关系曲线. 改变调制电流的大小,测出不同电流下对应的光强的最大值 I_{max} 与最小值 I_{min},计算出 η 和 θ_0,作 θ-B 曲线.

(4) 测量直流磁场对磁光介质的影响.

① 按图 2-7-1 所示将励磁电磁铁 M 置于光具座上,电磁铁中间放入火石玻璃磁光介质(先将火石玻璃插在两磁轭之间,磁轭平面与两磁极相吻合). 将电磁铁引出线缆插入后面板的"励磁输出"两插座中.

② 按"测量准备"中的步骤(4)使检偏器与起偏器的偏振化方向处于正交状态(光强指示器读数接近于零).

③ 开启直流电源,使励磁线圈中通过直流电流 I_{DC},细调检偏器的度盘使光强指示器读数恢复接近于零,记下前后检偏器度盘读数,其差值即为偏振面的旋光角.

④ 改变直流电流(由励磁电流表读出),测出相应的旋光角,画出 θ-$B(I_{DC})$ 关系曲线.

(5) 磁光调制与光通信实验演示. 将音频信号(来自收音机、录音机、CD 唱盘等音源)输入"外调制输入"插座,将有源扬声器插入"解调输出"插座,即可发声,音量由"解调幅度"

控制.

【注意事项】

1. 为防止强激光束长时间照射导致光敏管疲劳或损坏,调节或使用好后请随即盖好光电接收孔,调节过程中也应避免激光直射人眼,对眼睛造成危害.

2. 为获得最大调制幅度 I_{Amax} 以及测定调制深度 η 与调制角幅度 θ_0,必须在实验前准确调节,使起偏器和检偏器的偏振化方向之间的夹角 α 达到 $45°$.

【思考题】

1. 直流磁光调制和交流磁光调制分别起什么作用?
2. 简述磁光调制原理.
3. 磁光调制实现的过程是怎样的?
4. 法拉第效应在实际生活中有哪些应用?试举一例.

实验八　　磁阻效应及磁阻传感器的特性研究

磁阻效应是指某些金属或半导体位于磁场中时,其电阻值随磁场的变化而变化的现象. 和霍尔效应一样,磁阻效应也是由于载流子在磁场中受到洛伦兹力而产生的. 若外加磁场与外加电场垂直,称为横向磁阻效应;若外加磁场与外加电场平行,称为纵向磁阻效应.

磁阻效应还与样品的形状有关,不同几何形状的样品,在同样大小的磁场作用下,其电阻值不同,该效应称为几何磁阻效应. 为了区别于几何磁阻效应,有人把半导体的电阻率随磁场的增加而增加的现象称为物理磁阻效应.

目前,磁阻效应广泛应用于磁阻传感器、磁力计、电子罗盘、位置和角度传感器、车辆探测、GPS(全球定位系统)、仪器仪表、磁存储(磁卡、硬盘) 等领域.

【实验目的】

1. 了解磁阻效应的基本原理及测量磁阻效应的方法.

2. 在锑化铟磁阻传感器的工作电流保持不变的条件下,测量锑化铟磁阻传感器的电阻与磁感应强度的关系(实验步骤由学生自己拟定,实验时注意砷化镓霍尔传感器和锑化铟磁阻传感器的工作电流应调至 $1\ mA$).

3. 作出锑化铟磁阻传感器电阻的相对变化率与磁感应强度 $\left(\dfrac{\Delta R}{R_0} - B\right)$ 关系曲线,并进行相应的曲线和直线拟合.

【实验仪器】

磁阻效应实验仪,电阻器,示波器等.

磁阻效应实验仪由信号源和测试架两部分组成. 信号源包括双路可调直流电源、数字式电流表、数字式高斯计、磁阻电压转换测量表(毫伏表)、控制电源等. 测试架包括励磁线圈(含电磁铁)、锑化铟磁阻传感器、砷化镓霍尔传感器等,如图 $2-8-1$ 所示.

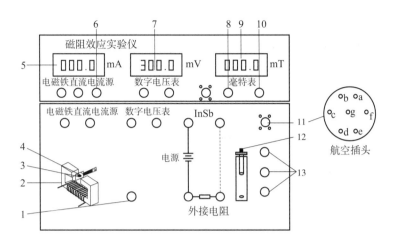

1—固定及引线铜管;2—U型矽钢片;3—锑化铟磁阻传感器;4—砷化镓霍尔传感器;5—电磁铁直流电流
源显示;6—电磁铁直流电流源调节;7—数字电压表显示;8—锑化铟磁阻传感器电流调节;9—电磁铁磁感
应强度大小显示;10—电磁铁磁感应强度大小调零;11—航空插头接线:a和b是给锑化铟磁阻传感器提供
小于3 mA的直流恒流电流源,c和d是给砷化镓霍尔传感器提供电压源,e和f是砷化镓霍尔传感器测量电
磁铁间隙磁感应强度大小,g为悬空;12—单刀双向开关;13—单刀双向开关接线柱

图 2 - 8 - 1 磁阻效应实验仪示意图

磁阻效应实验仪的技术指标如下:

(1) 双路可调直流电源:① 直流电源 I 的电流在 $0 \sim 500$ mA 范围内连续可调,数字式电流表显示输出电流大小.② 直流电源 II 的输出电流在 $0 \sim 3$ mA 范围内连续可调,为锑化铟磁阻传感器的工作电流.③ 电流与所选取的外接电阻的乘积小于 2 V.

(2) 数字式高斯计:测量范围为 $0 \sim 0.5$ T,分辨率为 0.000 1 T,准确率为 1%.

【实验原理】

一定条件下,导电材料的电阻值 R 随磁感应强度 B 变化的规律称为磁阻效应. 如
图 2 - 8 - 2 所示,当半导体处于磁场中时,其载流子
将受到洛伦兹力的作用,发生偏转,在两端产生电
荷积聚并产生霍尔电场. 如果霍尔电场的作用和某
一速度的载流子的洛伦兹力作用刚好抵消,则小于
此速度的电子将沿霍尔电场作用的方向偏转,而大
于此速度的电子则沿相反的方向偏转,因而沿外加
电场方向运动的载流子的数量将减少,即沿电场方
向的电流密度减小,电阻增大.如果将图2-8-2中 a

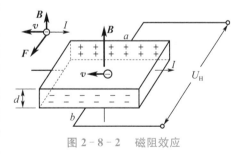

图 2 - 8 - 2 磁阻效应

端和 b 端短路,磁阻效应更明显. 在上述情况中,磁场与外加电场垂直,故称为横向磁阻效应.

当磁感应强度平行于电流,即纵向情况时,若载流子的有效质量和弛豫时间与移动方向无
关,磁感应强度不引起载流子漂移运动的偏转,因而没有纵向磁阻效应;而对于载流子的有效
质量和弛豫时间与移动方向有关的情形,若作用力的方向不在载流子的有效质量和弛豫时间
的主轴方向上,此时载流子的加速度和漂移运动方向与作用力的方向不相同,也可引起载流子

漂移运动的偏转现象,其结果导致样品的纵向电流减小,电阻增加.在磁感应强度与电流方向平行的情况下所引起的电阻增加的效应,称为纵向磁阻效应.

通常以电阻率的相对改变量来表示磁阻效应的大小,即用 $\dfrac{\Delta\rho}{\rho_0}$ 表示,式中 ρ_0 为零磁场时的电阻率,设磁电阻(具有显著磁阻效应的特种磁性材料)在磁感应强度大小为 B 的磁场中的电阻率为 ρ,则 $\Delta\rho = \rho - \rho_0$.由于磁阻传感器电阻值的相对变化率 $\dfrac{\Delta R}{R_0}$ 正比于 $\dfrac{\Delta\rho}{\rho_0}$,因此也可以用电阻的相对变化率 $\dfrac{\Delta R}{R_0}$ 来表示磁阻效应的大小.

测量磁阻效应的实验装置及电路如图 2-8-3 所示.实验证明,磁阻效应对外加磁场的极性不灵敏.一般情况下,当金属或半导体处于较弱磁场中时,电阻的相对变化率 $\dfrac{\Delta R}{R_0}$ 正比于磁感应强度 B 的平方;而在强磁场中,$\dfrac{\Delta R}{R_0}$ 与磁感应强度 B 呈线性关系,当外加磁场超过特定值时,$\dfrac{\Delta R}{R_0}$ 对磁感应强度 B 的响应会趋于饱和.

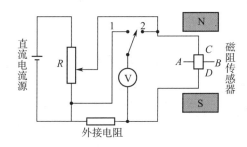

图 2-8-3　测量磁阻效应的实验装置及电路图

如果由半导体材料制成的磁阻传感器处于角频率为 ω 的弱正弦交流磁场中,由于电阻的相对变化率 $\dfrac{\Delta R}{R_0}$ 正比于 B^2,则磁阻传感器的电阻值 R 以角频率 2ω 做周期性变化,即在弱正弦交流磁场中,磁阻传感器具有交流电倍频性能.若弱正弦交流磁场的磁感应强度的大小为

$$B = B_{\mathrm{m}}\cos\omega t, \qquad (2-8-1)$$

式中 B_{m} 为磁感应强度的振幅,ω 为角频率,t 为时间,又由

$$\frac{\Delta R}{R_0} = KB^2, \qquad (2-8-2)$$

式中 K 为常量,可得

$$R = R_0 + \Delta R = R_0 + R_0\frac{\Delta R}{R_0} = R_0 + R_0 KB_{\mathrm{m}}^2\cos^2\omega t$$

$$= R_0 + \frac{1}{2}R_0 KB_{\mathrm{m}}^2 + \frac{1}{2}R_0 KB_{\mathrm{m}}^2\cos^2 2\omega t, \qquad (2-8-3)$$

式中 $R_0 + \dfrac{1}{2}R_0 KB_{\mathrm{m}}^2$ 为不随时间变化的电阻值,$\dfrac{1}{2}R_0 KB_{\mathrm{m}}^2\cos^2 2\omega t$ 为以角频率 2ω 做余弦变化的电阻值.因此,磁阻传感器在弱正弦交流磁场中,其电阻值将产生倍频交流变化.观察磁阻传感器倍频效应的实验电路图,如图 2-8-4 所示,将电磁铁的线圈引线与正弦交流低频发生器输

出端相接,锑化铟磁阻传感器通以 2.5 mA 直流电,用示波器观察锑化铟磁阻传感器两端电压与电磁铁两端电压形成的李萨如图形,证明在弱正弦交流磁场情况下,磁阻传感器具有交流正弦倍频特性.

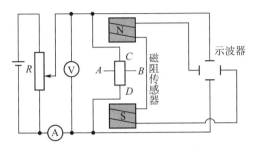

图 2 – 8 – 4   观察磁阻传感器倍频效应的实验电路图

【实验内容】

1. 按图 2 – 8 – 3 所示将锑化铟磁阻传感器与电阻箱串联,并与双路可调直流电源相接,数字电压表的一端连接锑化铟磁阻传感器电阻箱公共接点,另一端与单刀双向开关的刀口处相连.测量电阻箱的电阻.调节直流电流源,使流过锑化铟磁阻传感器的电流为 1.0 mA.测量传感器两端的电压值,算出无外加磁场时,传感器的电阻值 R_0.

2. 电磁铁直流电流源与电磁铁输入端相连,调节输入电磁铁的电流大小,可改变电磁铁间隙中磁感应强度的大小.

3. 调节通过电磁铁的电流 I_M,测量通过锑化铟磁阻传感器两端的电压值 U_R,求传感器的电阻值 R,并求出 $\dfrac{\Delta R}{R_0}$ 与 B 的关系. 数据记录于表 2 – 8 – 1 中.

表 2 – 8 – 1   测量 $\dfrac{\Delta R}{R_0} – B$ 关系曲线的数据表

电磁铁	锑化铟磁阻传感器	$\dfrac{\Delta R}{R_0} – B$ 对应关系		
I_M/mA	U_R/mV	B/mT	R/Ω	$\dfrac{\Delta R}{R_0}$
		0.0		
		10.0		
		20.0		
		30.0		
		40.0		
		50.0		
		60.0		
		70.0		
		100.0		
		150.0		
		200.0		
		250.0		

电磁铁	锑化铟磁阻传感器		$\dfrac{\Delta R}{R_0} - B$ 对应关系	
I_M/mA	U_R/mV	B/mT	R/Ω	$\dfrac{\Delta R}{R_0}$
		300.0		
		350.0		
		400.0		
		450.0		
		500.0		

【注意事项】

1. 需将锑化铟磁阻传感器固定在电磁铁间隙中,不可弯折.

2. 不要在磁阻效应实验仪附近放置具有磁性的物品.

3. 不得外接锑化铟磁阻传感器电源.

4. 开机后需预热 10 min,再进行实验.

5. 外接电阻的电阻值应大于 200 Ω.

【思考题】

1. 磁阻效应是怎样产生的? 磁阻效应和霍尔效应有何内在联系?

2. 实验时为何要保持流过霍尔传感器和磁阻传感器的电流不变?

3. 不同磁感应强度时,锑化铟磁阻传感器的电阻值与磁感应强度关系有何变化?

4. 锑化铟磁阻传感器的电阻值与磁场的极性和方向有何关系?

5. 锑化铟磁阻传感器电阻值与磁感应强度的关系在弱磁场中和在强磁场中有何不同? 这两种特性有什么应用?

第二节　电磁学、光学、原子物理学综合实验

实验九　等　离　子　体

等离子体是由大量的带电粒子组成的非束缚态体系,是继固体、液体、气体之后物质的第四种聚集状态. 等离子体有别于其他物态的主要特点是其中长程的电磁相互作用起支配作用,等离子体中,粒子与电磁场耦合会产生丰富的集体现象. 气体放电是产生等离子体的一种常见形式. 低温等离子体由于其一系列特殊的性质,广泛应用于材料表面改性、薄膜沉积、微电路干法刻蚀等方面.

【实验目的】

1. 了解等离子体产生的基本原理和过程.

2. 利用等离子体技术设计实验.

【实验原理】

磨损和腐蚀指工件表面的材料流失现象,而且其他形式的工件失效有许多是从表面开始的,采用表面防护措施延缓和控制工件表面的破坏,成为解决上述问题的有效方法,同时也促进了表面工程科学和表面工程技术的形成与发展. 等离子体表面处理技术是表面工程技术之一.

1. 扩散镀层

扩散镀层技术正日益成为一种重要的表面工程技术. 此种镀层在性质上完全不同于一般的涂敷镀层,它是在基体材料上形成硬质、抗腐蚀、耐磨损和抗疲劳的表层. 扩散镀层产生于工件的原始表面,其主要特点在于,处理过程中添加的化学元素的浓度梯度在工件表面为极大值,随后向内减小,直至原始材料的芯部为极小值.

等离子体表面处理是现有扩散镀层技术的发展. 它通过引入经活化后的含氮、碳、硼的载运气体,使其直接和处于高温的工件表面接触,将氮、碳、硼这些化学元素添加到工件表面. 这些化学元素可以通过已知的几种表面处理技术来添加,每种技术几乎都可产生同样的效果.

等离子体表面处理是标准的扩散限制过程,当引入所需的化学元素之后,在工件内部接近表面的合金化主要取决于这种化学元素的浓度梯度,而外界等离子体参量仅仅在有限的范围里发生作用.

2. 等离子体表面处理

等离子体表面处理不同于其他表面处理技术,它利用辉光放电现象来激活各种特殊工艺所需的气体源. 其特点如下:

(1) 等离子体表面处理能够较好地控制工件表面最终的成分、结构和性能. 例如,等离子体渗氮处理可以不形成混合相和化合物区,材料也不发生脆化. 等离子体渗氮处理的温度低于常规的渗氮工艺所需的温度,从而最大限度地保持了芯部材料的性能.

(2) 辉光放电可使等离子体表面处理在较低的表面温度下进行,并具有较快的沉积速率. 例如,等离子体渗碳处理是通过增加碳的扩散速率来缩短处理时间,而不是仅仅依靠提高处理温度,这样就防止工件变形. 辉光放电能够可靠地形成高的碳浓度梯度,而不产生碳黑,并且在每个特定的工件表面温度下,都能促进碳元素的快速扩散.

(3) 等离子体表面处理可在低压混合气体源中得到所需的活化元素,因而能跳过昂贵的后续清洗工序和避免由此带来的严重的环境问题. 而这些问题对熔盐处理工艺来说总是难以避免的. 例如,等离子体渗硼处理可以避免使用熔盐处理工艺后工件表面的清洗,同时也省去了对清洗溶液的处置.

由辉光放电等离子体产生阳离子的渗氮、渗碳和渗硼处理,使材料生成耐磨损、抗疲劳、抗腐蚀和硬质的表面层,是有效的表面处理方法. 它适合于铸铁和合金钢,在某些特殊情况下也适合于有色金属材料.

3. 辉光放电原理

辉光放电电路如图 2-9-1 所示,当外加电压接到两个电极之间时,就会产生用于等离子体表面处理的辉光放电. 两个电极处某一适当分压的混合气体中,其中一个电极为真空室,称为阳极,阳极接地;另一电极称为阴极,为等离子体表面处理的工件.工件相对于接地的真空室为负电势.电源提供能调节的可变电压.限流电阻允许改变外电路的电阻,使电流在任意电压下独立可控.本装置能测量外电路的电流,它是阳极和阴极电势差的函数.

工作时,真空室和工件之间的空间充入处理工艺所需的混合气体,并使混合气体保持某一分压.在外加电压的作用下,电子从工件(阴极)向真空室(阳极)运动,当混合气体的分子被电子碰撞而电离时,就产生了辉光放电.一定分压的混合气体的电离维持了电流,即电子从工件流向真空室,而更重要的是,正离子从电离的混合气体流向待处理的工件.

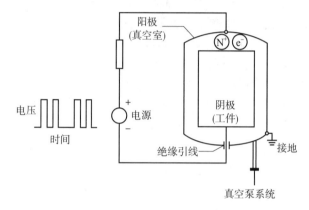

图 2-9-1 辉光放电电路图

如图 2-9-1 所示,混合气体被由工件表面发出的电子电离之后,形成的正离子将向着工件加速,并与工件表面的化学元素相结合.如果混合气体主要是氮气,工件表面就由氮离子渗氮;如果混合气体是碳氢化合物,工件表面则由碳离子渗碳.

在辉光放电中,工件是阴极,而真空室是阳极.在阳极和阴极之间施加一个稳定的电压脉冲,就会产生某一化学元素的正离子,流向工件表面.目前用于这种工艺的电源,能自由地选择和控制电压脉冲的幅度、持续时间和重复频率,使等离子体中的正离子能均匀地覆盖工件表面,而不产生显著的过热效应.工艺操作人员利用这些电源,可以随意调整工件表面的离子浓度梯度和工件表面温度.

4.分压控制

混合气体维持一定分压,是辉光放电的重要条件之一,它直接影响混合气体的分子被从工件表面运动到真空室的电子碰撞所电离的概率.图 2-9-2 说明了混合气体的分压是如何影响离化率的.

电子碰撞一个气体分子前所通过的距离,称为平均自由程.平均自由程与气体的热力学温度成正比,而与气体的压强成反比.在等离子体表面处理炉中,工作温度高于环境温度,工作压强远低于标准大气压.所以,平均自由程成为相当重要的工艺参数.

在高真空(压强 < 1 Pa)容器中,分子的平均自由程很大,电极间的电子在运动路程中,遇到气体分子的概率很小,所以电子和分子几乎不发生碰撞,以至于难以维持电流.处于负电势的工作表面发出的电子数部分决定于所加的电压.如有必要,可提高电压产生更多的电子,来增加离化率.然而在高真空下,气体分子的间距很大,电子和气体分子碰撞的概率仍然很小.如果混合气体的分压增加到 1~1 000 Pa,则分子的平均自由程将减小,将有适当数量的气体分

子电离,这样就能维持适合等离子体表面处理的电流. 如果进一步增加气体压强,将有足够多的气体分子和电子发生碰撞,此时电子碰撞的平均自由程很小,以至于在低于等离子体表面处理所需的电压值时,电子也有足够的能量使碰撞到的气体分子发生电离.

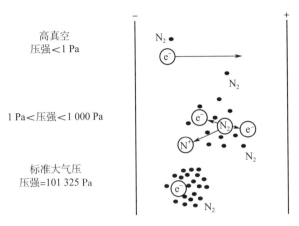

图 2-9-2　气体分子数与离化率的关系

5. 帕邢定律

离化率对电极之间的气体分子数的依赖关系,称为帕邢(Paschen)定律. 对于平板电极来说,帕邢定律通常可以用曲线来表示. 曲线表明了产生辉光放电的最小电压是气体压强和电极间距乘积的函数. 如图 2-9-3 所示为几种气体的帕邢曲线.

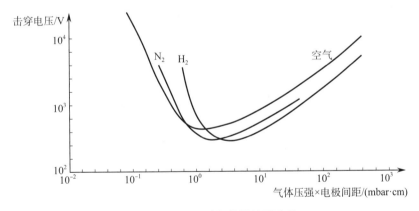

图 2-9-3　几种气体的帕邢曲线

图 2-9-3 中,毫巴(1 mbar = 100 Pa)量度的气体压强与厘米量度的电极间距的乘积正比于某一温度下,电极之间的气体分子数. 在混合气体中,辉光放电的最小电压是气体密度的函数,而不能简单地认为是气体压强的函数. 例如,在高的气体压强和温度下,系统的气体密度不足则不能维持某一电压下的辉光放电.

6. 设备和辅助系统

等离子体异常辉光放电处理设备和常规的热壁真空炉相似,其结构如图 2-9-4 所示. 此设备一般含有一个钟罩炉. 钟罩炉用电阻加热,并装有轻质隔热层衬里以减少热耗. 有一机械装置可将钟罩炉和真空室从基座上提升起来,保证从钟罩炉内工件支架的前方或顶部都能装入工件.基座设备提供了一些可利用的固定接口,包括通入工作气体及真空泵系统的接口.设备上装有接触式温度传感器,可监测加热和冷却过程的温度.

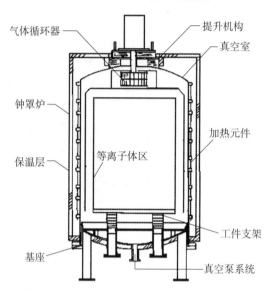

图 2-9-4　等离子体异常辉光放电处理设备

等离子体异常辉光放电处理设备配有真空泵系统,可先对真空室抽真空,使之保持一定的分压,符合等离子体在异常辉光放电区工作的要求.真空室在抽真空后,可以再充入惰性气体或保护气体.由于具有保温的热壁结构,所以这种真空室可有效地工作在各种温度和各种压强下.真空室内的气体循环器由一电机驱动,产生气体对流来加热工件.通过惰性气体或保护气体的对流,工件几乎在各种压强下,都能被很快地加热.

选用轻质纤维保温层,就有可能在各种工作温度下,提升或移动钟罩炉.钟罩炉移走后,真空室仍能将工件保持在保护气体中.而且当钟罩炉移走后,再次打开内部的气体循环器,工件通过气体对流就可被有效地冷却.

目前我国大多采用冷壁炉,它与热壁炉的区别在于炉体内壁没有电阻加热元件,升温加热通过增加工件表面的电流密度来实现.与热壁炉相比,其优点是炉体结构简单.

7. 功率有荷因数(占空比)

等离子体的加热可由一系统单独控制,该系统能够调整等离子体的点燃和熄灭时间.由脉冲电源在可变的时间间隔内给出脉冲,使热壁炉操作人员能够选择一定的功率有荷因数.其定义为

$$功率有荷因数 = \frac{导通时间}{导通时间 + 截止时间}.$$

控制脉冲电源,可以使等离子体电压连续导通,使功率有荷因数达到 100%,也可以使导通时间和截止时间相等,即功率有荷因数为 50%.

【实验内容】

1. 等离子体渗氮. 在氮气下的等离子体表面处理被称为辉光放电渗氮(也称为离子渗氮或等离子体渗氮). 用等离子体作为氮原子源,在工件表面将会产生四个重要的化学反应.

(1) 载能电子与氮分子反应产生电离和中性的氮原子:

$$e^- + N_2 == N^+ + N + 2e^-.$$

(2) 离化氮原子轰击工件表面,使工件表面的铁和污染元素从表面分离出来,然后被真空泵系统抽走,这个过程称为溅射清洗. 它除去工作表面的障碍物,有利于氮从工作表面向芯部扩散.

(3) 溅射的铁原子与中性氮原子反应形成氮化铁,其化学反应式为

$$Fe + N == FeN.$$

虽然等离子体渗氮的主要机理涉及铁原子与气相氮原子在邻近工件表面处发生反应,然后作为化合物重新沉积在工件表面上,但是有证据表明溅射并不是唯一的反应机制. 因为在等离子体的能量较低不足以引起溅射时也能渗氮.

(4) FeN 在工作表面的沉积和分解. 化学反应产生的 FeN 是不稳定的,在等离子体连续的离子轰击作用下,它进一步分解成 e 相 $Fe_{2-3}N$ 和 ν' 相 Fe_4N,形成 Fe/N 化合物区,其化学反应式(两边未做配平) 分别为

$$FeN \longrightarrow Fe_2N + N,$$
$$Fe_2N \longrightarrow Fe_3N + N,$$
$$Fe_3N \longrightarrow Fe_4N + N,$$
$$Fe_4N \longrightarrow Fe + N.$$

在分解的每一阶段,氮原子释放至等离子体,或释放至工件表面,向内部扩散并形成氮化物合金扩散区. 利用氮进行金属表面处理是一种常规技术. 虽然氮气的惰性使其成为一种重要的保护气体,但是氮电离后具有很大的活性,能够参与表面处理,形成高硬度、耐磨损和抗腐蚀的氮化物. 表 2-9-1 概括了一些典型氮化物的性能和应用.

表 2-9-1　氮化物性能和应用

氮化物	性能和应用
AlN	难熔,抗热冲击,热膨胀系数小,用作渗氮钢中的硬化剂
α-BN	极难熔,电阻小,是一种被称为"白色石墨"的极好的固体润滑剂. 常用于盛放强腐蚀性酸
β-BN	极硬,常用来代替金刚石,用于构成耐热合金,在摩擦学应用中有很大的潜力
Cr 和 Fe 氮化物	硬度高,抗磨损,用作渗氮钢中的硬化剂
TiN 和 Ti_2N	抗热冲击的高温材料,优质磨料和耐磨材料,抗磨蚀性能好

2. 化合物层的控制. 常规气相渗氮从无水氨(NH_3)的分解中得到活性氮. 此时,氮与氢的气体混合比为 $\frac{1}{3}$. 氨气渗氮产生的化合物层是 ε 相和 γ' 相的混合层. 各相在形成过程中,由于生长体积的差别,产生了很高的内应力,使两种晶体结构的晶界结合很弱. 氨气渗氮形成的化

合物层比较厚,内应力和晶界结合弱使较厚的化合物层在较小的外力下就会破裂.

在交变载荷下,化合物层的裂纹就能扩张成为疲劳裂纹.单相 γ' 化合物区比较薄,但塑性好,具有良好的抗疲劳性.减小离子渗氮化合物层的厚度,将进一步改进抗疲劳性.在极限条件下,即化合物层厚度等于零,抗疲劳性最好.

等离子体渗氮所用的氮气和氢气分别来自独立的储存罐.氮气与氢气的比例可以任意调节,以便满足形成单相化合物区的要求.甲烷气体常用来为等离子体提供一定的碳和碳离子浓度,这对化合物区的化学反应有作用,且通过调节甲烷气体分压,很容易控制系统的压强,整个系统的压强是氮气、氢气和甲烷气体的分压之和.等离子体渗氮装置配备有气体流量控制器和各种压强表,用以精确调节工艺气体.等离子体渗氮能够精确控制化合物区的化学反应过程,这是因为:① 能在很宽的分压范围内,精确控制各种工作气体的比例;② 能单独控制系统的压强;③ 能单独控制氮离子浓度(氮的活性).切削工具如钻头、螺纹刀具、铣刀和冲孔器等,在低氮离子混合气体中进行等离子体渗氮处理将只形成扩散层,工件的使用寿命可提高到 $2 \sim 4$ 倍.如在混合气体中增加氮的活性,扩散层上将沉淀出 γ' 相化合物层,可改进抗疲劳性.如果将碳添加到混合气体中,在扩散层上能形成 ε 相化合物层. ε 相化合物层比 γ' 相化合物层稍硬和脆,但能改进耐磨和抗蚀性能.

3. 等离子体渗氮的特点.等离子体渗氮可以控制化合物层,其特点如下:

(1) 可以得到单相化合物层,具有较好的耐磨、耐腐蚀性能.

(2) 工件能可靠地进行等离子体渗氮,不会形成可测量的化合物层.

(3) 等离子体渗氮的处理温度低于回火温度,工件不发生相变.

等离子体渗氮的优点已经使其在欧洲得到下列应用:

(1) 等离子体渗氮代替镀铬用于减震器柱体的腐蚀保护.等离子体渗氮无污染,并且所需处理时间为电镀的 $\frac{1}{3}$.减震器柱体由含碳 0.38% 的钢制成,等离子体渗氮后得到厚度约为 $10~\mu m$ 的 ε 相化合物层.

(2) 等离子体渗氮代替渗碳和碳氮共渗,用于处理汽车齿轮箱的同步环.这些齿轮由铬钼钢制成,原来用气体碳氮共渗方法,来防止齿轮在工作中发生内缘翻边,但是,热处理使齿轮产生了尺寸公差问题,造成了大量的废品.等离子体渗氮解决了这个问题.等离子体渗氮得到了表面硬度为 550 HV、厚度为 $10~\mu m$ 的 ε 相化合物层,并且降低了成本.

(3) 等离子体渗氮代替盐浴处理,用于处理往复杆和凸轮随动件.等离子体渗氮解决了以往工艺中的大气污染和熔盐的排放问题.

4. 等离子体渗钛.可以用等离子体增强化学气相沉积(CVD)的方法来渗钛,使钢表面得到硬的、耐腐蚀的碳化钛,其装置如图 2-9-5 所示.在压强为 $300 \sim 1~000$ Pa 的以氢气作载体的 $TiCl_4$ 蒸气中产生异常辉光放电,利用异常辉光放电在 900 ℃ 处理 4 h,可以得到厚度达 $20~\mu m$ 的碳化钛渗钛层.等离子体增强 CVD 处理的温度和时间都要低于常规的 CVD 工艺,其主要原因在于等离子体增强 CVD 具有离化混合气体和溅射清洗活化工件表面的特点.

利用氢气作反应蒸气的载送气体是要使 $TiCl_4$ 蒸气还原并在工件表面上形成钛,而电离后氢离子的作用更显著.还原的钛与工件扩散的碳发生反应生成碳化钛.实验表明,气源中如含有少量杂质就会影响渗钛层的硬度和塑性,所以等离子体渗钛工艺对气体纯度有一定要求.此外,在等离子体增强 CVD 处理温度下,系统中如含有水蒸气将使碳化钛发生严重氧化.

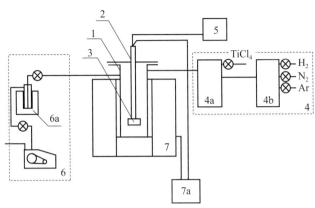

1—反应室(阳极);2—阴极;3—处理工件;4—气体介质输送器;4a—反应气体混合器;4b—气体混合前处理;5—辉光放电电源;6—真空泵系统;6a—冷阱;7—电阻炉;7a—电阻炉电源

图 2-9-5　等离子体增强 CVD 渗钛装置示意图

【思考题】

1.等离子体技术应用需要注意什么?
2.等离子体技术还可以应用到什么方面?

实验十　微波顺磁共振

　　1925 年,古德斯密特(Goundsmit)和乌伦贝克(Uhlenbeck)提出了电子具有自旋运动的假设.施特恩(Stern)和格拉赫(Gerlach)也以实验直接证明了电子自旋磁矩的存在.电子自旋共振(ESR)是指处于恒定磁场中的电子自旋磁矩在射频电磁场作用下发生的一种磁能级间的共振跃迁现象.这种共振跃迁现象只能发生在原子的固有磁矩不为零的顺磁材料中,故也称为顺磁共振,于 1944 年由柴伏依斯基(Zavoisky)发现.它与核磁共振(NMR)现象十分相似,所以 1945 年珀塞尔(Purcell)和布洛赫(Bloch)提出的 NMR 实验技术后来也被用来观测 ESR 现象.ESR 已成功地应用于顺磁物质的研究,目前它在化学、物理、生物和医学等各方面都获得了极其广泛的应用.

【实验目的】

　　1.了解顺磁共振的基本原理.
　　2.观察在微波段的顺磁共振现象,测量有机自由基 DPPH 中电子的朗德因子 g.
　　3.利用样品有机自由基 DPPH 在谐振腔中的位置变化,探测微波磁场的情况,确定微波的波导波长 λ_g.

【实验仪器】

　　微波顺磁共振实验装置如图 2-10-1 所示,由磁共振实验仪、信号发生器、隔离器、可变衰减器、波长计、魔 T 等构成.下面对微波源、魔 T、矩形样品谐振腔、磁场系统做简单介绍.

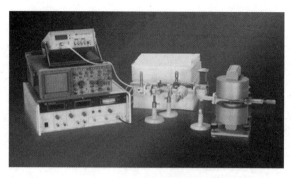

图 2-10-1　微波顺磁共振实验装置图

1. 微波源. 微波源可采用反射式速调管微波源或固态微波源. 本实验采用 3 cm 固态微波源，它具有寿命长、输出频率较稳定等优点. 当采用固态微波源作为微波源时，其实验装置比采用反射式速调管微波源要简单，因此目前固态微波源使用比较广泛. 通过调节固态微波源谐振腔中心位置的调谐螺钉，可使谐振腔的固有频率发生变化. 调节二极管的工作电流或谐振腔前法兰盘中心处的调配螺钉可改变微波输出功率.

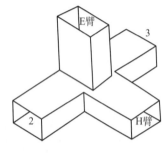

图 2-10-2　魔 T 示意图

2. 魔 T. 魔 T 是一个与低频电桥特征相类似的微波元器件，如图 2-10-2 所示. 魔 T 有四个臂，相当于由一个 E-T 和一个 H-T 组成，故又称为双 T. 它是一种互易无损耗四端口网络，具有"双臂隔离，旁臂平分"的特性. 只要 E，H 臂同时调到匹配，则 2，3 臂也自动获得匹配；反之亦然. E 臂和 H 臂之间固有隔离，反向臂 2，3 之间彼此隔离，即从任意一臂输入信号都不能从相对臂输出，只能从旁臂输出. 信号从 H 臂输入，同相等分给 2，3 臂；信号从 E 臂输入，则反相等分给 2，3 臂. 由互易性原理，若信号从反向臂 2，3 同相输入，则 E 臂得到它们的差信号，H 臂得到它们的和信号；反之，若信号从反向臂 2，3 反相输入，则 E 臂得到它们的和信号，H 臂得到它们的差信号.

输出的微波信号经隔离器、可变衰减器等进入魔 T 的 H 臂，同相等分给 2，3 臂，不能进入 E 臂. 3 臂接单螺调配器和终端负载，2 臂接矩形样品谐振腔，E 臂接隔离器和晶体检波器. 2，3 臂的反射信号只能等分给 E，H 臂，当 3 臂匹配时，E 臂上的微波功率仅取自于 2 臂的反射.

3. 矩形样品谐振腔. 矩形样品谐振腔的结构是一个反射式终端活塞可调的矩形谐振腔. 谐振腔的末端是可移动的活塞，调节活塞位置，使谐振腔的长度等于半个波导波长的整数倍 $\left(l = p\dfrac{\lambda_{\mathrm{g}}}{2}\right)$ 时，谐振腔谐振. 当谐振腔谐振时，电磁场沿谐振腔长度方向出现 p 个长度为 $\dfrac{\lambda_{\mathrm{g}}}{2}$ 的驻立半波，即 TE10P 模式. 谐振腔内闭合磁力线平行于波导宽边，且同一驻立半波磁力线的方向相同，相邻驻立半波磁力线的方向相反. 在相邻两驻立半波交界处，微波磁场最强，微波电场最弱，满足样品磁共振吸收强，非共振的介质损耗小的要求，所以是放置样品最理想的位置.

在实验中应使外加恒定磁场的方向垂直于波导宽边，以满足顺磁共振条件的要求. 谐振腔的宽边正中开有一条窄缝，通过机械传动装置可使样品处于谐振腔中的任何位置并可以从窄边上的刻度直接读数，调节谐振腔长度或移动样品的位置，可测出波导波长 λ_{g}.

4. 磁场系统. 磁场系统由带调制磁场的永久磁铁、扫场源和移相器组成. 永久磁铁提供与谱仪工作频率相匹配的样品磁场级分裂所必需的恒定磁场 B_0, 扫场源在调制线圈上加上 50 Hz 的低频电流, 这样便产生一个交变磁场 $B_m \sin \omega t$. 如果调制磁场变化的幅度比磁共振信号的宽度大, 则可以扫出整个共振信号. 若将 50 Hz 调制场加至示波器 X 轴扫描, 则示波器屏幕的横轴电子束留下的每一个亮点, 都对应着一个确定的瞬时磁场值 $B_0 + B_m \sin(2\pi \times 50t)$, 式中 B_m 是调制场幅值. 与此同时再将微波信号经过检波后接至示波器 Y 轴, 则发生共振时, 吸收信号便以脉冲形式显示在示波器上. 因调制场变化一周时, 有两次通过共振区, 可看到两个共振信号, 这时再通过移相器给示波器 X 轴提供可移相的 50 Hz 扫描信号, 适当调节移相器中的电位器, 使两个共振信号重合.

【实验原理】

由原子物理学知识可知, 自旋量子数为 $s = \dfrac{1}{2}$ 的自由电子, 其自旋角动量为 $\sqrt{s(s+1)}\,\hbar$,

式中 $\hbar$ 为约化普朗克常量. 因为电子带电荷, 所以自旋电子还具有平行于角动量的磁矩 μ_e. 当电子在磁场中受到磁感应强度 B_0 的作用, 其单个能级将分裂成两个子能级, 称作塞曼能级, 如图 2 - 10 - 3 所示, 两相邻子能级间的能量差为

$$\Delta E = g\mu_B B_0, \qquad (2 - 10 - 1)$$

式中 $\mu_B = \dfrac{eh}{2m_e}$ 称为玻尔磁子, g 为电子的朗德因子, 是一个纯数值的量, 其数值与电子所处的状态

有关, 如 $s = \dfrac{1}{2}$ 的自由电子, $g = 2.002\ 3$. 自由电子

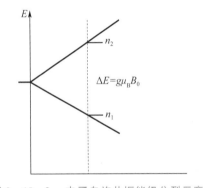

图 2 - 10 - 3　电子自旋共振能级分裂示意图

在直流静磁场 B_0 中, 不仅做自旋运动, 而且将绕磁感应强度 B_0 进动, 其进动频率为 ν, 如果在直流静磁场叠加一个垂直于 B_0、频率为 ν 的微波磁场 B_1, 当微波能量子的能量等于两个子能级间的能量差 ΔE 时, 则处在低能级上的电子有少量将从微波磁场 B_1 吸收能量而跃迁到高能级上去, 吸收的能量为

$$\Delta E = g\mu_B B_0 = h\nu, \qquad (2 - 10 - 2)$$

即发生电子自旋共振现象, 式(2 - 10 - 2)称为电子自旋共振条件. 式(2 - 10 - 2)也可写成

$$\nu = \frac{g\mu_B}{h} B_0, \qquad (2 - 10 - 3)$$

将 g, μ_B, h 的值代入式(2 - 10 - 3)可得 ν. 如果微波的波长为 $\lambda = 3$ cm, 即 $\nu \approx 10\ 000$ MHz, 则电子自旋共振时相应的 B_0 应在 0.3 T 以上.

在静磁场中, 当系统处于热平衡时, 这两个能级上的电子数将服从玻尔兹曼分布, 即高能级上的电子数 n_2 与低能级上的电子数 n_1 之比为

$$\frac{n_2}{n_1} = \mathrm{e}^{-\frac{\Delta E}{kT}} = \mathrm{e}^{-\frac{g\mu_B B_0}{kT}}, \qquad (2 - 10 - 4)$$

式中 $k = 1.380\ 7 \times 10^{-23}$ J/K 为玻尔兹曼常量. 一般 $g\mu_B B_0$ 比 kT 小三个数量级, 即 $g\mu_B B_0 \ll kT$, 所以式(2 - 10 - 4)可展开为

$$\frac{n_2}{n_1} \approx 1 - \frac{g\mu_B B_0}{kT} = 1 - \frac{h\nu}{kT}. \qquad (2-10-5)$$

在室温$(T = 300\ \text{K})$下,若微波的频率为$\nu \approx 10^{10}\ \text{Hz}$,则$\frac{n_2}{n_1} \approx 0.998\ 4$. 可见,实际上只有很小一部分电子吸收能量而跃迁,故电子自旋共振信号是十分微弱的.

设$n_+ = n_1 + n_2$为总电子数,则容易求得热平衡时两子能级之间的电子数差值为

$$n_- = n_1 - n_2 = \frac{g\mu_B B_0}{2kT}n_+ = \frac{h\nu}{2kT}n_+. \qquad (2-10-6)$$

由于电子自旋共振信号的强度正比于n_-,因此在n_+一定时,式(2-10-6)说明温度越低、磁场越强,或微波频率越高,对观察电子自旋共振信号越有利.

实验所采用的样品为含有自由基的二苯基-苦基肼基(DPPH),其分子式为$(C_6 H_5)_2 N - NC_6 H_2 (NO_2)_3$,结构式如图2-10-4所示.

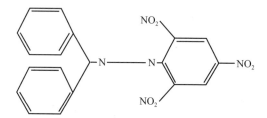

图 2-10-4　DPPH 的结构式

由图 2-10-4 可知,在中间的 N 原子少了一个共价键,有一个未偶电子,或者说一个未配对的自由电子,这个自由电子就是实验研究的对象. 由于有机自由基 DPPH 中的"自由电子"并不是完全自由的,故其朗德因子 g 不等于 2.002 3,而是 2.003 6.

【实验内容】

1. 连接系统,将可变衰减器顺时针旋至最大,开启系统中各仪器的电源,预热 20 min.

2. 将磁共振实验仪的旋钮和按钮做如下设置:"磁场"逆时针调到最低,"扫场"逆时针调到最低,按下"调平衡/Y 轴"按钮,"扫场/检波"按钮弹起,处于检波状态(注意:切勿同时按下"调平调/Y 轴""扫场/检波"按钮).

3. 将样品位置刻度尺置于 90 mm 处,样品置于磁场正中央.

4. 将单螺调配器的探针逆时针旋至"0"刻度.

5. 信号源工作于等幅工作状态,调节可变衰减器使调谐电表有指示,然后调节"检波灵敏度"旋钮,使磁共振实验仪的调谐电表指示在满度的$\frac{2}{3}$以上.

6. 用波长表测定微波信号的频率,使振荡频率在 9 370 MHz 左右,如相差较大,应调节信号源的振荡频率,使其接近 9 370 MHz. 测定完频率后,将波长表旋开谐振点.

7. 为使矩形样品谐振腔对微波信号谐振,调节矩形样品谐振腔的可调终端活塞,使调谐电表指示为最小,此时矩形样品谐振腔中的驻波分布如图 2-10-5 所示.

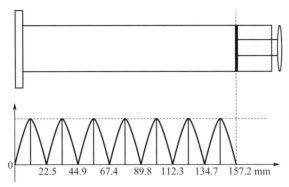

图 2－10－5　矩形样品谐振腔中的驻波分布示意图

8. 为了提高系统的灵敏度,可减小可变衰减器的衰减量,使调谐电表指示尽可能提高. 然后调节魔 T 另一支臂的单螺调配器探针,使调谐电表指示更小. 若磁共振实验仪电表指示太小,可调节灵敏度,使指示增大.

9. 按下"扫场"按钮. 此时调谐电表指示为扫场电流的相对指示,调节"扫场"旋钮使电表指示在满度的一半左右.

10. 由小到大调节恒磁场电流,当电流达到 $1.7 \sim 2.1$ A 之间时,示波器上即可出现如图 2－10－6 所示的顺磁共振信号.

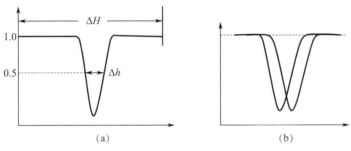

图 2－10－6　微波顺磁共振信号

11. 若顺磁共振信号波形值较小,或示波器图形显示欠佳,可采用如下方法:

(1) 将可变衰减器逆时针旋转,减小衰减量,增大微波功率.

(2) 顺时针调节"扫场"旋钮,加大扫场电流.

(3) 提高示波器的灵敏度.

12. 若顺磁共振信号波形左右不对称,调节单螺调配器的深度及左右位置,或改变样品在磁场中的位置,通过微调矩形样品谐振腔可使顺磁共振信号形成如图 2－10－6(a) 所示的波形.

13. 若出现如图 2－10－6(b) 所示的双峰波形,调节"调相"旋钮即可使双峰波形重合.

14. 用高斯计测得磁感应强度 B_0,用式(2－10－2)计算朗德因子 g(朗德因子 g 一般在 $1.95 \sim 2.05$ 之间).

【思考题】

微波顺磁共振实验有哪些优点? 还可以有哪些方面的应用?

实验十一　　光栅单色仪的调整与使用

【实验目的】

1. 了解光栅单色仪的原理、结构和使用方法.
2. 通过测量钠灯的光谱了解光栅单色仪的特点.

【实验仪器】

光栅单色仪,低压钠灯等.

【实验原理】

光栅单色仪如图 2-11-1 所示,其主体刚性好,不变形,入射狭缝、出射狭缝在 $0 \sim 2$ mm 范围内连续可调,并且出缝1、出缝2可旋转;波长驱动结构采用正弦结构,用手轮带动丝杠轴向平移,推动与光栅台连成一体的干扰光栅台中心转动,从而实现波长扫描.

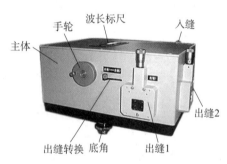

图 2-11-1　光栅单色仪

光栅单色仪光路采用低杂散光的C-T对称式光学系统,如图2-11-2所示.其入射狭缝、出射狭缝均为直狭缝,宽度范围为 $0 \sim 2$ mm,且连续可调,光源发出的光束进入入射狭缝 S_1. S_1 位于反射式准光镜 M_2 的焦平面上,通过 S_1 入射的光束经 M_1,M_2 反射成平行光束投向平面衍射光栅 G,衍射后的平行光束经物镜 M_3 成像在 S_2 上.

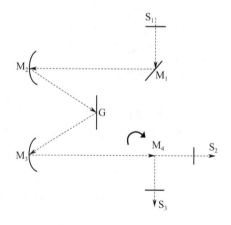

M_1 —反射镜;M_2 — 准光镜;M_3 — 物镜;M_4 — 转镜;G — 平面衍射光栅;
S_1 —入射狭缝;S_2 —电子耦合组件(CCD)接收位置;S_3 —观察窗(或出射狭缝)

图 2-11-2　光栅单色仪光学系统

【实验内容】

1. 熟悉光栅单色仪的原理、结构和使用方法.

2. 在测量时要注意照明光路的调整、入射狭缝和出射狭缝宽度的调整(顺时针旋转则加大狭缝宽度,反之减小,每旋转一周狭缝宽度变化0.5 mm). 为延长使用寿命,调节时注意狭缝宽度最大不超过2 mm,不使用时,狭缝宽度最好开到$0.1 \sim 0.5$ mm.

3. 为去除光栅单色仪中的高级次光谱,在使用过程中,操作者可根据需要把备用的滤光片装在入射狭缝 S_1 的窗玻璃前的连接螺口上.

4. 测量低压钠灯的光谱,钠原子光谱一般可观察到四个线系:主线系、第一辅线系(又称漫线系)、第二辅线系(又称锐线系)和伯格曼线系(又称基线系). 该光栅单色仪可测谱线的精细结构,对精细结构处理后即可得到谱线波数. 由同一谱线的波数差即可得到钠的里德伯(Rydberg)常量.

【注意事项】

1. 光栅单色仪为精密光学仪器,为保证精度,搬运时应避免大的震动;仪器应放置在环境好的房间,避免灰尘、潮湿、过冷、过热及腐蚀性气体.

2. 狭缝为光栅单色仪的重要部件,非专业人员不能私自拆卸,并且要时刻保持狭缝口的清洁(狭缝口不干净时,可用尖的软木棒或有脱脂棉的木棒蘸上酒精或航空汽油仔细擦洗).

3. 为保证仪器精度,调节狭缝时不要超过刻度值范围.

【思考题】

1. 为什么狭缝具有最佳宽度? 如何求出狭缝的最佳宽度?

2. 光栅单色仪的理论分辨本领如何计算? 实际分辨本领如何测量和计算?

3. 比较光栅单色仪的理论分辨本领和实际分辨本领,说明两者差别大的原因.

实验十二　热辐射与红外扫描成像

热辐射的研究具有悠久的历史. 1790 年,皮克泰(Pictet)认识到了热辐射问题,把它从热传导中区别开来,并认识到它的直线传播性质,热辐射被明确地提出来作为物理学的研究对象;1800 年,赫歇尔(Herschel)发现了红外线;1850 年,梅隆尼(Melloni)提出在热辐射中存在可见光部分. 热辐射的真正研究是从基尔霍夫开始的. 1860 年,他从理论上引入了辐射本领、吸收本领和黑体概念,利用热力学第二定律证明了一切物体的辐射本领和吸收本领之比等于同一温度下黑体的辐射本领,黑体的辐射本领只由温度决定. 1861 年,他进一步指出,在一定温度下用不透光的壁包围起来的空腔中的热辐射等同于黑体的热辐射. 1879 年,斯特藩(Stefan)从实验中总结出了物体热辐射的总能量与物体热力学温度的四次方成正比的结论;1884 年,玻尔兹曼对上述结论给出了严格的理论证明. 1888 年,韦伯(Weber)提出了波长与热力学温度之积是一定的,维恩(Wien)从理论上进行了证明. 后来的科学家们试图找到热辐射能量的分布公式,维恩由热力学的讨论,并加上一些特殊假设得出一个分布公式 —— 维恩公式. 这个公式在短波部分与实验结果符合,而在长波部分则显著不一致. 瑞利(Rayleigh)和金斯(Jeans)根据经典电动力学和统计物理学也得出热辐射能量分布公式,他们得出的瑞利-金斯公式在长波部分与实验结果较符合,而在短波部分则完全不符.

普朗克在维恩公式和瑞利-金斯公式的基础上进一步分析实验结果,试图在电磁理论的基础上弄清楚热辐射过程的本质,引入了谐振子的概念,首次提出能量子假设,得到与实验符合得很好的普朗克辐射公式. 1905 年,爱因斯坦用普朗克的能量子假设成功地解释了光电效应;1913 年,玻尔在他的原子结构学说中也使用了这一假设,此时普朗克的能量子假设才被人们所接受,并于 1918 年荣获诺贝尔物理学奖.黑体辐射和光电效应等现象引导人们发现了光的波粒二象性,人们正式在光的波粒二象性的启发下,开始认识到微观粒子的波粒二象性,才开辟了建立量子力学的途径.

热辐射(包括黑体和红外辐射)探测技术及相关的定律在现代国防、科研、航天、天体的演化、医学、考古、环保、工农业生产等各个领域中均有广泛应用.例如,在建筑领域有红外无损探伤仪和多种红外线测温仪,在军事领域有各种红外夜视仪和红外制导技术,在医学领域有医用红外成像仪和红外医疗诊断仪等.

(一)物体的辐射出射度的测定

【实验目的】

1. 对黑体辐射有一个初步的感性和理性认识,熟悉红外传感器的使用.
2. 学会用实验室给出的仪器和元器件组装一套测量物体辐射出射度的实验装置.
3. 利用该装置测量不同物体表面的辐射出射度,研究物体表面状态对辐射出射度的影响.

【实验仪器】

热辐射与红外扫描成像仪,辐射盒,红外温控电源,红外传感器,金属导轨,多功能数据采集盒和微型计算机等.

【实验原理】

1.热辐射的基本概念

当物体的温度高于绝对零度时,均有红外线向周围空间辐射出来,红外辐射的物理本质是热辐射,其微观机理是物体内部带电粒子不停地运动导致热辐射效应. 红外线的波长在 $0.76 \sim 1\,000\ \mu m$ 之间,与电磁波一样具有反射、透射和吸收等性质.设辐射到物体上的能量为 Q,被物体吸收的能量为 Q_a,透过物体的能量为 Q_τ,被反射的能量为 Q_ρ.由能量守恒定律可得 $Q = Q_a + Q_\tau + Q_\rho$,将此式归一化后可得

$$\frac{Q_a + Q_\tau + Q_\rho}{Q} = \alpha + \tau + \rho = 1, \tag{2-12-1}$$

式中 α 为吸收率,τ 为透射率,ρ 为反射率.

2.基尔霍夫定律

基尔霍夫指出,在给定温度下,对某一波长来说,物体的辐射出射度 M 和吸收率 α 的比值

与物体的性质无关,都等于在同一温度下的绝对黑体对同一波长的辐射出射度 M_B,这就是著名的基尔霍夫定律,其表达式为

$$\frac{M_1}{\alpha_1} = \frac{M_2}{\alpha_2} = \cdots = M_B = f(T). \tag{2-12-2}$$

基尔霍夫定律不仅对任意单色波长 λ 而言是正确的,而且对所有波长的全辐射(或称为总辐射)也是正确的.

3. 绝对黑体

能完全吸收入射辐射($\alpha = 1$)的物体叫作绝对黑体.实验室中人工制作接近于绝对黑体的空腔的条件是:① 腔壁近似等温;② 开孔面积远小于腔体.

本实验中利用红外传感器测量辐射盒表面的总辐射出射度 M. M 是所有波长的电磁波的辐射出射度的总和,其表达式为

$$M = \int_0^{+\infty} M_\lambda \mathrm{d}\lambda. \tag{2-12-3}$$

比辐射率 ε 定义为在给定温度下,物体的总辐射出射度与同温度下黑体的总辐射出射度之比,即

$$\varepsilon = \left(\frac{物体总辐射出射度}{黑体总辐射出射度}\right)_T = \left(\frac{M}{M_B}\right)_T. \tag{2-12-4}$$

由能量守恒定律和基尔霍夫定律,即式(2-12-1)和式(2-12-2)联立可得

$$M = M_B(1 - \tau - \rho). \tag{2-12-5}$$

由上述知识可知,若测出物体的辐射出射度和黑体的辐射出射度,便可求出物体的吸收率,还可以获得物体反射率和透射率的关系.

【实验内容】

1. 将辐射盒与红外传感器调到最佳位置,打开多功能数据采集盒和微型计算机电源,找到虚拟黑体辐射实验仪中测量物体总辐射出射度(M) 的界面.

2. 测量室温 T_0 下辐射盒各表面的总辐射出射度 M,并将测量结果填入表 2-12-1 中.注意每次测量前,必须对红外传感器调零,并保证红外传感器与待测辐射盒的表面保持同样的距离.

3. 打开温度控制仪电源,设置实验所需的温度值.若采用升温测量,在测量完室温后,初始温度一般设定为在室温上加 20 ℃,并随时观察温度值,当热辐射盒达到了设定温度值并保持热平衡数分钟之后,再开始测量数据.

4. 重复步骤 2 测量辐射盒各表面的总辐射出射度 M,并记录测量结果及对应的温度值于表 2-12-1 中.

5. 改变热辐射盒的表面温度设定值(增加 20 ℃),在每一次达到热平衡时重复步骤 3 和 4 并记录数据于表 2-12-1 中.

6. 利用虚拟黑体辐射实验仪的数据处理模块,对黑色面归一化,计算辐射盒各表面的比辐射率 ε 及吸收率.

表 2 - 12 - 1　辐射盒各表面的总辐射出射度 $M/(\text{W/m}^2)$ 与温度 T 的关系

表面	$T/℃$				
	T_0	T_1	T_2	T_3	T_4
黑色面					
浅灰面					
粗糙面					
开孔光亮面					

【注意事项】

测量应在基本恒定的室温环境中进行,并尽可能减小空气的对流.

【思考题】

1. 认真分析测量的实验数据和计算结果,阐述辐射盒各表面的表面状态、温度、吸收率和反射率与物体各表面的总辐射出射度 M 的关系,由此能得出什么结论?

2. 实验观测到的现象和规律有无应用价值?

3. 把红外传感器放到离辐射盒黑色面 5 cm 处,记录数据.再在两者之间放一个玻璃板,玻璃板能否阻止热辐射?

4. 用红外传感器测量身边的各种辐射源,如光源、人体、显示器等,描述实验现象,记录和分析测量的数据,并给出合理的解释.

5. 一般情况吸收入射辐射强的物体也能很好地辐射能量.你的结果是否和这个规律一致?试解释.

6. 具有相同温度的不同物体是否有不同的辐射能力?

(二)空气中热辐射的传播规律研究

【实验目的】

1. 学会用实验室给出的仪器和元器件组装一套测量物体辐射出射度的实验装置.
2. 通过实验探索空气中热辐射的传播规律.

【实验仪器】

热辐射与红外扫描成像仪,辐射盒,溴钨灯,红外传感器,金属导轨,多功能数据采集盒,微型计算机等.

【实验原理】

我们知道,许多物理量都与距离 r 的平方成反比.现代物理学认为,这很大程度上是由于空间的几何结构决定的.以天体辐射为例,如果距离 r 的指数比 2 大或者比 2 小,就会影响太阳的辐射场,使地球温度过低或者过高,从而不适合碳基生命形式的存在. 那么热源的辐射量与距离的关系是否也遵循这一规律呢? 对于球形均值热源和各种不同形状、不同材料构成的热源的辐射量在空气中的衰减规律及其分布是否都遵循平方反比定律呢?

首先来看几个概念.

辐射功率 P:单位时间内传递的辐射能 W,即

$$P = \frac{\mathrm{d}W}{\mathrm{d}t}. \qquad (2-12-6)$$

辐射出射度 M:单位面积的辐射源向球空间发射的辐射功率,即

$$M = \frac{\mathrm{d}P}{\mathrm{d}A}. \qquad (2-12-7)$$

辐射强度 I:点热源在单位立体角内发射的辐射功率,即

$$I = \frac{\mathrm{d}P}{\mathrm{d}\Omega}. \qquad (2-12-8)$$

面积微元 $\mathrm{d}A$ 与立体角微元 $\mathrm{d}\Omega$ 的关系为 $\mathrm{d}A = r^2\mathrm{d}\Omega$,可以得到

$$M = \frac{I}{r^2}. \qquad (2-12-9)$$

红外传感器测量的是辐射出射度 M,如果热源的辐射功率恒定,那么辐射强度为常量,就可以得到辐射出射度与距离的二次方成反比的结论.

【实验内容】

1. 用实验室给出的仪器和元器件组装一套测量物体辐射出射度的实验装置.

2. 调节热辐射源(辐射盒或溴钨灯) 与红外传感器的相对位置,使其保持等高共轴. 打开多功能数据采集盒和微型计算机电源,找到虚拟热辐射实验仪中热辐射传播特性测量的界面. 先测量背景辐射和调零.

3. 用该装置测量辐射盒或溴钨灯在空间不同位置的相对辐射强度.

4. 通过实验数据分析和研究辐射盒或溴钨灯产生的热辐射在空气中的传播规律.

5. 自制不同形状、不同材料的热辐射源,观测它们在空气中传播时的衰减规律以及辐射强度分布(选做).

【注意事项】

1. 读数要迅速. 在不测量时,将热辐射源与红外传感器隔开,尽量使红外传感器自身的温度保持在恒定值.

2. 每次测量前必须对红外传感器调零.

【思考题】

1. 为什么要让红外传感器自身的温度保持恒定?

2. 溴钨灯是不是一个真正的点热源? 如不是,将对结果造成什么影响? 在数据中能看到这种影响吗?

3. 对于各种不同形状、不同材料制成的热辐射源,辐射出射度在空气中的衰减规律及其分布是否都遵循平方反比定律?

（三）黑体辐射基本特性

【实验目的】

1. 了解普朗克定律和维恩位移律的物理意义.

2. 利用虚拟黑体辐射实验仪测量第一辐射常量、第二辐射常量、普朗克常量和玻尔兹曼常量.

3. 了解普朗克定律和维恩位移律在现代检测技术中的应用,并设计一种热辐射实验装置.

【实验仪器】

热辐射与红外扫描成像仪,溴钨灯,红外传感器,金属导轨,多功能数据采集盒,微型计算机等.

【实验原理】

1888 年,韦伯提出辐射波长与热力学温度的乘积是一定的. 维恩从理论上进行了证明,其表达式为

$$\lambda_{\max} = \frac{A}{T}, \tag{2-12-10}$$

式中 $A = 2.896 \times 10^{-3}$ m·K 为常量.

随着温度的升高,绝对黑体光谱辐射亮度的最大值的波长向短波方向移动,黑体光谱辐射亮度由下式给出:

$$L_{\lambda, T} = \frac{M_{\lambda, T}}{\pi}.$$

图 2-12-1 所示为黑体的频谱亮度随波长的变化曲线,每一条曲线上都标出黑体的热力学温度. 各频谱亮度曲线峰值的连线表示频谱亮度的峰值波长 $\lambda_{\max}$ 与它的热力学温度 T 成反比,这就是维恩位移律.

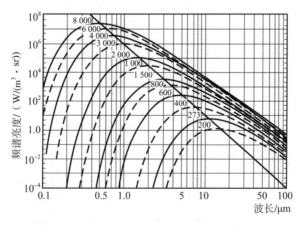

图 2-12-1　黑体的频谱亮度随波长的变化曲线

普朗克在维恩、瑞利和金斯的研究成果的基础上,试图从电磁理论的基础上弄清楚热辐射过程的本质,为此他引入了谐振子的概念. 1900 年 12 月,普朗克公布了与实验符合得很好的普朗克辐射公式

$$M_\lambda = \frac{c_1}{\lambda^5} \cdot \frac{1}{\mathrm{e}^{\frac{c_2}{\lambda T}} - 1}, \qquad\qquad (2-12-11)$$

式中 $c_1 = 2\pi h c^2$ 为第一辐射常量, $c_2 = \dfrac{ch}{k}$ 为第二辐射常量, M_λ 是光谱辐射出射度,代表的是单位面积的辐射源在某波长附近单位波长间隔内向空间发射的辐射功率.

这一研究的结果促使他进一步去探索该公式所蕴含的更深刻的物理本质. 普朗克做出如下能量子假设:对一定频率 ν 的电磁辐射,物体只能以 $h\nu$ 为最小能量单位吸收或发射它. 也就是说,吸收或发射的能量只能是能量子的整数倍,能量子的能量为 $E = h\nu$,式中 h 是普朗克常量,它的数值为 $6.625\ 59 \times 10^{-34}$ J $\cdot$ s.

【实验内容】

1. 利用虚拟黑体辐射实验仪测量溴钨灯辐射的能量分布曲线.

2. 改变溴钨灯灯丝的温度,研究物体红外辐射的峰值波长与温度的关系.

3. 利用虚拟黑体辐射实验仪测定第一辐射常量、第二辐射常量、普朗克常量和玻尔兹曼常量.

4. 自己设计一开放式的红外光栅光谱仪,搭建黑体辐射实验装置(选做).

【思考题】

1. 分析和讨论影响开放式的红外光栅光谱仪测量精度的主要因素,提出修正方法.

2. 提出一种简易的测量人体辐射波谱的实验装置或设计方案(必须给出设计的技术指标和关键元器件的相关参数).

(四)斯特藩-玻尔兹曼定律

【实验目的】

1. 了解斯特藩-玻尔兹曼定律的物理意义.

2. 应用该定律设计一个简易红外温度计.

【实验仪器】

热辐射与红外扫描成像仪,辐射盒,溴钨灯,红外传感器,金属导轨,多功能数据采集盒,微型计算机等.

【实验原理】

1879 年,斯特藩从实验中总结出了黑体的辐射出射度与黑体的热力学温度的四次方成正比的结论;1884 年,玻尔兹曼对上述结论给出了严格的理论证明,其表达式为

$$M = \int_0^{+\infty} M_\lambda d\lambda = \sigma T^4 , \qquad (2-12-12)$$

式中 $\sigma = 5.673 \times 10^{-8}$ W/(m² · K⁴) 称为斯特藩-玻尔兹曼常量. 这就是斯特藩-玻尔兹曼定律. 不同的物体,处于不同的温度,辐射出射度都不同. 而本实验的目的,就是要认识到这种不同, 并验证斯特藩-玻尔兹曼定律.

【实验内容】

1. 用实验室给出的仪器和元器件组装一套验证斯特藩-玻尔兹曼定律的实验装置.

2. 调整热辐射源与红外传感器的相对位置,使其保持等高共轴. 打开多功能数据采集盒和 微型计算机电源,找到虚拟热辐射实验仪中斯特藩-玻尔兹曼定律的界面. 先测量背景辐射和 调零.

3. 用该装置测量辐射盒或溴钨灯在不同温度时的相对辐射强度.

4. 通过实验数据分析和研究辐射盒或溴钨灯相对辐射强度与温度的关系,并与理论值进 行比较,计算实验的不确定度,分析产生误差的主要因素,提出改进方案.

5. 利用斯特藩-玻尔兹曼定律设计一个简易红外温度计(选做).

【注意事项】

1. 读数要迅速. 在不测量时,将热辐射源与红外传感器隔开,尽量使红外传感器自身的温 度保持在恒定值.

2. 每次测量前必须对红外传感器调零.

【思考题】

1. 简述几种红外传感器的特点,以及在设计红外温度计时应注意的主要问题.

2. 试比较红外温度计与其他温敏传感器的优缺点和应用范围.

3. 查阅相关书籍和文献,讨论斯特藩-玻尔兹曼定律在各个领域的应用现状和潜在的应用 前景.

(五) 红外扫描成像实验

【实验目的】

1. 了解红外成像的基本原理和方法.
2. 学会使用本实验系统进行红外扫描成像实验.

【实验仪器】

热辐射与红外扫描成像仪,热辐射盒,溴钨灯,红外传感器,位移传感器,金属导轨,多功能 数据采集盒和微型计算机等.

【实验原理】

红外技术作为军事工业中的顶尖技术,在国防中已应用到目标跟踪、武器制导、夜间侦察等等各个方面. 红外技术在医疗诊断上作用也非同寻常, 它可以和 B 超、CT 和 X 射线等诊断手段相媲美, 并互为补充, 特别是它的无损伤探测, 对人体不会造成任何损害, 而且操作简捷、方便, 可以作为普查、筛选之用. 远红外热成像仪是利用现代高科技手段, 对运行设备进行无接触检测的一种设备. 使用远红外热成像仪可以得到电气设备、阀门、保温设备、电动机、轴承以及处于探测器温度范围内的任何设备的热像图.

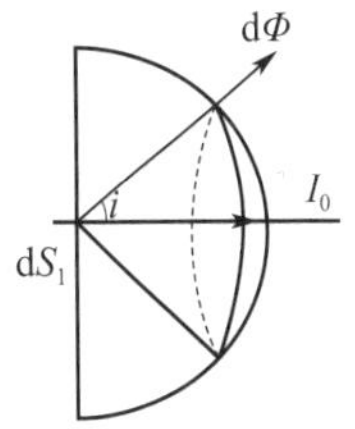

下面介绍探测器位于任意点时接收到的光通量的计算. 实验装置中样品表面每一点的对外辐射情况, 可近似当作余弦辐射体处理, 所以辐射强度和辐射通量可表示为

$$I = I_0 \cos i, \quad \Phi = \int_0^\Omega I \mathrm{d}\Omega. \qquad (2\text{-}12\text{-}13)$$

图 2-12-2 球面上立体角示意图

如图 2-12-2 所示, 若在球面上取一个角宽度为 $\mathrm{d}i$ 的环带, 它对应的立体角为 $\mathrm{d}\Omega = -2\pi \mathrm{d}\cos i$, 有 $\mathrm{d}\Phi = -\pi \int_0^{\frac{\pi}{2}} I_0 2\cos i \mathrm{d}\cos i = \pi L \mathrm{d}S_1$, 式中 L 为面积元 $\mathrm{d}S_1$ 的辐射亮度. 根据辐射出射度的定义可得

$$M = \frac{\mathrm{d}\Phi}{\mathrm{d}S_1} = \pi L = \pi \frac{I}{\mathrm{d}S_1 \cos i}.$$

如图 2-12-3 所示, 考虑探测器接收面上的一个立体角 $\mathrm{d}\Omega = \dfrac{\cos \alpha \mathrm{d}S}{l^2}$, 有

$$\mathrm{d}\Phi = I\mathrm{d}\Omega = \frac{M\cos \alpha \cos i}{l^2 \pi} \mathrm{d}S\mathrm{d}S_1,$$

于是

$$\Phi = \iint \frac{M\cos \alpha \cos i}{l^2 \pi} \mathrm{d}S\mathrm{d}S_1. \qquad (2\text{-}12\text{-}14)$$

因为探测器接收面积以及光阑直径都很小, 所以可以认为接收到的光强均匀分布, 有

$$\int \mathrm{d}S = S.$$

又有 $\mathrm{d}S_1 = \mathrm{d}x\mathrm{d}y$, 所以

$$\Phi = \iint \frac{M\cos \alpha \cos i}{l^2 \pi} S\mathrm{d}x\mathrm{d}y. \qquad (2\text{-}12\text{-}15)$$

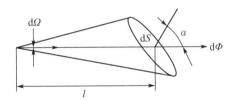

图 2-12-3 探测器接收面上立体角示意图

以下给出式(2-12-15)中各个参数的函数表达式.

参考图 2-12-4, 光线入射角

$$\alpha = i = \arctan \frac{\sqrt{(x-L_0)^2 + (y-H_0)^2}}{L_9},$$

式中 L_0, H_0 为光阑中心在辐射体 xOy 平面上的投影坐标, 入射光线传输距离

$$l = \frac{L_9 + L_{10}}{\cos \alpha},$$

辐射出射度

$$M = M_0 \rho \quad (\rho \text{ 为发射率}),$$

式中黑体辐射出射度 $M_0 = \sigma T^4$，这里 $\sigma = 5.673 \times 10^{-8}$ W/(m² · K⁴), $\rho = \begin{cases} 1 & \text{(黑体)}, \\ 0.31 & \text{(灰体)}. \end{cases}$

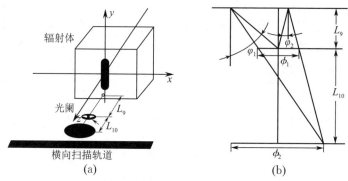

图 2－12－4　探测器及接收光阑光路示意图

受光阑直径限制，装置中的探测器只能接收一定角度内入射的光线. 如图 2－12－4 所示，能探测到光线的最大、最小入射角分别为

$$\varphi_1 = \arctan \frac{L_9(\phi_1 + \phi_2) + L_{10}\phi_1}{2L_9 L_{10}},$$

$$\varphi_2 = \arctan \frac{L_9(\phi_2 - \phi_1) - L_{10}\phi_1}{2L_9 L_{10}}.$$

从辐射体上一个面积元 $\mathrm{d}S_1 = \mathrm{d}x\mathrm{d}y$ 向探测器发出的一束红外光，经过光阑后在探测器上得到一个光斑，半径为

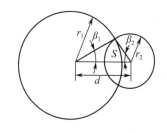

图 2－12－5　有效照射面积示意图

$$r_1 = \frac{(L_9 + L_{10})\phi_1}{2L_9},$$

有效照射面积如图 2－12－5 所示，探测器探测面半径为 $r_2 = \frac{1}{2}\phi_2$，两圆心距离为 $d = L_{10}\tan\alpha$，夹角为

$$\begin{cases} \beta_1 = \arccos \dfrac{r_1^2 + d^2 - r_2^2}{2r_1 d}, \\ \beta_2 = \arccos \dfrac{r_2^2 + d^2 - r_1^2}{2r_1 d}. \end{cases}$$

所以，最后的有效照射面积 S 为

$$S = \begin{cases} 0 & (\alpha > \varphi_1), \\ \pi r_1^2 & (\alpha < |\varphi_2| \text{ 且 } r_1 < r_2), \\ \pi r_2^2 & (\alpha < |\varphi_2| \text{ 且 } r_1 > r_2), \\ \beta_1 r_1^2 + \beta_2 r_2^2 - r_1 d \sin\beta_1 & (\text{其他}). \end{cases} \qquad (2\text{－}12\text{－}16)$$

理论模拟结果如图 2－12－6 所示. 可以看出，图像能够很好地反映辐射面的外形特征，因此利用本实验仪能够进行红外扫描成像实验.

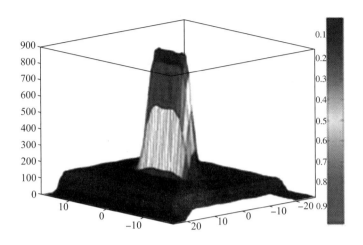

图 2 - 12 - 6　理论模拟结果

【实验内容】

1. 用实验室给出的仪器和元器件组装一套红外扫描成像的实验装置.

2. 装置的调试和测量.

(1) 将各种传感器与多功能数据采集盒和微型计算机连接,打开微型计算机找到虚拟红外扫描成像仪.

(2) 打开热辐射源的控制电源和温控装置,设定热辐射盒的温度(一般取热辐射盒表面温度小于 100 ℃,如 60.0 ℃ 或 80.0 ℃),并保证热辐射盒表面温度的误差小于 ±0.2 ℃(一般可控制到 ±0.1 ℃),使热辐射盒的表面与红外传感器的敏感面平行. 调试二维电动扫描系统,确保待测样品全部落入所扫描的区间.

(3) 设定红外传感器的初始高度;设置位移传感器的通道并对位移传感器进行标定和校准.

(4) 单击虚拟红外扫描成像仪界面上的“开始采样”按钮. 打开底座电机开关,使红外传感器沿水平方向对热辐射源进行扫描. 到达终点后,电机自动停止. 单击“停止采样”按钮,将底座开关拨到相反方向,红外传感器沿反方向运行,回到起点位置自动停止.

(5) 将红外传感器沿垂直导轨方向均匀降低或升高 1.25 mm 或 2.50 mm(逆时针或顺时针旋转 1 圈或 2 圈),然后重复步骤(4).

(6) 重复步骤(4) 和(5),测量 20 组以上的曲线.

(7) 测量结束后,单击“结束实验” 按钮,退出数据采集程序.

(8) 退出数据采集程序后,回到红外成像目录下,进入 demo app 图像和数据处理程序.

(9) 退出数据处理程序,结束实验.

【注意事项】

1. 测量和数据采集过程中,发现采集曲线不理想,可以将底座开关拨到中间,使红外传感器停止运行,同时单击“停止采样”按钮,停止采样. 单击“删除数据”按钮,将刚采集到的曲线删除,重新测量.

2.采集某条曲线结束以后,可通过单击"查看数据"按钮,查看刚刚采集到的曲线的数据.

3.采集完成后,单击"保存图像"按钮,可以将采集到的曲线保存下来.单击"保存数据"按钮,可以将采集到的数据保存下来.

4.采集数据时,从最高或最低点开始,每降低或升高一段后重新采集一组,数据采集次序不能乱.如果出现数据采集错误,必须删除.

5.每次测量前必须对红外传感器调零.

【思考题】

1.需要测量的是热辐射盒上任意一点对外的辐射出射度,但多功能数据采集盒采集到的只能是电压信号,应该如何给红外传感器标定呢?

2.为何要设置位移传感器的通道并对位移传感器进行标定和校准?

3.你能用该红外扫描成像仪设计一个新的实验项目吗?如果能,请给出翔实的设计方案.

实验十三　色度实验

【实验目的】

1.了解色度学的基本原理.

2.掌握 WGS-9 型色度仪的使用方法.

3.学会用透射或反射方法测量样品的主波长、纯度、色坐标等色度学量.

【实验仪器】

WGS-9 型色度仪,普通光源,分光装置(三棱镜),半导体激光器,各种颜色滤光片等.

WGS-9 型色度仪由光谱仪、接收单元、扫描系统、电子放大器、A/D 采集单元、计算机及打印机组成,各部分之间的连接如图 2-13-1 所示(各部分的连线插头均唯一,不会出现插错现象).

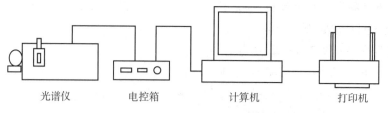

光谱仪　　　电控箱　　　计算机　　　打印机

图 2-13-1　WGS-9 型色度仪系统连线图

如图 2-13-2 所示,光谱仪由以下几部分组成:单色器、狭缝、固液体样品池、积分球、接收器、光栅驱动系统及光学系统等.

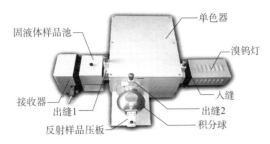

图 2 - 13 - 2　光谱仪外形图

（1）光谱仪采用双出缝的方式，使得在不同模式测量时，既能有较方便的操作，又能提供足够的能量，同时使得在测量中，有较好的信噪比．

（2）固液体样品池．如图 2 - 13 - 3 所示，采用液体样品池、固体样品夹以及光阑组合的方式，使得固体、液体都能方便地测量，光阑的存在使得对固体样品的大小要求较低（样品直径大于 5 mm）．

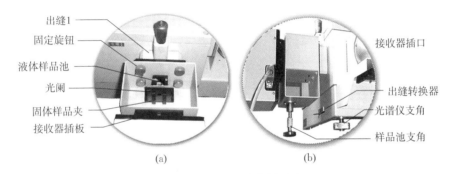

图 2 - 13 - 3　固液体样品池

（3）如图 2 - 13 - 4 所示为反射测量装置外形图．

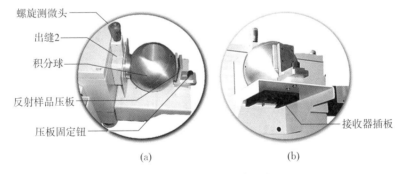

图 2 - 13 - 4　反射测量装置外形图

（4）光谱仪采用如图 2 - 13 - 5 所示的正弦机构进行波长扫描，丝杠由步进电机通过同步带驱动，螺母沿丝杠轴线方向移动，正弦杆由弹簧拉靠在滑块上，正弦杆与光栅台连接，并绕光栅台中心回转，从而带动光栅转动，使不同波长的单色光依次通过出射狭缝而完成扫描．

（5）狭缝为直狭缝，宽度范围为 0 ~ 2.5 mm，连续可调，顺时针旋转为加大狭缝宽度，反之减小，每旋转一周狭缝宽度变化 0.5 mm．为延长使用寿命，调节时注意狭缝宽度最大不超过 2.5 mm，平日不使用时，使狭缝宽度置于 0.1 ~ 0.5 mm 之间．

（6）为去除光谱仪中的高级次光谱，在使用过程中，操作者可根据需要把备用的滤光片插入入缝插板.

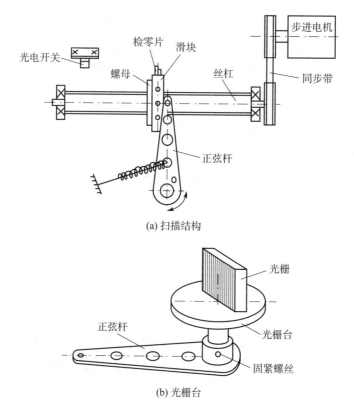

光电开关

检零片 滑块

螺母

丝杠

步进电机

同步带

正弦杆

(a) 扫描结构

正弦杆

光栅

光栅台

固紧螺丝

(b) 光栅台

图 2-13-5　正弦机构图

（7）单色器的光路如图 2-13-6 所示，采用的是光栅分光系统（C-T 型）.

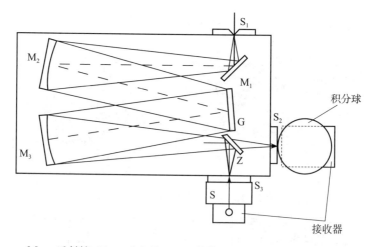

S_1

M_2

M_1

积分球

M_3

G

S_2

Z

S

S_3

接收器

M_1—反射镜；M_2—准光镜；M_3—物镜；G—平面光栅；Z—转镜；
S_1—入射狭缝；S_2—光电倍增管接收器；S_3—观察口；S—样品池

图 2-13-6　单色器光路图

光源发出的光束进入入射狭缝 S_1，S_1 位于反射式准光镜 M_2 的焦平面上，通过 S_1 进入的光束经 M_1，M_2 反射成为平行光束入射到平面光栅 G 上，衍射后的平行光束经物镜 M_3 成像在 S_2

上或 S_3 上(通过转镜调节).

【实验原理】

颜色可以分为有彩色系和无彩色系两大类,黑、灰、白以外的所有颜色均为有彩色系.色彩可以用三个参数来表示:明度(亮度)、色调(主波长或补色主波长)和纯度(饱和度).明度表示颜色的明亮程度,颜色越亮明度值越大.色调反映颜色的类别,如红色、绿色、蓝色等.彩色物体的色调决定于在光照射下反射光的光谱成分.例如,某物体在日光下呈现绿色是因为它反射的光中绿色成分占多数,而其他成分的光被吸收掉了.对于透射光,其色调则由透射光的波长分布或光谱所决定.纯度是指彩色光所呈现颜色的纯净程度.对于同一明度的彩色光,其纯度越高,颜色就越深;反之颜色就越淡.色调和纯度合称为色度,它既说明了彩色光的颜色类别,又说明了颜色的深浅程度.

根据色度学原理,所有颜色均可由红、绿、蓝三种颜色混合而成,这三种颜色称为三基色.为了定量地表示颜色,常用的方法是三刺激值法,即红、绿、蓝三基色的量,分别用 X,Y,Z 表示.在理论上,为了定量地表示颜色,采用直角色品坐标

$$x = \frac{X}{X+Y+Z}, \quad y = \frac{Y}{X+Y+Z}, \quad z = \frac{Z}{X+Y+Z}$$

来表示颜色,式中 x,y,z 分别是红、绿、蓝三种颜色的比例系数,$x+y+z=1$.用 C 代表一种颜色,R,G,B 表示红、绿、蓝三基色,则 $C = x(R) + y(G) + z(B)$,如蓝绿色可以表示为

$$C = 0.06(R) + 0.31(G) + 0.63(B).$$

所有的光谱色在直角色品坐标图上为一马蹄形曲线,该图称为 CIE1931 色度图.在色度图中,红(R)、绿(G)、蓝(B) 三基色坐标点为顶点,马蹄形曲线内的所有颜色可以由三基色按一定比例混合而成.国际照明委员会制定的 CIE1931 色度图如图 2-13-7 所示.

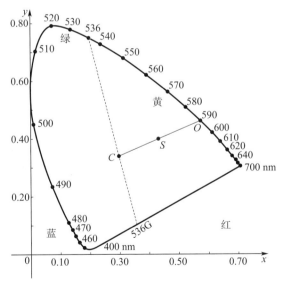

图 2-13-7　CIE1931 色度图

色度图中的弧形曲线上的各点是光谱上的各种颜色,即光谱轨迹,是光谱各种颜色的色品坐标.红色波段在图的右下部,绿色波段在图的左上部,蓝紫色波段在图的左下部.图下方的直

线部分,即连接 400 nm 和 700 nm 的直线,是光谱上所没有的、由紫到红的波段.靠近色度图中心的 C 是白色,相当于中午阳光的颜色,其色品坐标为 $x = 0.310\ 1$, $y = 0.316\ 2$, $z = 0.373\ 7$.

如图 2-13-7 所示,设色度图上有一颜色 S,由 C 通过 S 画一直线至光谱轨迹 O 点(590 nm), S 颜色的主波长即为 590 nm,此处光谱的颜色即为 S 的色调(橙色).某一颜色离开 C 至光谱轨迹的距离表明它的纯度.颜色越靠近 C 越不纯,越靠近光谱轨迹越纯.由于 $\dfrac{CS}{CO} \times 100\% = 45\%$,所以 S 的纯度为 45%.从光谱轨迹的任意一点通过 C 画一直线抵达对侧光谱轨迹的一点,这条直线两端的颜色互为补色(虚线).从紫红色段的任意一点通过 C 画一直线抵达对侧光谱轨迹的一点,这个非光谱色就用该光谱颜色的补色来表示,表示方法是在非光谱色的补色的波长后面加"G",如 536G,这一紫红色是 536 nm 绿色的补色.

【实验内容】

1. 开启光谱仪.单击"单程",将红、绿、蓝三基色滤光片从入射狭缝侧面处插入,模式选择"透过率",对三基色片进行扫描,并分别保存;分别计算样品的主波长、纯度、色品坐标等色度学量,并加以讨论.

2. 发光体的测量.

(1) 在开机的情况下,检查是否使用的是出缝 1,若不是,把转镜拨到出缝 1 上.

(2) 把光源换为待测发光体.

(3) 在"发光体"模式下测量发光体的能量曲线.

(4) 打开"色度计算"窗口,选择寄存器和等能光源后,计算该发光体在等能光源下的色品坐标及其他参数.

3. 透射样品的测量.

(1) 在开机的情况下,检查是否使用的是出缝 1,若不是,把转镜拨到出缝 1 上.

(2) 放入透射样品,调节负高压及狭缝宽度,使测量到的反射基线比较大,但信号又没溢出(此步骤可能要反复做几遍才能得到理想的结果).

(3) 在上述条件不变的情况下,测量透射样品的透射基线.

(4) 打开"色度计算"窗口,选择寄存器和参照光源后,计算该样品在参照光源下的色品坐标及其他参数.

4. 反射样品的测量.

(1) 在开机的情况下,检查是否使用的是出缝 2,若不是,把转镜拨到出缝 2 上.

(2) 放入标准白板,调节负高压及狭缝宽度,使测量到的透射基线比较大,但信号又没溢出(此步骤可能要反复做几遍才能得到理想的结果).

(3) 在上述条件不变的情况下,测量标准白板的反射基线.

(4) 放入反射样品,测量反射样品的反射率.

(5) 打开"色度计算"窗口,选择寄存器和参照光源后,计算该样品在参照光源下的色品坐标及其他参数.

【注意事项】

1. 仪器安装场地的环境温度宜为 20 ± 5 ℃,净化湿度 < 65%,无强振动源、无强电磁场干

扰.

2. 室内保持清洁,且无腐蚀性气体.

3. 仪器应放置在稳固的平台上,且放置处不可长时间受阳光照射.

4. 室内应具备稳压电源装置对仪器供电,并装有地线,保证仪器接地良好.

实验十四　紫外-可见分光光度计的原理及使用

【实验目的】

1. 对光源分光原理、光的不同波长等基本概念有具体认识.

2. 掌握紫外-可见分光光度计的使用.

【实验仪器】

光电传感实验台,普通光源分光装置(三棱镜),半导体激光器,镨钕滤光片,756 MC 紫外-可见分光光度计等.

【实验原理】

756 MC 紫外-可见分光光度计采用单光速自准式光路,色散元件为每毫米 1 200 条刻线的衍射光栅,其光学系统如图 2 - 14 - 1 所示.

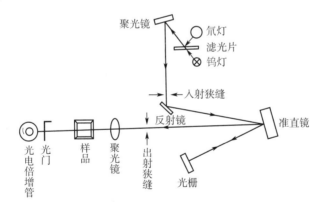

图 2 - 14 - 1　756 MC 紫外-可见分光光度计光学系统图

由光源发出的连续辐射光线,经滤光片、聚光镜至单色器入射狭缝处聚焦成像,光束通过入射狭缝,经平面反射镜到准直镜,产生的平行光束在光栅上色散后,又经准直镜聚焦在出射狭缝上成一连续光谱,由出射狭缝射出一定波长的单色光,通过标准溶液再照射到光电倍增管上.

光源的切换根据波长驱动自动进行,选择光源如下:

190 ～ 290 nm　　氘灯,

290 ～ 360 nm　　氘灯和钨灯同时,

360 ～ 850 nm　　钨灯.

756 MC 紫外-可见分光光度计开机时,氘灯和钨灯同时点亮,若要设定钨灯或氘灯的开关状态可按如下操作:

钨灯关:依次按"FUNC → 91 → ENTER → 0 → ENTER";

钨灯开:依次按"FUNC → 91 → ENTER → 1 → ENTER";

氘灯关:依次按"FUNC → 92 → ENTER → 0 → ENTER";

氘灯开:依次按"FUNC → 92 → ENTER → 1 → ENTER".

如图 2-14-2 所示为 756 MC 紫外-可见分光光度计的电子系统方框图,以单片微机(MCS-51)为控制中心,通过外接程序存储器、数据存储器及输入/输出端口(I/O)扩充器,控制整个系统.单片微机与数模转换器、负高压发生器、光电倍增管以及前置放大器和电压频率转换器等构成一个系统闭环.

在建立 $100\%\tau$ 基线时,每一波长的单色光经样品室后被光电倍增管转换成微电流,由前置放大器做阻抗转换,并以电压形式输出,经过电压频率转换器得到频率输出,然后传输到光电倍增管,使每一波长的单色光的信号保持一定的幅值.

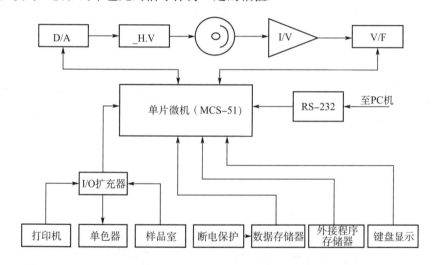

图 2-14-2 电子系统方框图

【实验内容】

1.测量准备.

(1)打开电源开关前,检查样品室,除比色皿架之外,不应有其他物品遗留.

(2)打开电源开关,仪器进入初始化,等待约 10 min.

(3)当仪器完成初始化,显示器指示 220 nm,绘图仪打印出"UV - VIS SPECTROPHOTOMETER MODEL 756 MC".

2.实验内容.用镨钕滤光片进行图谱扫描."τ/A"范围键选择 τ,波长选择 230 ~ 680 nm,做步长为1 nm 的透射比扫描.在预设定的参数中,如有已知且不需改变的参数,可省略对这些参数的设定,如图 2-14-3 所示为仪器扫描镨钕滤光片得到的光谱图.当要重新扫描时,需将"MODE"方式从"1"转至"2",再转至"1"即可.

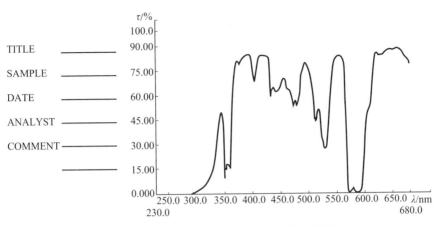

图 2 - 14 - 3　扫描错铷滤光片得到的光谱图

（1）测量浓度. 通过"MODE"进入"CON"（浓度）方式，打印机将打印出一个选择输入：如输入"0"，将退出浓度方式；如输入"1"，用最小二乘法测量浓度；如输入"2"，用已知回归方程测量浓度；如输入"3"，则选择仪器内存储的回归方程测量浓度. 其中用最小二乘法测量浓度时，仪器使用最小二乘法计算回归方程 $CONC$（浓度）$= K \times DATA + B$ 的系数 K, B 及相关系数的平方 R^2. 当相关系数趋近于 1 时，表示标样具有线性关系；当相关系数趋近于 0 时，表示标样毫无线性关系. 仪器允许的最多标样数为 42 个.

（2）自动调零及调满度. 仪器做定量测试时，先把全部装有参比溶液的比色皿插入样品架，然后使样品架置于"R"位置，分别按"ABS 0/100%τ"键，仪器自动进行调零、调满度. 用拉杆改变样品架位置，分别使"S1""S2"各位置的比色皿置于测量光路中，仪器显示出各比色皿放入参比溶液后吸光度（或透过率）的值，这些值与"R"位置的吸光度（或透过率）的差值，可以认为是比色皿间的配对误差. 一般在定量计算时都应减去配对误差，由于本仪器具有独特的调零、调满度功能，可直接消除比色皿间的配对误差.

① 架"R"及"S1""S2"位置分别插入装有参比溶液的比色皿，关上样品室盖.

② 使样品架置于"R"位置，待仪器显示稳定后，分别按"ABS 0/100%τ"键，仪器自动进行调零、调满度.

③ 使样品架分别置于 S1 ～ S3 位置，待仪器显示稳定后，分别按"ABS 0/100%τ"键，仪器自动进行 S1 ～ S3 各位置的调零、调满度.

④ 经上述步骤操作后，可消除比色皿间的配对误差. 当 S1 ～ S3 位置的比色皿装入待测样品溶液时可直接进行定量测定，不用考虑比色皿间的配对误差，但在测试过程中各比色皿插入样品架后，位置不能随意改变.

⑤ 在长时间测试中，样品架可重新返回"R"位置，检视仪器零值及满度值的变化，如变化较大时，应当重新按步骤 ① ～ ③ 进行校正.

（3）波长精度微调.仪器在长时间使用后或首次使用时,测量波长的精度可能达不到最佳效果,可以通过 FUNC90 对波长进行校正,其操作过程如下:

① 调整仪器"τ/A"方式为"τ",工作方式为"DATA",移去光路中的各样品,预热应超过 30 min.

② 用 FUNC10 使仪器再次寻找"0"级光并用全波长重建基线,其操作为依次按"FUNC → 10 → ENTER".

③ 用 FUNC80 设定镨钕滤光片特征吸收峰为 529.8 nm(需经标定),其设定过程为依次按"FUNC → 80 → ENTER → 529.8 → ENTER → 0 → ENTER".

④ 将镨钕滤光片移入光路做峰谷检测,其操作为依次按"FUNC → 22 → ENTER",检测结果(名义值与实测值)由打印机输出如下:

$$\text{VALLEY AROUND } 529.8(\text{nm}):530.3(\text{nm}).$$

⑤ 分析检测结果,若实测值比名义值偏大 0.1 ~ 0.5 nm,应向负方向校正 0.4 nm.

⑥ 做波长校正,校正值为"−4",其操作过程为依次按"FUNC → 90 → ENTER",将此时波长窗显示的原始校正值加"−4"后的值输入,最后按"ENTER"(例如,波长窗显示的原始值为"1",则输入值为"−3").

⑦ 将镨钕滤光片从光路中移去,重复步骤 ②.

⑧ 重复步骤 ④,⑤,再做峰谷检测以观察效果,打印机输出为(实测值与名义值偏差为 0.2 ~ 0.3 nm)

$$\text{VALLEY AROUND } 529.8(\text{nm}):530.0(\text{nm}).$$

【注意事项】

1. 图谱扫描记录纸的最大长度为 20 cm,如超范围扫描,可能导致仪器工作错误.

2. 仪器每次操作结束后,应仔细检查样品室内是否有溶液溢出,若有溢出,必须随时用滤纸吸干,否则会引起测量误差或影响仪器的使用寿命.

3. 仪器长期使用后或首次使用时,测量波长的精度可能达不到最佳效果,可以通过 FUNC90 对波长进行校正.

4. 仪器使用完毕后,须用随机提供的防尘套罩住,在防尘套内放入数袋硅胶,以免灯室受潮,使反射镜霉变或沾污,影响仪器使用.

5. 仪器经运输、搬运后会引起光源偏移,需进行调整.

6. 更换灯源时,由于使用中的灯源温度相当高,调换时须切断电源,待灯源冷却后进行. 安装及调整灯源时,须戴手套,以免沾污灯源玻璃壳,影响透光率.

【思考题】

1. 使用紫外-可见分光光度计前为什么要对它进行波长校正? 不校正会有什么影响?

2. 若要延长光源的使用寿命,在使用过程中要注意些什么?

实验十五　　光拍的传播和光速的测定

【实验目的】

1. 理解光拍频的概念.
2. 掌握光拍法测定光速的技术.

【实验仪器】

光速测量仪,示波器,高频计,尺子等.

【实验原理】

1. 光拍的产生和传播

根据振动叠加原理可知,频率差较小、速度相同的两个同方向传播的简谐波叠加将形成拍.
考虑波长分别为 λ_1,λ_2,角频率分别为 ω_1,ω_2(频差较小)的两束光(假定它们具有相同的振幅):

$$E_1 = E\cos(\omega_1 t - k_1 x + \varphi_1),$$
$$E_2 = E\cos(\omega_2 t - k_2 x + \varphi_2),$$

式中 $k_1 = \dfrac{2\pi}{\lambda_1}$,$k_2 = \dfrac{2\pi}{\lambda_2}$ 为波数;φ_1,φ_2 为初相位.两束光的叠加为

$$E_s = E_1 + E_2 = 2E\cos\left[\frac{\omega_1 - \omega_2}{2}\left(t - \frac{x}{c}\right) + \frac{\varphi_1 - \varphi_2}{2}\right]\cos\left[\frac{\omega_1 + \omega_2}{2}\left(t - \frac{x}{c}\right) + \frac{\varphi_1 + \varphi_2}{2}\right],$$

上式为沿 x 轴方向的前进波,其角频率为 $\dfrac{\omega_1 + \omega_2}{2}$,振幅为 $2E\cos\left[\dfrac{\omega_1 - \omega_2}{2}\left(t - \dfrac{x}{c}\right) + \dfrac{\varphi_1 - \varphi_2}{2}\right]$.

E_s 的振幅以频率 $\Delta f = \dfrac{\omega_1 - \omega_2}{2\pi}$ 做周期性变化,Δf 称为拍频,E_s 称为拍频波,如图 2-15-1 所示.

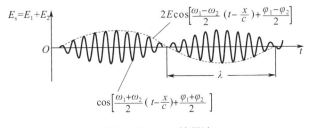

图 2-15-1　拍频波

用光电检测器可以接收拍频波,其原理为光电检测器上的光敏面受光照所产生的光电流是由光强引起的,且它们之间的关系为

$$i_0 = gE_s^2,\tag{2-15-1}$$

式中 g 为光电检测器的光电转换常量.光电检测器所产生的光电流是响应时间 t 内的时间平均值,即

$$I = \frac{1}{t} \int_0^t i_0 \mathrm{d}t = gE^2 \left\{ 1 + \cos\left[\Delta\omega\left(t - \frac{x}{c}\right) + \varphi_2 - \varphi_1 \right] \right\}, \qquad (2\text{-}15\text{-}2)$$

式中 $\Delta\omega = \omega_1 - \omega_2$. 可见,光电检测器输出的光电流包含直流和光拍信号两种成分,直流成分之外,是频率为拍频 Δf,初相位和空间位置有关的光拍信号(见图 2-15-2). 如果接收电路将直流滤掉,将得到纯粹的光拍信号在空间中的分布,这就是说,处在不同空间位置的光电检测器,在同一时刻有不同相位的光电流输出. 这就提示我们可以用比较相位的方法间接地计算光速,由式(2-15-2)可知

$$\Delta\omega \frac{x}{c} = 2n\pi \quad \text{或} \quad x = \frac{nc}{f},$$

式中 n 为整数. 相邻两同相位点的距离为 $\Delta x = \dfrac{c}{\Delta f}$,测定了 Δx 和拍频 Δf 就可确定光速 c.

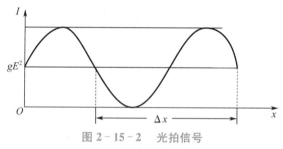

图 2-15-2　光拍信号

2. 相拍二光束的获得

为了产生光拍频波,要求相叠加的两光有一定的频差,这可以通过超声波与光的相互作用中实现. 超声波在介质中传播,引起介质的折射率发生周期性变化,使介质成为了相位光栅,这就使入射的激光束发生了与声频有关的频移.

利用声光相互作用产生频移的方法如下:

(1) 行波法. 如图 2-15-3 所示,在声光介质与声源(压电换能器)相对的端面敷以吸声材料,防止声反射,以保证只有声行波通过介质. 当激光束通过相当于相位光栅的介质时,激光束将产生对称多级衍射和频移,第 L 级衍射光的角频率为 $\omega_L = \omega_0 + L\Omega$,式中 ω_0 为入射光的角频率,Ω 为超声波的角频率,$L = 0, \pm 1, \pm 2, \cdots$ 为衍射级. 利用适当的光路使第 0 级与第 +1 级衍射光汇合起来,沿同一路径传播,即可产生频差为 Ω 的光拍频波.

(2) 驻波法. 如图 2-15-4 所示,在声光介质与声源相对的端面敷以反声材料,以增强声反射. 沿超声波传播方向,当介质的厚度恰为超声波半波长的整数倍时,前进波与反射波在介质中形成驻波超声场. 这样的介质也是一个相位光栅,激光束通过时也要发生衍射,且衍射效率比行波法要高. 因此,本实验采用驻波法使 632.8 nm 的单色激光谱线产生频移,其中第 L 级衍射光的角频率为

$$\omega_{L,m} = \omega_0 + (L + 2m)\Omega,$$

式中 $L = 0, \pm 1, \pm 2, \cdots$ 为衍射级. 衍射光中有不同频率(移频值不同)的光波,用同一级衍射光就可获得不同的光拍频波,但各成分的强度不同,在实验中通过设置一个选频回路,将某一频率的光拍频波选出来,而将其他的阻挡掉. 为了得到更强的光信号,实验时可取第 0 级衍射光,选频回路设置为 2Ω,这时 m 应取相邻的两个整数,与之相应的有光拍频波的拍频为 $\Delta f = 2f$(f 为调制信号频率即功率信号源的频率).

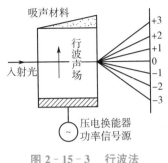

图 2 - 15 - 3　行波法

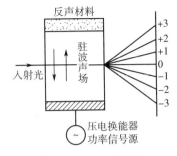

图 2 - 15 - 4　驻波法

【实验内容】

1. 激光器有噪声,频移光束中不需要的成分也很多,为了提高信噪比,用声表面波滤波器抑制噪声. 实验中一般采用第 0 级衍射光.

2. 按图 2 - 15 - 5 所示调节光路.

(1) 李萨如图形法. 分别将光电检测器输出的拍频信号与功率信号同时加到示波器的 Y_2 输入端和 Y_1 输入端即可得到李萨如图形. 移动全反镜时,此图形随相位的变化而依次变化、翻转,当出现相同的图形时,则全反镜的移动距离即为拍频波长.

(2) 双光束相位比较法. 示波器 Y_1 输入端的信号改用示波器本身的扫描信号,把功率信号用作示波器的外触发信号,在显示屏上出现两束正弦信号波形,两束光的光程差相差 λ 时,两波形就完全重合,否则就有相位差.

3. 实验要求.

(1) 在一个或半个拍频波长的情况下测出激光束在空气中的速度,计算标准偏差.

(2) 在两光束的光程差小于一个拍频波长的情况下,根据两光束的光程差和相应的相位差计算光速,与上一步骤结果比较.

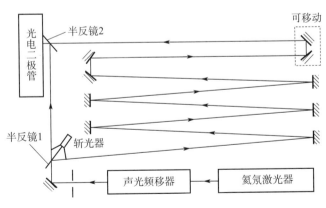

图 2 - 15 - 5　光路图

【思考题】

1. 当应用双光束相位比较法时,要使实验现象明显,理论上应该怎样做?

2. 简述光拍频的概念.

实验十六　全息照相

全息照相是一种新型的照相技术. 早在 1948 年伽博(Gabor)就提出了全息原理. 20 世纪 60 年代初,激光的发明使全息技术得到了迅速发展,并在许多领域得到了广泛应用.

全息照相无论从基本原理上,还是从拍摄和观察方法上都与普通照相有着本质的区别. 普通照相是基于几何光学的透镜成像原理,所记录的是物体通过透镜成像后在像平面上的光强分布,而失去了光的另一个信息 —— 相位信息,因而只能呈现一个平面图像,失去了立体感. 全息照相是基于光的干涉、衍射原理,它的关键是引入一束相干的参考光,使其和来自物体的物光有一定的夹角,两束光在全息干板处相干涉,底片上以干涉条纹的形式记录下物光的全部信息 —— 光强和相位. 这就是全息照相名称的由来. 经过显影、定影等处理后,底片上形成明暗相间的、复杂的干涉条纹,这就是全息图. 若用与参考光相同的光束以同样的角度照射全息图,全息图上密密的干涉条纹相当于一块复杂的光栅,在光栅的衍射光中,会出现原来的物光,能形成原物体的立体像. 因此,全息照相可分为全息记录和波前重现两个基本过程,它们的本质就是光的干涉和衍射.

【实验目的】

1. 掌握菲涅耳全息照相原理.
2. 学会拍摄全息相片.

【实验仪器】

光具,曝光定时器,无级分光镜,扩束镜,反射镜,载物台,干板架,小物体,防震台,激光器,照相冲洗设备等.

【实验原理】

菲涅耳全息照相就是通常说的不用物镜成像. 物光通过扩束镜照射在物体上,由物体的漫反射到达全息干板,参考光是球面波或平面波. 物光和参考光有一小的夹角和一定的光强比,两束光在全息干板上干涉,形成干涉图形,一般是离轴型全息图. 菲涅耳全息图的记录介质很薄(乳剂层),一般看作是二维的. 拍摄时,物体靠近全息图,物光与参考光的夹角很小,记录后介质位于物光的菲涅耳衍射区内.

从激光器发出的一束光,被分光镜分成频率相同、振动方向相同的两束光,一束照射到物体上,由物体漫反射到全息干板上,称之为物体光束(简称物光);另一束直接照射到全息干板上,称之为参考光. 这两束光有一定的夹角,光强有一定的比例,在全息干板上相遇发生干涉,形成干涉图样. 经过显影、定影、水洗、晾干等处理,全息干板上的黑白反差,就是物体的光强信息,全息干板上的干涉花样就是物体的相位信息.

全息图可以看成是一块复杂的光栅,波前再现就是应用光栅衍射原理. 当光照在一个光栅上时,产生 0 级衍射,在 0 级两边有 ±1 级, ±2 级 …… 衍射. 波前再现也是一样,当用共轭参考光照射时,我们看到的像是第 1 级衍射虚像,在全息干板另一侧(靠近观察者)还有一个第 1 级衍射实像与虚像对称. 实像用白纸或毛玻璃接收.

以透射式全息照相为例,透射式全息照相是指重现时,观察的是全息图透射光的成像.下面对平面全息图的情况做具体的数学描述.

1. 全息记录

设来自物体的单色光在全息干板平面上的复振幅分布为
$$O(x,y) = A_0(x,y)\mathrm{e}^{\mathrm{i}\psi_0(x,y)}, \tag{2-16-1}$$
同一波长的参考光在全息干板平面上的复振幅分布为
$$R(x,y) = A_R(x,y)\mathrm{e}^{\mathrm{i}\psi_R(x,y)}. \tag{2-16-2}$$
全息干板上的总复振幅分布为
$$U(x,y) = O(x,y) + R(x,y), \tag{2-16-3}$$
光强分布为
$$I(x,y) = U(x,y)U^*(x,y). \tag{2-16-4}$$
将式(2-16-1)、式(2-16-2)和式(2-16-3)代入式(2-16-4)中,得
$$I(x,y) = A_0^2 + A_R^2 + A_0A_R\mathrm{e}^{\mathrm{i}(\psi_0-\psi_R)} + A_RA_0\mathrm{e}^{\mathrm{i}(\psi_R-\psi_0)}. \tag{2-16-5}$$
适当控制曝光量和冲洗条件,可以使全息图的振幅透过率 $t(x,y)$ 与曝光量 E(与光强 I 成正比)呈线性关系,即 $t(x,y) \propto I(x,y)$.设
$$t(x,y) = \alpha + \beta I(x,y), \tag{2-16-6}$$
式中 α,β 为常量.这就是全息图的记录过程.

由上面的描述可知,全息干板上的干涉条纹的衬比度为
$$\beta = \frac{I_{\max} - I_{\min}}{I_{\max} + I_{\min}},$$
式中
$$I_{\max} = |A_0 + A_R|^2, \quad I_{\min} = |A_0 - A_R|^2.$$

干涉条纹的间距决定于 (ψ_R,ψ_0) 随位置变化的快慢.对一定的 ψ_R,ψ_0 来说,干涉条纹的明暗对比反映了物光的振幅大小,即光强,干涉条纹的形状间隔反映了物光的相位分布.因此,底片记录了干涉条纹,也就记录了物光波前的全部信息——振幅和相位.

2. 波前重现

用与参考光完全相同的光束照射全息图,透射光的复振幅分布为
$$U_t(x,y) = R(x,y) + t(x,y). \tag{2-16-7}$$
将式(2-16-2)和式(2-16-6)代入式(2-16-7)中,整理可得
$$U_t(x,y) = A_0[\alpha + \beta(A_0^2 + A_R^2)]\mathrm{e}^{\mathrm{i}\psi_R} + A_0^2A_R\mathrm{e}^{\mathrm{i}\psi_0} + A_RA_0^2\mathrm{e}^{\mathrm{i}(2\psi_R-\psi_0)}. \tag{2-16-8}$$
式(2-16-8)右边的第一项,具有再现光的特性,是衰减了的再现光,这是 0 级衍射;式(2-16-8)右边的第二项,是原来的物光乘以系数,它具有原来物光的特性,如果眼睛接收这个光波,就会看到原来的"物",这个再现像是虚像,称为原始像;式(2-16-8)右边的第三项,具有与原物光共轭的相位 $\mathrm{e}^{-\mathrm{i}\psi_0}$,说明它代表一束会聚光,应形成一个实像,因为有相位因子 $\mathrm{e}^{2\mathrm{i}\psi_R}$ 存在,这个实像不在原来的方向上,这个像叫作共轭像.通常把形成原始像的衍射光称为 +1 级衍射,把形成共轭像的衍射光称为 -1 级衍射,如图 2-16-1 所示.

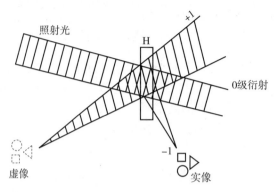

图 2 - 16 - 1　波前重现

在参考光为球面波的情况下,重现光的点光源和记录时参考光的点光源必须在相同位置(相对于底片),才能得到无畸变的虚像,否则重现像的位置不同于原来"物"的位置,重现像的放大倍数也不等于 1. 点光源愈远,重现像越大,反之重现像越小. 要得到无畸变的实像,应以参考光的共轭光 —— 一束会聚在原参考光点光源的会聚光来照射底片.

3. 体全息图

以上推导中假设乳剂层无限薄,全息图具有平面结构,但这仅在参考光与物光夹角很小(10°左右)时是成立的. 当物光和参考光夹角较大时,相近条纹的间距 d 与 i(i 为乳剂层厚度)相当,这样的全息图具有立体结构,就是体全息图,其重现是三维衍射过程,衍射极大应满足布拉格条件. 波前重现时,照射光必须以特定的角度入射,才能看到较亮的重现像,同时 ± 1 级衍射不会同时出现,因而不能同时看到虚像和实像.

4. 实验光路

全息照相实验光路如图 2 - 16 - 2 所示.

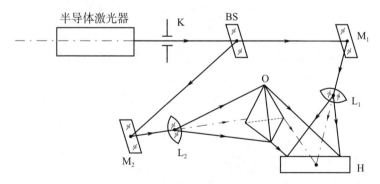

K—曝光定时器;BS—无级分光镜;M$_1$—反射镜;M$_2$—反射镜;
L$_1$—扩束镜;L$_2$—扩束镜;H—全息干板;O—小物体
图 2 - 16 - 2　全息照相实验光路图

【实验内容】

1.将光具座包括曝光定时器、无级分光镜、扩束镜、反射镜、载物台、干板架、小物体等调至同轴.

2.打开半导体激光器,调至最佳电流,按光路图排好光路,物光与参考光的光程差小于激光的相干长度;物光与参考光的光强比在1∶2至1∶5之间,调节光强比可前后移动物光(或参考光)中间的扩束镜,光发散大则光弱,光发散小则光强,也可在光路中加减光板.分光镜可以更换比例,无级分光镜可更换位置.参考光与物光的夹角在30°～50°之间.

3.光路排好后检查各个支架的螺钉是否拧紧,磁座是否吸住,检查完毕后关上快门.

4.安装全息干板前,先确定其哪面是药膜面,哪面是玻璃面,把药膜面朝着物体夹好,稳定1～2 min(因为在夹全息干板的过程中,全息干板内会有应力,应让应力慢慢释放掉,若在释放应力的过程中曝光,干涉条纹会有位移).

5.曝光时间视物体反光强弱、半导体激光器的功率大小而定,最好先切一小条全息干板,以不同的时间曝光,然后进行显影、定影后,找到最佳的曝光时间.

6.曝光后取下全息干板,不同的全息干板应采用不同的处理方式,详见附录.

【注意事项】

1.本实验采用的是 35 mW 的半导体激光器,操作时应注意不要使扩束前的激光直射眼睛.

2.通用底座带磁性,不宜佩戴手表操作本实验.

3.显影、定影时要使全息干板的药膜面朝上,否则容易划伤乳剂层或使显影、定影不均匀.

【思考题】

1.全息照相与普通照相有什么区别?

2.拍摄全息照片时,为什么参考光的光强比物光的光强大?

【附录】

1.光致聚合物干板处理方法

(1)未感光干板的裁切.取出光致聚合物干板,将其药膜面朝下放在已经准备好的两个塑料条上,然后用玻璃刀切割(注意:一定要切割玻璃那面,切勿切割药膜面).玻璃断开后,若乳剂层仍相连,可用刀片轻轻割断.

(2)曝光后的光致聚合物干板的处理.

① 取下曝光后的光致聚合物干板,放在蒸馏水里浸泡 15 ～ 30 s,使曝光后的分子充分吸水,完全溶解干板中的多余试剂,使折射率调制度达到最大值.

② 取出干板,放入浓度为 40% 的异丙醇中脱水 1 min,在浓度为 60% 的异丙醇中脱水 1 min,在浓度为 80% 的异丙醇中脱水 15 s,最后在浓度为100% 的异丙醇中脱水 60 ～ 80 s,得到清晰、明亮、颜色为浅红或黄绿色的全息图.

③ 取出干板,用热吹风机迅速将干板吹干,直到全息图颜色变成金黄色为止.

④ 对于一般全息图,可不必封装.但若要永久保存,可使用一块与全息图尺寸一样的玻璃片,将玻璃片洗净、擦干后,覆盖在全息图乳剂层上,用密封胶密封,在室温下固化后,即是一张可永久保存的全息图.

(3) 注意事项.在对干板进行裁片、曝光处理时,可在明室中操作,但应尽量避免强光照射(太阳光或照明灯),所有操作过程中,严禁用手拿乳剂层,否则将在全息图上永久留下手印,影响全息图再现效果.

光致聚合物干板适合于彩虹全息照相,因其衍射效率高、明室操作、方法简单,适合于反射式全息图.

2. 卤化银干板处理方法

(1) 未感光干板的裁切.卤化银干板的存放温度在 $0 \sim 7$ ℃ 的范围内为宜.在使用前,将干板置于室温下 4 h 左右,使干板的温度升至室温,在暗室内的安全灯(暗绿色灯)下打开干板的包装纸,以避免湿气的冷凝作用.

卤化银干板在使用前需要在暗室内用玻璃刀将干板裁成小块.切割干板时将干板的药膜面向下,切割时能听到一种清脆的声音,拿起干板在划痕附近用玻璃刀轻击几下,然后用手指捏住划痕的两边用力掰开.将药膜面向下,放在黑纸中包好.操作时可以戴一副薄的线手套,以避免手指沾污干板.

(2) 卤化银干板的曝光.卤化银干板的曝光时间要比普通照相长得多.曝光时间的长短应考虑半导体激光器的功率、物体反光能力等因素.最好先切一小条干板,以不同的时间曝光,然后进行显影、定影后,找到最佳的曝光时间.装干板时要把药膜面朝着物体夹好.因此要确定哪面是药膜面,哪面是玻璃面.可以用微湿的手指贴向干板的一角,感觉有点涩的一面是药膜面.

3. 显影液、定影液的配制

准备一台测量精度为 0.01 g 的托盘天平,两个 1 L 的量杯,若干盛溶液的带磨砂玻璃瓶塞的瓶子,量程为 100 ℃ 的温度计,加温用的电炉,以及蒸馏水.在全息干板曝光后的处理过程中,最常用的显影液为柯达 D-19,定影液为 F-5.各种药品以纯度高为宜.

操作用的器皿同一般照相的暗室设备相似.主要有一些盛放显影液、定影液的平底搪瓷器皿或塑料盘、竹夹.各种药品均按配方的顺序称量并放入盛蒸馏水的量杯中,水温约为 50 ℃.量杯内的水先放规定量的 $\frac{3}{4}$,放入一种药品后需等其完全溶解后再放入下一种,最后加水到规定量.

4. 显影、定影操作步骤

(1) 显影.显影的作用是使有潜像的全息干板通过显影液的化学作用,在潜像上以已析出的银为显影中心,将附近卤化银微粒的银还原出来.按照干板上标志的显影液的种类和显影时间,在安全灯下,将曝光后的干板全部迅速地放入柯达 D-19 显影液中浸泡,乳剂层向上,搅动显影液,约 2 min 后,取出水洗 30 s,显影液温度应在 20 ℃ 左右.

(2)停影.停影的作用是使显影后的感光材料停止显影.过程是在停影液中浸泡 30 s,取出水洗 30 s.

(3)定影.定影的作用是将乳剂层中未曝光部分的卤化银和曝光部分残留的卤化银清除掉.在 F-5 定影液中浸泡 3～5 min,此过程中要搅动定影液,在此期间感光材料会逐渐变透明.干板全部透明以后,还要继续定影,大约为干板放入定影液到变成透明的时间的 2 倍.

(4)水洗.水洗的作用是去掉干板上的残留药液和其他没必要的物质,使干板无污染,便于长期保存.操作是在流水中冲洗 5 min.水洗时,要注意水流,保证干板不重叠,以免干板上产生斑痕.水流的水温不高于 25 ℃,以免乳剂层脱落.

(5)去除增感剂.将干板在甲醇或无水乙醇中浸泡 3 min.

(6)干燥.取出干板后自然干燥.如不经过去除增感剂,最后应用蒸馏水清洗,避免自来水杂质的污染.

5. 全息干板的漂白

定影结束后可以打开照明灯,在漂白液中进行漂白.漂白时不断晃动全息干板并随时观察干板颜色的变化,等干板中的黑色刚好溶去时取出,对干板进行冲洗和烘干处理.

实验十七　发光二极管(光源)的照度标定

【实验目的】

1. 了解发光二极管的发光原理.
2. 作出发光二极管的电流与照度的对应关系曲线及电压与照度的对应关系曲线.

【实验仪器】

主机箱(包含 0～20 mA 可调恒流源,电流表,0～24 V 可调电压源,照度表),照度计探头,发光二极管,遮光筒等.

【实验原理】

发光二极管统称为 LED,它是由 Ⅲ-Ⅳ 族化合物,如砷化镓、磷化镓、磷砷化镓等半导体制成的.发光二极管的核心为 pn 结,因此它具有一般二极管的正向导通,反向截止、击穿特性.此外,在一定条件下,它还具有发光特性,其发光原理如图 2-17-1 所示,当加上正向激励电压或电流时,在外电场作用下,在 pn 结附近产生导带电子和价带空穴,电子由 n 区注入 p 区,空穴由 p 区注入 n 区,进入对方区域的少数载流子(少子)一部分与多数载流子(多子)复合而发光.假设发光是在 p 区中发生的,那么注入的电子与空穴直接复合而发光,或者先被发光中心捕获,再与空穴复合而发光.除了这种复合发光外,还有些电子被非发光中心(这个中心介于导带、价带中间附近)捕获,再与空穴复合,每次释放的能量不大,以热能的形式辐射出来.发光的复合量相对于非发光复合量的比例越大,光量子效率越高.由于复合发光是在少子扩散区内发生的,所以光仅在靠近 pn 结面数微米以内产生. 发光二极管的发光颜色由制作二极管的半导体化合物决定. 本实验使用纯白高亮发光二极管.

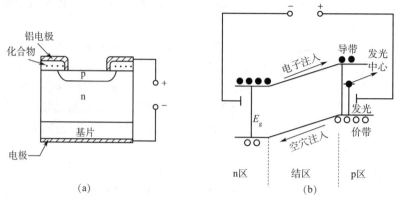

图 2-17-1　发光二极管的发光原理

【实验内容】

1. 按图 2-17-2 所示配置接线,接线时注意"+""-"极性.

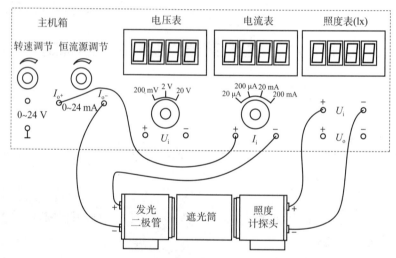

图 2-17-2　发光二极管的电流与照度的对应关系实验示意图

2. 检查接线无误后,开启主机箱电源.

3. 调节主机箱中的恒流源的电流大小(将电流表量程切换开关拨到 20 mA 挡),就可改变光源(发光二极管)的照度. 拔去发光二极管的其中一根连线,则照度为零(如果恒流源的起始电流不为零,要得到零照度,只需要断开发光二极管的一根连线). 按表 2-17-1 进行标定实验(调节恒流源),得到照度-电流对应值.

4. 关闭主机箱电源,再按图 2-17-3 所示配置接线,接线时注意"+""-"极性.

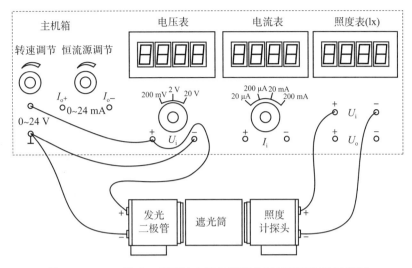

图 2-17-3 发光二极管的电压与照度的对应关系实验示意图

表 2-17-1 发光二极管的电流、电压与照度的对应关系

照度 /lx	0	10	20	...	90	100	110	...	190	200	210	...	290	300
电流 /mA	0			...				...				...		
电压 /V	0			...				...				...		

5.开启主机箱电源,调节主机箱中的 $0 \sim 24$ V 可调电压(将电压表量程切换开关拨到 20 V 挡),就可改变发光二极管的照度.按表 2-17-1 进行标定实验(调节电压源),得到照度-电压对应值.

6.根据表 2-17-1 在图 2-17-4 中画出发光二极管的电流-照度(I-E)、电压-照度(U-E)特性曲线.

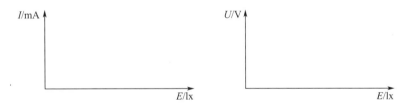

图 2-17-4 发光二极管的电流-照度、电压-照度特性曲线

【注意事项】

由于发光二极管离散性较大,每个发光二极管的电流-照度对应值及电压-照度对应值是不同的.实验者必须保存表 2-17-1 为以后的光电实验做准备,如光电实验需要一定的照度值,只要调节恒流源至相应电流值或电压源至相应电压值.需注意的是实验者只能在相应的实验台(对应表 2-17-1 的实验台)完成以后的光电实验.

【思考题】

1.发光二极管的发光原理是什么?

2. 影响发光二极管照度的因素有哪些？

实验十八　　用光学多道分析器研究氢原子光谱

【实验目的】

1. 测定氢原子巴耳末（Balmer）系发射光谱的波长和氢原子的里德伯常量．
2. 了解氢原子能级和光谱的关系，画出氢原子能级图．
3. 了解光学多道分析器的原理和使用．

【实验仪器】

氢灯，汞灯，透镜，WGD-6 型光学多道分析器等．

【实验原理】

光谱分析是研究物质微观结构的重要手段，它广泛应用于化学分析、医药、生物、地质、冶金、考古等领域．常用的光谱有吸收光谱、发射光谱和散射光谱，涉及的波段从 X 射线、紫外线、可见光、红外线到微波和射频波段．本实验通过测量氢原子在可见光波段的发射光谱研究光谱与微观结构（能级）间的联系．

1. 氢原子光谱

图 2-18-1 所示为氢原子的能级图，根据玻尔理论，氢原子的能级公式为

$$E(n) = -\frac{m_e e^4}{8\varepsilon_0^2 h^2} \cdot \frac{1}{n^2} \quad (n = 1, 2, \cdots),\qquad (2-18-1)$$

式中 m_e 为电子质量，e 为元电荷，h 为普朗克常量，ε_0 为真空介电常量．

电子从高能级跃迁到低能级时，发射的光子能量 $h\nu$ 为两能级间的能量差，即

$$h\nu = E(m) - E(n) \quad (m > n, m = 1, 2, \cdots).$$

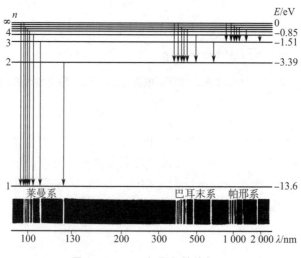

图 2-18-1　氢原子的能级图

如以波数 $\sigma = \dfrac{1}{\lambda}$ 表示,则上式可写为

$$\sigma = \frac{E(m) - E(n)}{hc} = T(n) - T(m) = R_H\left(\frac{1}{n^2} - \frac{1}{m^2}\right), \qquad (2-18-2)$$

式中 R_H 称为氢原子的里德伯常量,单位为 m^{-1};$T(n)$ 称为光谱项,它与能级 $E(n)$ 是相对应的. 从 R_H 可得氢原子各能级的能量为

$$E(n) = -R_H ch \frac{1}{n^2}.$$

从图 $2-18-1$ 可知,氢原子由 $E_m(m \geqslant 3)$ 跃迁到 $E_n(n=2)$ 时,发射出的光子波长位于可见光区,其波数为

$$\sigma = R_H\left(\frac{1}{2^2} - \frac{1}{m^2}\right) \quad (m = 3, 4, \cdots). \qquad (2-18-3)$$

这就是 1885 年巴耳末发现并总结的经验规律,称为巴耳末系. 氢原子的莱曼(Lyman)系位于紫外区,其他线系位于红外区. 式 $(2-18-3)$ 中 R_H 为里德伯常量,根据玻尔理论,可得出氢原子和类氢原子的里德伯常量为

$$R_Z = \frac{2\pi^2 \mu e^4 Z^4}{(4\pi\varepsilon_0)^2 h^3 c} = \frac{2\pi e^4 Z^4}{(4\pi\varepsilon_0)^2 h^3 c} \frac{m_e}{1 + \dfrac{m_e}{M}} = \frac{R_\infty}{1 + \dfrac{m_e}{M}}, \qquad (2-18-4)$$

式中 μ 为约化质量,M 为原子核质量,Z 为原子序数. 当 $M \to \infty$ 时,可得里德伯常量为

$$R_\infty = \frac{2\pi^2 m_e e^4 Z^4}{(4\pi\varepsilon_0)^2 h^3 c}. \qquad (2-18-5)$$

里德伯常量 R_∞ 是重要的基本物理常量之一,对它的精密测量在科学上有重要意义,它的公认值为 $R_\infty = 10\ 973\ 731.568\ 160(21)\ \mathrm{m}^{-1}$.

应用式 $(2-18-4)$ 可得氢原子和氘原子的里德伯常量分别为

$$R_H = \frac{R_\infty}{1 + \dfrac{m_e}{M_H}}, \qquad (2-18-6)$$

$$R_D = \frac{R_\infty}{1 + \dfrac{m_e}{M_D}}. \qquad (2-18-7)$$

可见,氢原子和氘原子的里德伯常量是有差别的,其结果就是氘原子的谱线相对于氢原子的谱线会有微小的位移,叫同位素位移. 而 λ_H 和 λ_D 是能够直接精确测量的量,测出它们就可以计算出氢原子和氘原子的里德伯常量.

2. WGD-6 型光学多道分析器原理

WGD-6 型光学多道分析器由光栅单色仪、CCD 接收单元、扫描系统、电子放大器、A/D 采集单元和计算机组成,其光学原理如图 $2-18-2$ 所示.

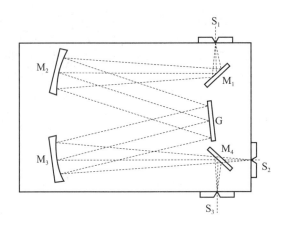

图 2 - 18 - 2　WGD - 6 型光学多道分析器光学原理图

入射狭缝、出射狭缝均为直狭缝,宽度范围为 $0 \sim 2$ mm,连续可调(顺时针旋转狭缝变宽,逆时针旋转狭缝变小),光源发出的光束进入入射狭缝 S_1,S_1 位于反射式准光镜 M_2 的焦平面上,通过 S_1 射入的光束经 M_1,M_2 反射成平行光束投向平面光栅 G(2 400 条 /mm,波长范围为 $200 \sim 660$ nm),经衍射后的平行光束经物镜 M_3 成像于 S_2(光电倍增管)或 S_3(CCD 接收单元)上.

【实验内容】

1. 熟悉 WGD - 6 型光学多道分析器的结构、工作原理及软件操作系统.

(1) 将机箱后板上的转换开关置于"光电倍增管"挡(本实验用光电倍增管来接收),接通机箱电源,将电压调至 $400 \sim 500$ V. 根据光源等实际情况,调节 S_1,S_2,S_3 狭缝. 旋转一周狭缝宽度变化 0.5 mm. 为保护狭缝,狭缝宽度最大不超过 2.5 mm,也不要使狭缝刀口相接触. 调节时动作要轻.

(2) 打开计算机,单击 WGD - 6 型光学多道分析器的控制处理软件,选择"光电倍增管".

(3) 初始化. 屏幕显示工作界面,弹出对话框,让用户确认当前的波长位置是否有效以及是否重新初始化. 如果选择"确定",则确认当前的波长位置,不再初始化;如果选择"取消",则开始初始化,波长位置回到 200 nm 处.

(4) 熟悉界面. 工作界面主要由菜单栏、主工具栏、辅工具栏、工作区、状态栏、参数设置区及寄存器信息提示区等组成. 菜单栏中有"文件""信息 / 视图""工作""读取数字""数据图形处理""关于" 等菜单项,与一般的 Windows 应用程序类似.

2. 参数设置.

(1) 工作方式. 工作方式包括模式和间隔,模式是指所采集的数据格式,有能量、透过率、吸光度、基线,测光谱时要选择能量;间隔是指两个数据点间的最小波长间隔,根据需要在 $0.01 \sim 1.00$ nm 之间选择.

(2) 工作范围. 在起始波长、终止波长($200 \sim 660$ nm)和最大值、最小值四个编辑框中输入相应的值,以确定扫描时的范围.

(3) 负高压. 设置提供给光电倍增管的负高压大小,设有 $1 \sim 8$ 共 8 挡.

(4) 增益. 设置放大器的放大率,设有 $1 \sim 8$ 共 8 挡.

（5）采集次数. 在每个数据点,数据采集的次数. 拖动滑块,可在 1 ~ 1 000 次之间选择.

在参数设置区中,选择"数据"项,在"寄存器"下拉列表框中选择某一寄存器,在数据框中显示该寄存器的数据. 参数设置区中,"系统""高级"两个选项一般不用改动.

3. 波长标定. 用汞灯对光栅单色仪进行标定,保存标定前后的光谱图. 标定涉及以下问题:

（1）参考波长是否可靠. 参考波长就是光谱采集系统显示的中心波长或起始波长,该参数一般是有误差、不准确的,误差 10 nm 左右都不会对测量结果带来影响. 如果参考波长相差太大可以考虑修正参考波长.

（2）参考波长的修正. 参考波长修正的依据是特征谱线或可见光谱线. 可见光谱线范围为 390 ~ 760 nm,如果仪器使用起始波长作为参考波长,可以将起始波长设置为 390 nm;如果仪器使用中间波长作为参考波长,可以将中间波长设置为 450 nm. 然后采集谱线,再通过 CCD 观察窗观察谱线的颜色,看是不是所需要的谱线. 一个屏幕的谱线差范围在 150 nm 左右,如果两个谱线的距离明显大于波长之差,则说明观察到的应该是 2 级或更高级次的衍射（由于本仪器感光的限制为 300 ~ 900 nm,最多能够观察到 2 级衍射）,因此实际波长大于参考波长,修正波长为负;若观察不到可见光,则说明实际波长小于参考波长,修正波长为正. 如果修正波长为 $-X$ nm,则所观察到的谱线将向右移动 X nm,参考波长的标称值不变;如果修正波长为 X nm,则所观察到的谱线将向左移动 X nm,参考波长的标称值不变. 一般采用低压汞灯的谱线作为标准谱线. 低压汞灯可见光区的主要谱线波长如表 2 - 18 - 1 及图 2 - 18 - 3 所示.

表 2 - 18 - 1　低压汞灯可见光区的主要谱线波长

波长 /nm	404.66	407.78	435.84	546.07	576.96	579.07
相对光强	第三强	较弱	次强	最强	强	强
颜色	紫光	紫光	蓝光	绿光	黄光	黄光

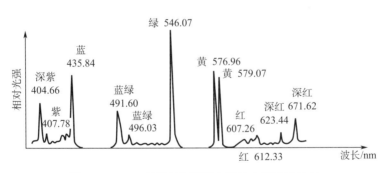

图 2 - 18 - 3　低压汞灯可见光区的主要谱线波长

（3）汞的特征谱线. 404.66 nm 和 407.78 nm 是两条靠得比较近的谱线,可以与 435.84 nm 谱线一起标定. 576.96 nm 和 579.07 nm 是两条靠得很近的黄色谱线,可以与绿色的 546.07 nm 谱线一起标定.

（4）标定谱线的采集. 采集标定谱线时,为了避免其他谱线的干扰,可以考虑采集背景谱线,计算机会将实际采集的谱线与背景谱线相减,获取真实的谱线. 另外可以通过开关电源观察谱线的变化来观察光源的谱线. 谱线采集后,根据已知的谱线进行标定,标定后将谱线保存,供测量未知谱线使用. 为了减少光栅转动带来的误差,可以考虑波长标定完成后,保持光栅的位置不变,然后进行后续的谱线采集.

（5）标定谱线形状的锐化. 由于光谱是通过 CCD 接收单元采集的, 而 CCD 存在分辨能力和饱和问题, 当谱线太弱时, 可以考虑增加入射狭缝的宽度, 来提高入射光强. 这也可能导致较强光谱的溢出, 即谱线顶部变平. 因此, 可以通过调节入射光孔的大小, 使要观察的谱线比较适中.

（6）具体步骤如下：

① 取下氘灯, 把汞灯置于入射狭缝前, 使光均匀照亮狭缝.

② 单击"新建", 再单击"单程"进行扫描, 工作区内显示汞灯的谱线图.

③ 选择下拉菜单"读取数据"→"寻峰"→"自动寻峰"选项, 在对话框中选择好寄存器, 进行寻峰, 读出波长, 与汞灯已知谱线的波长进行比较.

④ 选择下拉菜单"工作"→"检索"选项, 在对话框中输入需校准的波长值, 当提示框自动消失时, 波长即被校准.

4. 氢（氘）原子光谱的测量.

（1）将光源换成氢（氘）灯, 测量氢（氘）原子光谱的谱线. 注意：换灯前, 先关闭原来的光源, 选择待测光源, 再开启光源.

（2）进行单程扫描, 获得氢（氘）原子光谱的谱线, 通过"寻峰"求出巴耳末系前 3～4 条谱线的波长. 保存谱线图, 计算各谱线的里德伯常量 $R_H(R_D)$, 然后求出平均值.

5. 计算普适里德伯常量 R_∞, 并与公认值比较, 求百分误差.

【注意事项】

在单程扫描过程中发现峰值超过最大值, 可单击"停止", 然后寻找最高峰对应的波长, 进行定波长扫描. 同时调节狭缝宽度, 将峰值调到合适位置, 然后将波长范围设置成 $200 \sim 660$ nm, 再进行单程扫描. 扫描完毕后, 保存文件.

【思考题】

1. 在气体放电管中, 用能量为 12.5 eV 的电子轰击氢原子使其跃迁到激发态, 在这些氢原子从激发态向低能级跃迁的过程中, 能发射哪些波长的光谱线？

2. 氢原子光谱的巴耳末系中波长最长的谱线的波长用 λ_1 表示, 第二长的用 λ_2 表示, 求 $\dfrac{\lambda_1}{\lambda_2}$ 的值.

实验十九　　弗兰克-赫兹实验

弗兰克-赫兹实验

1913 年, 玻尔在氢原子光谱规律经验公式的基础上, 建立了新的原子结构理论. 1914 年, 弗兰克（Franck）和赫兹用低速电子去轰击稀薄汞气体, 测量出了汞原子的第一激发电势和电离电势, 从而证实了原子能级的存在, 为玻尔理论提供了直接独立的实验证据, 并因此获得了 1925 年的诺贝尔物理学奖.

【实验目的】

1. 通过测量氩原子的第一激发电势,加深对原子结构的了解.
2. 了解弗兰克-赫兹实验的设计思想和基本实验方法.

【实验仪器】

WVG-Ⅰ型弗兰克-赫兹实验仪等.

WVG-Ⅰ型弗兰克-赫兹实验仪的面板如图 2-19-1 所示,实验仪的主要结构为弗兰克-赫兹实验管(F-H 管)、F-H 管电源组、扫描电源和微电流放大器.

图 2-19-1　WVG-Ⅰ型弗兰克-赫兹实验仪

(1) 弗兰克-赫兹实验管(F-H 管).充氩 F-H 管的基本结构如图 2-19-2 所示,电子由阴极 K 发出,阴极 K 与第一栅极 G_1 之间的加速电压 U_{G_1K} 及与第二栅极 G_2 之间的加速电压 U_{G_2K} 使电子加速.在板极 A 和第二栅极 G_2 之间可设置减速电压 U_{G_2A}.

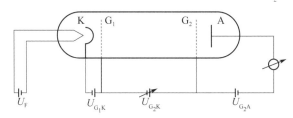

图 2-19-2　F-H 管结构图

F-H 管为实验仪的核心部件,F-H 管采用间热式阴极、两个栅极和板极的四极形式,各极一般为圆筒状.F-H 管内充氩气,用玻璃进行封装.

(2) F-H 管电源组.电源组提供 F-H 管各电极所需的工作电压.

① 灯丝电压 U_F,直流 $0 \sim 5$ V,连续可调.

② 第一栅极 G_1 与阴极 K 之间的电压 U_{G_1K},直流 $0 \sim 15$ V,连续可调.

③ 第二栅极 G_2 与阴极 K 之间的电压 U_{G_2K},直流 $0 \sim 100$ V,连续可调.

(3) 扫描电源和微电流放大器.扫描电源提供可调直流电压或锯齿波电压作为 F-H 管电子加速电压.直流电压供手动测量,锯齿波电压供示波器显示、X-Y 记录仪和微型计算机使用.微电流放大器用来检测 F-H 管的板极电流(简称板流)I_A,具有"手动"和"自动"两种扫描方式:"手动"输出直流电压,$0 \sim 100$ V,连续可调;"自动"输出 $0 \sim 100$ V 锯齿波电压.微电流放大器的测量量程为 10^{-9} A,10^{-8} A,10^{-7} A,10^{-6} A 四挡.

【实验原理】

由玻尔的原子理论可知:

（1）原子只能长久地停留在一些稳定的状态（简称定态）. 原子在定态时,不发射也不吸收辐射;各定态有一定的能量,其数值是彼此分立的,原子的能量不论通过什么方式发生改变,只能使原子从一个定态跃迁到另一个定态.

（2）原子从一个定态跃迁到另一个定态而发射或吸收辐射时,辐射频率是一定的. 如果用 E_m 和 E_n 表示两定态的能量,其辐射频率 ν 由下式确定:

$$h\nu = E_m - E_n, \qquad (2-19-1)$$

式中 h 为普朗克常量.

为了使原子从低能级跃迁到高能级,可以通过引入具有一定频率的光子来实现,也可以通过具有一定能量的电子与原子碰撞进行能量交换的方法来实现. 本实验就是用后一种方法进行的.

设初速率为零的电子在电势差为 U_0 的加速电场的作用下,获得的能量为 eU_0,具有这种能量的电子与稀薄气体中的原子（如汞原子）发生碰撞时,就会进行能量交换,设汞原子基态的能量为 E_0,第一激发态的能量为 E_1,当电子传递给基态汞原子的能量恰好为

$$eU_0 = E_1 - E_0 \qquad (2-19-2)$$

时,汞原子就会从基态跃迁到第一激发态,而相应的电势差 U_0 称为汞的第一激发电势（或称为中肯电势）. 如果给予汞原子足够大的能量,就可以使汞原子中的电子离去,这就叫作电离,相应的电势差称为电离电势 U_∞.

弗兰克-赫兹实验原理如图 2-19-3 所示,在充汞的 F-H 管中,电子从热阴极 K 发出,阴极 K 和栅极 G 之间的加速电压 U_{GK} 使电子加速,在板极 A 和栅极 G 之间加有反向拒斥电压 U_{AG},管内空间电势分布如图 2-19-4 所示. 当电子通过 KG 空间进入 GA 空间时,如果其能量较大（大于或等于 eU_{AG}）,就能克服反向拒斥电场而到达板极 A 形成板流 I_A,被微电流计 pA 检出. 如果电子在 KG 空间与汞原子碰撞,把一部分能量传给了汞原子,使汞原子被激发,电子本身所剩余的能量就很小,以致通过栅极后已不足以克服反向拒斥电压而被斥回到栅极,这时通过微电流计 pA 的电流 I_A 就将显著减小.

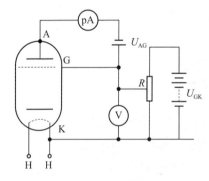

图 2-19-3　弗兰克-赫兹实验原理图

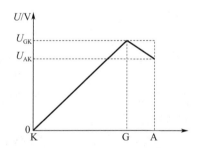

图 2-19-4　F-H 管内空间电势分布

下面分三种情况讨论:

① 电子的能量较小,因而速度也小,只与汞原子做弹性碰撞,电子基本上不损失能量,汞原子内部能量不发生变化.

② 随着 U_{GK} 的逐渐增大,电子速度也逐渐增大,当大到某一临界值时,将与汞原子发生非弹性碰撞,并把全部的动能转移到汞原子内部,使汞原子从基态 6^1S_0 跃迁到 6^3P_1,其能量的增量等于电子失去的能量,使电子获得该能量的电压 U_{GK} 就是汞原子的第一激发电势 U_0.

③ 继续增大 U_{GK}，电子的速度持续增大，当电子获得的能量 $eU_{GK} > eU_0$ 时，电子与汞原子发生碰撞，将部分能量传递给汞原子使之激发，电子还剩余部分动能，它在正向电压的作用下，仍被加速并继续与汞原子发生碰撞. 如果电子的能量达到 $2eU_0$，它可以继续使第二个汞原子同样激发，其余类推. 如图 2-19-5 所示，凡在

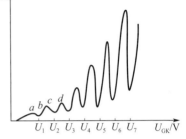

$$U_{GK} = nU_0 \quad (n = 1, 2, \cdots) \quad (2\text{-}19\text{-}3)$$

的地方，就有较多的电子与汞原子发生非弹性碰撞，板流 I_A 相应减小，形成规则起伏变化的 I_A-U_{GK} 曲线，相邻极小值点的间距就是汞原子的第一激发电势 U_0.

图 2-19-5　F-H管 I_A-U_{GK} 曲线

汞原子处于激发态时是不稳定的，它要从激发态返回到基态，同时辐射出能量为 eU_0 的谱线，通过实验也发现了与此相应的波长为 253.7 nm 的谱线.

【实验内容】

1. 插上电源，接通电源开关，指示灯亮；将 $0 \sim 100$ V 调节旋钮逆时针旋转到底.

2. 将"手动-自动"切换开关拨至手动挡，"灯丝电压"选择开关置于 3.5 V 挡，"微电流倍增"开关置于 10^{-7} A 挡.

3. 将"电压分挡"切换开关拨至 $1.3 \sim 5$ V 挡，旋转 $1.3 \sim 5$ V 调节旋钮，使电压表读数为 1.5 V，即阴极至第一栅极的电压为 $U_{G_1K} = 1.5$ V（其作用是消除空间电荷对阴极散射电子的影响）.

4. 将"电压分挡"切换开关拨至 $1.3 \sim 15$ V 挡，旋转 $1.3 \sim 15$ V 调节旋钮，使电压表读数为 7.5 V，即阳极至第二栅极的电压（反向拒斥电压）为 $U_{AG_2} = 7.5$ V.

5. 将"电压分挡"切换开关拨至 $0 \sim 100$ V 挡，旋转 $0 \sim 100$ V 调节旋钮，使电压表读数为 0 V，即这时阴极至第二栅极的电压（加速电压）为 $U_{G_2K} = 0$ V. 使 F-H 管预热 3 min 后开始测量.

6. 慢慢旋转 $0 \sim 100$ V 调节旋钮，同时观察电流表、电压表读数的变化，随着加速电压 U_{G_2K} 的增加（U_{G_2K} 的范围为 $0 \sim 70$ V，不要超过 70 V，要密切注意电流表的指示，当电流表满刻度时，可相应改变"微电流倍增"开关的倍率挡；当电流表指示突然骤增时，应立即减小电压，以免 F-H 管被击穿损坏），电流表的值出现周期性峰值和谷值，先粗略观察一次全过程，特别记下 I_A 峰值和谷值所对应的加速电压 U_{G_2K}，再从 $U_{G_2K} = 0$ 起，慢慢旋转 $0 \sim 100$ V 调节旋钮，读出 U_{G_2K} 和对应的 I_A 值，记入表 2-19-1 中.

7. 实验中要测出六个 I_A 峰值和六个 I_A 谷值，不要漏测了 I_A 峰值和谷值对应的电压 U_{G_2K}，在 I_A 峰值和谷值所对应的 U_{G_2K} 附近多测几组值，以方便作图.

表 2-19-1　加速电压与电流的实验数据

n		一			二			三			四			五			六		
		1	2	$\cdots$	1	2	$\cdots$	1	2	$\cdots$	1	2	$\cdots$	1	2	$\cdots$	1	2	$\cdots$
U_{G_2K}/V	峰																		
	谷																		
I_A/(10^{-7} A)	峰																		
	谷																		

注意：表的列数由所测数据的组数决定.

8. 依所测数据作出 I_A - U_{G_2K} 曲线(画在实验报告的坐标纸上).

9. 依所测数据和 I_A - U_{G_2K} 曲线用逐差法求出氩原子的第一激发电势,并与公认值 $U_0 = 11.55$ V 相比较,求出测量误差:

$$\Delta U_{峰i} = \frac{U_{峰(i+3)} - U_{峰i}}{3}, \quad \Delta U_{谷i} = \frac{U_{谷(i+3)} - U_{谷i}}{3},$$

式中 $i = 1, 2, 3$,可得氩原子的第一激发电势为

$$\overline{U} = \frac{\sum\limits_{i=1}^{3} \Delta U_{峰i} + \sum\limits_{i=1}^{3} \Delta U_{谷i}}{6},$$

不确定度为

$$\Delta_U = \sqrt{\frac{\sum\limits_{i=1}^{3}(\Delta U_{峰i} - \overline{U})^2 + \sum\limits_{i=1}^{3}(\Delta U_{谷i} - \overline{U})^2}{6(6-1)} + \Delta_仪^2},$$

结果表示为

$$U = \overline{U} \pm \Delta_U,$$

相对不确定度为

$$E = \frac{\Delta_U}{\overline{U}} \times 100\%,$$

相对误差为

$$E = \frac{|\overline{U} - U_0|}{U_0} \times 100\%.$$

【思考题】

1. I_A - U_{G_2K} 曲线中的 I_A 为什么不等于零,且随 U_{G_2K} 的增大而增大?

2. I_A - U_{G_2K} 曲线中第一个波峰的 U_{G_2K} 是否就是第一激发电势,为什么?

3. F - H 管的阴极与栅极之间的接触电势差对 I_A - U_{G_2K} 曲线有何影响?

实验二十　元电荷的测定 —— 密立根油滴实验

密立根油滴实验

物理学家密立根(Millikan)从 1907 年开始进行测量元电荷的实验,通过研究微小带电油滴在力作用方向相反的重力场和电场中的运动,证明了任何带电物体所带电荷量都是某一最小电荷 —— 元电荷 e(电子的电荷量)的整数倍,由此证明了电荷是量子化的,并得到了元电荷为 $e = 1.60 \times 10^{-19}$ C. 密立根油滴实验是物理学发展史上具有重要意义的实验,这一实验的实验思想简明巧妙,方法简单,结果准确. 正是由于这一实验的成就,密立根荣获 1923 年诺贝尔物理学奖.

【实验目的】

1. 学习密立根油滴实验的设计思想,掌握密立根油滴实验的测量方法.

2. 学习将难测的物理量转换为易测的物理量的方法.

3. 通过对带电油滴在重力场和均匀电场中运动的测量,证明电荷的不连续性,并测定元电荷的数值.

【实验仪器】

密立根油滴仪,显示器,钟表油,喷雾器等.

1. MOD-5型密立根油滴仪. MOD-5型密立根油滴仪主要由油滴盒、油滴照明装置、调平装置、CCD成像系统、数字电压表、数字秒表、供电电源等部分组成,其面板如图2-20-1所示.按下电源开关按钮6时,电源接通,油滴仪开始工作.

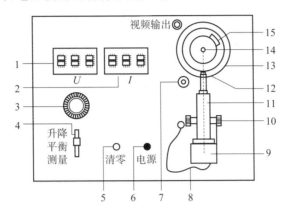

1—数字电压表;2—数字秒表;3—电压调节旋钮;4—功能控制开关;5—计时清零
按钮;6—电源开关;7—水平气泡;8—CCD连接线;9—CCD探测头;10—调焦手
轮;11—测量显微镜;12—物镜头;13—油雾室;14—进油孔;15—油滴照明装置

图 2-20-1 MOD-5型密立根油滴仪面板图

(1) 电压调节旋钮3:可改变油滴平衡电压和升降电压的大小.

(2) 功能控制开关4:当功能控制开关4拨至"平衡"挡时,电压调节旋钮3可用来调节平衡电压的大小,使待测油滴处于平衡状态,电压的调节范围为DC 0 ~ 300 V.

当功能控制开关4拨至"升降"挡时,上、下极板在平衡电压的基础上自动提升电压,电压调节旋钮3可用来调节提升电压的大小,油滴可做上升运动,电压的调节范围为DC 0 ~ 500 V.

当功能控制开关4拨至"测量"挡时,上、下极板间的电压为0 V,待测油滴处于待测量阶段而下落,并同时自动计时,油滴下落一段距离后变成匀速运动,这时可按计时清零按钮,仪器开始重新计时,当油滴下落到预定位置时,迅速拨至"平衡"挡,这时仪器停止计时.

(3) 数字电压表1:用来测量并显示上、下极板间的实际电压.

(4) 数字秒表2:用来测量油滴下降一段距离所需要的时间,可精确到0.1 s.

(5) 计时清零按钮5:秒表清零键,按下此键,可清除内存,重新开始计时,此时数字秒表2显示"00.0".

(6) 水平仪:调节仪器底部的两只调平螺钉,使水平气泡7中的气泡居中,此时极板处于水平位置.

(7) CCD成像系统:将测量显微镜11显示的油滴转换成电子图像信号,测量显微镜11和显示器组成CCD成像系统.

(8) 油滴盒:油滴盒是本仪器的重要部件,机械加工要求较高,其结构如图2-20-2所示.用喷雾器从油雾喷入口9喷入油滴,油滴从油雾孔10下落至电场室13中,供观察和测量用.油滴盒防风罩3前装有测量显微镜,通过绝缘圆环5上的观察孔观察上电极和下电极4,6间的油滴,再通过CCD成像系统将油滴运动情况显示在显示器的屏幕上.

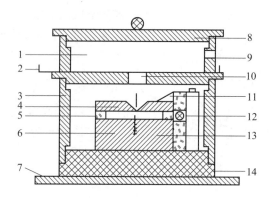

1—油雾室;2—油雾孔开关;3—防风罩;4—上电极;5—绝缘圆环;6—下电极;7—座架;
8—上盖板;9—油雾喷入口;10—油雾孔;11—上电极压紧片;12—发光二极管;13—电场室;
14—油滴盒基座

图 2-20-2　油滴盒结构图

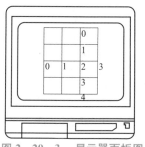

图 2-20-3　显示器面板图

2.显示器.显示器用来观察油滴在电场室中的运动情况,显示器的面板如图 2-20-3 所示.显示器屏幕纵向上有四个格子,每个格子的高度代表电场室中 0.5 mm 的垂直距离,四个格子共显示 2 mm 的距离,当油滴仪上的功能控制开关分别位于"升降""测量""平衡"挡时,显示器屏幕上可观察到待测油滴在电场室中分别处于上升、下落、静止的运动状态.显示器屏幕上的刻度线在测量时,可作为计时的起止线.

【实验原理】

密立根油滴实验测定元电荷的基本设计思想是使带电油滴在测量范围内处于受力平衡状态.本实验采用平衡测量法测定油滴所带的电荷量,从而确定电子的电荷量.

1.平衡测量法

(1)使带电油滴在重力场和均匀电场的作用下受力平衡.如图 2-20-4 所示,用喷雾器将油滴喷入两块间距为 d 的水平放置的平行极板之间,极板间加上电压 U,油滴在喷射时与空气摩擦而带电,设油滴的电荷量为 q,质量为 m,则油滴将同时受到重力和电场力的作用.调节电压 U,使重力和电场力达到平衡,这时油滴处于静止状态,有

$$mg = qE = q\frac{U}{d}. \tag{2-20-1}$$

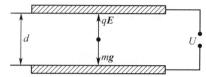

图 2-20-4　处在重力场和均匀电场中的油滴

由式(2-20-1)可知,要测出油滴的电荷量 q,除了要测量平衡电压 U 和两极板的间距 d 之

外,还需要测量油滴的质量 m. 由于油滴足够小,直接测量其质量 m 很困难,为此希望消去 m,而代之以容易测量的量.

(2) 利用斯托克斯定律测定油滴的质量 m. 考虑重力场中一个足够小的油滴的运动,由于表面张力的作用,小油滴的形状总是呈球形的,设油滴的半径为 r,密度为 ρ,则油滴的质量为

$$m = \frac{4}{3}\pi r^3 \rho. \tag{2-20-2}$$

当撤去加在两极板上的平衡电压 U 时,失去了电场力的油滴在重力作用下从静止开始加速下落,由于空气是黏性流体,故此运动除了受到重力作用之外,还受到空气黏性阻力的作用(空气浮力可忽略不计),由斯托克斯定律,空气的黏性阻力 f 与油滴的运动速度成正比,其大小为

$$f = 6\pi r\eta v,$$

式中 η 为空气的黏性系数,v 为油滴下落的速度. 随着油滴下落速度的增加,空气的黏性阻力也逐渐增加,油滴下落的加速度将逐渐减小. 油滴下落一段距离后,空气的黏性阻力将与重力达到平衡,这时油滴就以匀速 v 下落,如图 2-20-5 所示. 由斯托克斯定律以及油滴受力平衡的关系,有

图 2-20-5 油滴受力分析

$$f = 6\pi r\eta v = mg = \frac{4}{3}\pi r^3 \rho g, \tag{2-20-3}$$

$$r = \sqrt{\frac{9\eta v}{2\rho g}}. \tag{2-20-4}$$

在式(2-20-4)中,油滴匀速下落的速度 v 可以通过观测油滴匀速下落某一段距离 l 和所用的时间 t 来确定,即

$$v = \frac{l}{t}. \tag{2-20-5}$$

只要测出 v,即可求出油滴的半径.

由于油滴的半径 r 为微米量级($r \sim 10^{-6}$ m),其大小与空气分子的间隙相当,空气已经不能看成连续介质,其黏性系数 η 需要做相应的修正,用

$$\eta' = \frac{\eta}{1 + \dfrac{b}{pr}} \tag{2-20-6}$$

代替式(2-20-3)中的 η,式中 $b = 0.008\ 23$ N/m 为修正系数,p 为空气压强. 修正后的式(2-20-4)为

$$r = \sqrt{\frac{9\eta v}{2\rho g\left(1 + \dfrac{b}{pr}\right)}}. \tag{2-20-7}$$

式(2-20-7)右边仍含有未知数 r,但因它处于修正项中,当精度要求不太高时,可用式(2-20-4)代替式(2-20-7)计算油滴的半径 r. 将式(2-20-7)代入式(2-20-2)可得

$$m = \frac{4\pi}{3}\left[\frac{9\eta v}{2\rho g\left(1+\dfrac{b}{pr}\right)}\right]^{\frac{3}{2}}\rho. \tag{2-20-8}$$

（3）求油滴的电荷量 q. 将式（2-20-5）代入式（2-20-8），再把式（2-20-8）代入式（2-20-1）可得

$$q = \frac{18\pi}{\sqrt{2\rho g}}\left[\frac{\eta l}{t\left(1+\dfrac{b}{pr}\right)}\right]^{\frac{3}{2}}\frac{d}{U}, \tag{2-20-9}$$

式中 ρ, g, η, b, p, d 等参数与实验仪器及实验条件有关，由实验室选定，选定之后在实验过程中不变，因此实验时只要测出 l, t, U 就可以确定油滴的半径 r 并算出其所带的电荷量 q.

2. 元电荷 e 的测量方法

测量油滴所带电荷量的目的是找出电荷量的最小单位 e，为此可以对不同的油滴，分别测出其所带的电荷量 q，然后求出油滴电荷量的最大公约数或油滴电荷量之差的最大公约数. 这个公约数就是元电荷.

如果是研究同一油滴，实验中常采用紫外线、X 射线或放射源等改变油滴所带的电荷量，测出油滴上所带电荷量的改变值 Δq_i，而 Δq_i 应是元电荷的整数倍，即

$$\Delta q_i = n_i e, \tag{2-20-10}$$

式中 n_i 为整数.

通过密立根油滴实验，可以发现这样一个实验事实：对于某一个油滴，如果改变它所带的电荷量 q，则能够使油滴达到平衡的电压必须是某些特定的值 U_n，研究这些电压变化的规律发现，它们都满足下列方程：

$$q = mg\frac{d}{U_n} = ne, \tag{2-20-11}$$

式中 $n = \pm 1, \pm 2, \cdots$，而 e 则是一个不变的值.

对于任意一个油滴，可以发现其同样满足式（2-20-11），而且 e 是一个确定的常量，由此可见，所有带电油滴所带的电荷量 q 都是最小量 e 的整数倍. 这个事实说明，物体所带的电荷量不是以连续方式出现的，而是以一个个不连续的量出现的，这个最小量 e 就是电子的电荷量.

【实验内容】

1. 仪器调节.

（1）调节油滴仪底部的两只调平螺钉，使油滴仪面板上的水平气泡居中，此时仪器两极板处于水平位置.

（2）打开电源，油滴仪开始预热，预热时间为 $5 \sim 10$ min.

（3）按计时清零按钮，使数字秒表清零.

2. 选择一个适当的油滴作为研究对象.

（1）将功能控制开关拨至"平衡"挡，调节电压在 250 V 左右，打开油雾室开关，用喷雾器

从油雾喷入口喷入油滴,油滴从油雾孔落入电场中.

(2)注意观察那些缓慢运动的油滴,调节调焦手轮,选定其中的一个油滴,仔细调节平衡电压,使油滴处于平衡状态(静止不动).注意:所选的油滴体积要适中,大的油滴虽然比较亮,但一般带的电荷量多,下降速度太快,不容易准确测量;太小则受布朗运动的影响明显,测量结果起伏很大,不容易准确测量,因此应该选择质量适中且电荷量不多的油滴.

(3)将功能控制开关拨至"升降"挡,让油滴上升至显示器顶部,再将功能控制开关拨至"平衡"挡,使油滴静止在显示器顶部以备测量.在随后的实验过程中,应密切注意该油滴的运动情况,不可让它漂移出视场,如果该油滴像变模糊,则应调节调焦手轮使之变清晰.

3.测量和记录油滴的运动情况.

(1)将功能控制开关拨至"测量"挡,油滴开始加速下降,同时开始计时,下降一段距离后转为匀速运动.在精度要求不是很高的情况下,可以在所观察的油滴下落完 0.5 mm(一格)时认为其已经接近匀速运动状态,按计时清零按钮,使仪器重新计时.当所观测的油滴下落完最后一格时,将功能控制开关拨至"平衡"挡,同时数字秒表自动停止计时,此时油滴仪面板上显示油滴下落 1.5 mm 所用的时间和平衡电压数值,记录数据于表 2-20-1 中,此时完成第一个油滴的第一次测量.

(2)为了提高测量结果的准确度,应对该油滴反复测量 8 次.为了重复测量油滴,要将油滴返回到原测量位置,即将功能控制开关拨至"升降"挡,使油滴快速上升到初始位置.由于油滴的面积体积比很大,实验过程中会因油的挥发而使其半径和质量略微减小,因此实验中每重复测量一次时,平衡电压均要做适当的调节,待油滴平衡后,再将功能控制开关拨至"测量"挡,这时可转入下一次的测量,并将测量数据填入表 2-20-1 中.

4.测量和记录另一个油滴的运动情况.再次用喷雾器从油雾喷入口喷入油滴,重新选择一个新的油滴,重复上面的测量过程,将测量数据记录在表 2-20-1 中.

表 2-20-1 密立根实验数据记录表

油滴	次数	平衡电压 U/V	下降时间 t/s	油滴电荷量 $\bar{q}/(10^{-19}\text{ C})$ (平均值)	油滴电荷数 n	元电荷 $e/(10^{-19}\text{ C})$	油滴半径 $r/(10^{-7}\text{ m})$	油滴质量 $m/(10^{-15}\text{ kg})$
第一个油滴	1							
	2							
	3							
	4							
	5							
	6							
	7							
	8							
平均值								

续表

油滴	次数	平衡电压 U/V	下降时间 t/s	油滴电荷量 $\bar{q}/(10^{-19}\ \text{C})$ （平均值）	油滴电荷数 n	元电荷 $e/(10^{-19}\ \text{C})$	油滴半径 $r/(10^{-7}\ \text{m})$	油滴质量 $m/(10^{-15}\ \text{kg})$
第二个油滴	1							
	2							
	3							
	4							
	5							
	6							
	7							
	8							
平均值								

5.利用式(2-20-4)、式(2-20-5)和式(2-20-2),以及本实验附录中给出的实验参数值计算油滴的半径 r 和质量 m 并填入表2-20-1中.

6.本实验中采用下面的近似方法求得元电荷 e.因为油滴的电荷量为

$$q = ne, \tag{2-20-12}$$

先根据实验测得的数据,利用式(2-20-9)计算油滴的电荷量 q,然后利用公认值 $e = 1.602\ 176\ 634 \times 10^{-19}$ C,估算油滴的电荷数 n,再利用式(2-20-12)计算元电荷 e 并填入表2-20-1中.

7.将测得的元电荷 e 的实验值与 e 的公认值进行比较,求百分误差.

【注意事项】

1.实验前应调节油滴仪底部的两只调平螺钉,使极板处于水平位置,如果极板不水平,则实验时油滴就会向左右或前后漂移,甚至漂移出视场.

2.测量前,应先检查CCD探测头的方向是否正确(CCD连接线应该位于CCD探测头的右上角).

3.喷雾时喷雾器应竖拿,喷雾器玻璃口对准油雾喷入口,轻轻喷入少许油滴即可,喷油过多将堵塞油雾孔,切勿将喷雾器插入油雾喷入口,更不能将油直接倒入,或拿掉油雾室盖对准油雾孔喷油,以免堵塞油雾孔或弄脏油雾室.

4.由于油滴很小(直径约为10^{-6} m,质量约为10^{-15} kg),单一测量数据起伏比较大,为了减小随机误差的影响,对同一个油滴应该进行多次测量.

5.实验中油的选取要求:① 油要纯净;② 黏性系数随温度的变化要小;③ 雾化时要容易带电,但电荷量不能多;④ 油的挥发性要小;⑤ 油的密度随温度的变化要小.采用实验室提供的实验用油可以满足上述条件.实验用油的密度随温度变化的关系如表2-20-2所示.

表 2 - 20 - 2　实验用油的密度随温度变化的关系

$T/℃$	0	10	20	30	40
$\rho/(kg/m^3)$	991	986	981	976	971

如果取 $T = 20\ ℃$ 时油滴的密度 $\rho = 981\ kg/m^3$ 进行计算,引起的相对误差(相对于 $T = 40\ ℃$ 时)为

$$E_\rho = \frac{\Delta\rho}{\rho} = \frac{10}{981} \approx 1\%. \qquad (2-20-13)$$

【思考题】

1. 为什么要调节油滴盒的极板达到水平状态? 如果实验时,油滴仪面板上的水平气泡未调到中央,对实验结果会有什么影响?

2. 实验中为什么有时油滴会在显示器上消失? 应该如何控制油滴?

3. 实验中测定的是油滴所带的电荷量 q,为什么能算出元电荷 e?

【附录】

由于油的密度 ρ、空气的黏性系数 η 是温度的函数,重力加速度 g 和大气压强 p 随实验地点的变化而变化,因此用表 2 - 20 - 3 中的数据代入式(2 - 20 - 9) 中得出的计算结果是近似的. 在一般条件下,由于这样处理引起的误差约为 1‰,好处是可以使计算简化,在实验精度要求不是很高的情况下,这样做是可行的.

如取 $l = 1.5\ mm$,将表 2 - 20 - 3 中的各参数值代入式(2 - 20 - 9) 中,可得到当 $T = 20\ ℃$ 时,

$$q = \frac{9.273 \times 10^{-15}}{\left[t(1 + 0.022\ 66\sqrt{t})\right]^{\frac{3}{2}}} \frac{1}{U}. \qquad (2-20-14)$$

当实验精度要求不是很高时,可用式(2 - 20 - 14)代替式(2 - 20 - 9)计算油滴的电荷量 q.

表 2 - 20 - 3　密立根油滴实验参数

油的密度($T = 20\ ℃$)	$\rho = 981\ kg/m^3$
重力加速度	$g = 9.80\ m/s^2$
空气黏性系数	$\eta = 1.83 \times 10^{-5}\ kg/(m \cdot s)$
修正系数	$b = 0.008\ 23\ N \cdot m^{-1}$
大气压强	$p = 76.0\ cmHg = 1.013\ 25 \times 10^5\ Pa$
平行极板间距	$d = 5.00 \times 10^{-3}\ m$
油滴的半径	$r = \sqrt{\dfrac{9\eta l}{2\rho g t}} = 9.255 \times 10^{-5}\sqrt{\dfrac{l}{t}}$

实验二十一　核磁共振实验

核磁共振是重要的物理现象. 核磁共振技术在物理、化学、生物、临床诊断、计量科学和石油分析与勘探等许多领域得到了重要应用. 1945 年,珀塞尔和布洛赫发现核磁共振现象,并于 1952 年获得诺贝尔物理学奖. 另外,恩斯特(Ernst)在改进核磁共振技术方面做出了重要贡献,并于 1991 年获得诺贝尔化学奖.

【实验目的】

1. 掌握核磁共振实验的基本原理.
2. 观察核磁共振稳态吸收现象.
3. 测量 ^{1}H 的磁旋比 γ 和朗德因子 g 或核磁矩 μ.

【实验仪器】

核磁共振仪,频率计,示波器等.

【实验原理】

1. 核自旋

原子核具有自旋,其自旋角动量为

$$P_I = \sqrt{I(I+1)}\,\hbar, \qquad (2-21-1)$$

式中 $\hbar$ 为约化普朗克常量,I 为核自旋量子数,其值为半整数或整数,当质子数和质量数均为偶数时,$I = 0$;当质量数为偶数而质子数为奇数时,$I = 0,1,2,\cdots$;当质量数为奇数时,$I = \dfrac{n}{2}$ $(n = 1,3,5,\cdots)$.

2. 核磁矩

原子核带有电荷,因而具有自旋磁矩,其大小为

$$\mu_I = g_N \frac{e}{2m_p} P_I = g_N \mu_N \sqrt{I(I+1)}, \qquad (2-21-2)$$

式中

$$\mu_N = \frac{e\hbar}{2m_p} = 5.050\,4 \times 10^{-27}\ \text{J/T} \qquad (2-21-3)$$

为核磁子,定义为核磁矩的单位;m_p 为质子的质量;g_N 为朗德因子,对于质子,$g_N = 5.586$. 令

$$\gamma = \frac{e}{2m_p} g_N, \qquad (2-21-4)$$

显然有

$$\mu_I = \gamma P_I, \qquad (2-21-5)$$

式中 γ 称为核的磁旋比.

3. 核磁矩在外磁场中的能量

核磁矩在外磁场中会进动,进动的角频率为

$$\omega_0 = \gamma B_0, \tag{2-21-6}$$

式中 B_0 为外磁场的磁感应强度的大小. 表 2-21-1 列出了一些原子核的核自旋量子数 I、核磁矩 μ 和进动频率 $\dfrac{\gamma}{2\pi}$.

表 2-21-1　核自旋量子数、核磁矩和进动频率

核素	核自旋量子数 I	核磁矩 μ/μ_N	进动频率 $\dfrac{\gamma}{2\pi}$/(MHz/T)
^{1}H	1/2	2.792 70	42.577
^{2}H	1	0.857 38	6.536
^{3}H	1/2	2.978 8	45.414
^{12}C	0	0	—
^{13}C	1/2	0.702 16	10.705
^{14}N	1	0.403 57	3.076
^{15}N	1/2	$-0.283\ 04$	4.315
^{16}O	0	0	—
^{17}O	5/2	$-1.893\ 0$	5.772
^{18}O	0	0	—
^{19}F	1/2	2.627 3	40.054
^{31}P	1/2	1.130 5	17.235

核自旋角动量 P_I 的空间取向是量子化的. 设 $\boldsymbol{B}_0$ 沿 z 轴方向, P_I 在 z 轴方向分量只能取

$$P_{Iz} = m\hbar \quad (m = I, I-1, \cdots, -I+1, -I), \tag{2-21-7}$$

核磁矩在 z 轴方向的分量为

$$\mu_{Iz} = \gamma P_{Iz}, \tag{2-21-8}$$

则核磁矩所具有的势能为

$$E = -\boldsymbol{\mu}_I \cdot \boldsymbol{B}_0 = -\mu_{Iz} B_0 = -\gamma \hbar m B_0. \tag{2-21-9}$$

对于氢核 (^{1}H), $I = \dfrac{1}{2}$, $m = \pm\dfrac{1}{2}$, $E = \mp\dfrac{1}{2}\gamma\hbar B_0$, 两能级之间的能量差为

$$\Delta E = \hbar\omega_0 = \gamma\hbar B_0 = g_N \mu_N B_0. \tag{2-21-10}$$

由于 m_p 约等于电子质量的 $\dfrac{1}{1\ 840}$, 故在同样的外磁场 B_0 中, 核磁能级裂距约为电子自旋能级裂距的 $\dfrac{1}{1\ 840}$, 这表明核磁共振信号比电子自旋共振信号弱得多, 观测起来更困难.

4. 核磁共振

核自旋角动量 P_I 不等于零的原子核都具有核磁矩 μ_I, 核磁矩 μ_I 在静磁场 $\boldsymbol{B}_0$ 的作用下, 将以一定夹角 α 和角频率 ω_0 围绕 $\boldsymbol{B}_0$ 做进动. 由式 (2-21-5) 可知, 核磁矩 μ_I 与核自旋角动量 P_I 之间的关系由磁旋比 γ 联系起来, 由此可得

$$\gamma = \frac{\mu_I}{P_I} = \frac{g_N \mu_N}{\hbar} \frac{\sqrt{I(I+1)}}{\sqrt{I(I+1)}} = \frac{g_N \mu_N}{\hbar}.$$

核磁矩在 B_0 方向的投影为 $\mu_{Iz} = \gamma P_{Iz} = \dfrac{g_N \mu_N}{h} mh = g_N \mu_N m$,投影的最大值为核磁,即

$$\mu = g_N \mu_N I. \tag{2-21-11}$$

如果有一射频场(B_1),其工作频率为 ν,以与 B_0 垂直的方向作用于原子核,且其频率满足共振条件

$$\nu = \frac{\gamma B_0}{2\pi}, \tag{2-21-12}$$

则该原子核吸收能量,实现能级间的跃迁,即发生核磁共振,此时

$$\Delta E = \omega_0 h = g_N \mu_N B_0,$$
$$\omega_0 = \gamma B_0. \tag{2-21-13}$$

5. 仪器工作原理

当发生核磁共振时,原子核系统对射频场产生能量吸收,为了观察到核磁共振现象,必须把吸收的能量转化为可以观察到的电信号. 检测核磁共振现象的基本原理如图 2-21-1 所示.

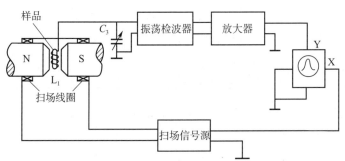

图 2-21-1 观察核磁共振现象原理图

把样品放在与静磁场垂直的射频线圈 L_1 中,线圈 L_1 与可调电容 C_3 构成振荡检波器的振荡回路,振荡检波器产生射频场 B_1. 改变可调电容 C_3 的电容值,可使射频场 B_1 的频率发生变化,当其频率满足共振条件 $\nu = \dfrac{\gamma B_0}{2\pi}$ 时,样品中的原子核系统就会吸收线圈中的磁场能量,使振荡回路的 Q 值下降,导致振荡幅度下降,振荡幅度的变化由振荡检波器检出,并经放大器放大送到示波器的 Y 轴显示出来. 为了不断满足共振条件,必须使静磁场在一定范围内不断往返变化(称为扫场),使磁场在共振点附近周期性地往返变化,不断满足共振条件. 扫场信号源和扫场线圈就是对静磁场进行扫场用的,同时把扫场信号输入到示波器的 X 轴(外同步端),使示波器的扫描与磁场扫场同步,以保证示波器上观察到稳定的共振信号. 振荡检波器在接近临界状态时,应通过调节"工作电流"及"反馈"旋钮,使振荡检波器处于边限振荡状态,以提高核磁共振信号的检测灵敏度,并避免信号的饱和.

扫场信号源采用 50 Hz 交流信号,通过扫场线圈,在静磁场 B_0 上叠加 50 Hz 交变磁场,实现扫场作用.

【实验内容】

1. 正确组装装置,把样品(硫酸铜溶液,封装在实验样品管中,用于测量 [1]H 的磁旋比)放入

探头中并将测试探头缓缓伸入磁体的极隙中,启动"电源"开关和"扫场电源"开关.

2.打开示波器与频率计开关,示波器的"扫描范围"旋钮旋至"外接"位置,若示波器荧光屏上的水平扫描线不够长,或太长超出荧光屏范围,应调节至与荧光屏宽度相同.

3."增益"旋钮旋至最大位置.频率计的"量程"移动开关置于"50 MHz"位置.电源面板上的"扫场调节"旋钮旋至中间位置(顺时针、逆时针两端中间),"反馈"及"工作电流"旋钮旋至中间位置,此时示波器显示出一条具有高频噪声的水平线,可认为振荡检波器已产生振荡;若是一条平整的水平线,表示振荡检波器没有振荡,可调节"工作电流"旋钮直至出现噪声为止,此时频率计上会显示振荡频率.

4.缓慢旋转"频率调节"旋钮(频率计的数字随之变化)搜索共振信号.在旋转旋钮时,在示波器上可能会看到振荡检波器出现高频或低频自激现象,只要在顺时针方向稍稍旋转"工作电流"旋钮,就可以消除自激现象,恢复正常振荡.

5.当出现共振信号时,慢慢沿逆时针方向调节"工作电流"旋钮,同时调节"反馈"旋钮,使振荡检波器处于最佳工作状态,此时噪声最小,信噪比最大.

6.把示波器的"扫描"挡旋至 $10 \sim 100$ Hz,示波器将出现 $4 \sim 8$ 个稳定的信号,且信号的距离相等,此时频率计显示振荡频率,即共振信号的频率.

7.从频率计上读出振荡频率,可用式(2-21-12)求出 ^{1}H 的磁旋比 γ(设外磁场 $\boldsymbol{B}_0$ 已知).

8.计算 ^{1}H 的 g_N 值与核磁矩 μ. 由于

$$g_N = \frac{h\gamma}{2\pi\mu_N},\qquad (2-21-14)$$

通过式(2-21-14)、式(2-21-11)和计算出的 ^{1}H 的磁旋比 γ 就可算出 ^{1}H 的 g_N 值和核磁矩 μ.

9.计算 ^{19}F 的 g_N 值和核磁矩.测量方法(样品为氢氟酸)和计算方法与 ^{1}H 的基本相同,只是 ^{19}F 的共振频率为 ^{1}H 的 0.94,信号较 ^{1}H 弱许多,可适当调节扫场电压和扫场电流.

10.如果磁感应强度未知,又没有精确的高斯计,则可用频率计测出 ^{1}H 的共振频率 ν_1, ^{19}F 的共振频率 ν_2.若已知 ^{1}H, ^{19}F 其中一个核的磁旋比,就可算出另一个核的磁旋比,即设 ^{1}H 的共振频率为 ν_1,磁旋比为 γ_1, ^{19}F 的共振频率为 ν_2,磁旋比为 γ_2,则由 $\nu = \frac{\gamma B_0}{2\pi}$,可得

$$\frac{\nu_1}{\nu_2} = \frac{\gamma_1/2\pi}{\gamma_2/2\pi}, \quad \gamma_1 = \frac{\nu_1}{\nu_2}\gamma_2.$$

【思考题】

1.如何确定对应于磁感应强度的大小为 B_0 时核磁共振的共振频率?

2. $\boldsymbol{B}_0$ 和 $\boldsymbol{B}_1$ 的作用是什么? 如何产生,它们有什么区别?

【附录】

在一定的磁感应强度下(无高斯计测定 $\boldsymbol{B}_0$ 的大小),测得 ^{19}F 的共振频率 ν_2 为 15.474 47 MHz,已知 ^{19}F 的 $\frac{\gamma_2}{2\pi}$ 为 40.054 1 MHz/T,并测出在同一磁场下, ^{1}H 的共振频率 ν_1 为 16.448 74 MHz,则

$$\frac{\gamma_1}{2\pi} = \frac{\nu_1}{\nu_2} \frac{\gamma_2}{2\pi} = \frac{16.448\ 74}{15.474\ 47} \times 40.054\ 1\ \text{MHz/T} \approx 42.576\ \text{MHz/T}.$$

把 $h = 6.626 \times 10^{-34}$ J·s 及 $\mu_N = 5.050\ 4 \times 10^{-27}$ J/T 代入式(2-21-14)就可算出 $g_N = 5.586$. 又把 ^{1}H 的 $I = \frac{1}{2}$ 代入式(2-21-11)算出 ^{1}H 的核磁矩为

$$\mu = g_N \mu_N I = 2.793\ \mu_N (\text{以核磁子 } \mu_N \text{ 为单位}).$$

实验二十二　　顺磁共振实验

电子顺磁共振(又名电子自旋共振)波谱仪是根据电子自旋磁矩与外部高频电磁场相互作用,而对电磁波产生共振吸收的原理而设计的. 由于电子的自旋运动受物质微观结构的影响,使得电子顺磁共振技术成为了研究物质结构的一种手段. 电子顺磁共振技术具有极高的灵敏度(相较于核磁共振)和测量时对样品无破坏作用,因此电子顺磁共振波谱仪广泛应用于物理、化学、医学和生命科学等领域.

【实验目的】

1. 了解电子顺磁共振的基本原理和过程.
2. 观测顺磁共振信号.

【实验仪器】

顺磁共振实验系统如图 2-22-1 所示,由微波传输部件把 X 波段体效应二极管信号源的微波功率反馈给谐振腔内的样品(有机自由基 DPPH),样品处于恒定磁场中,由 50 Hz 交流电对磁场提供扫描,当满足共振条件时输出共振信号,信号由示波器直接检测. 下面介绍各个微波部件的原理、性能及使用方法.

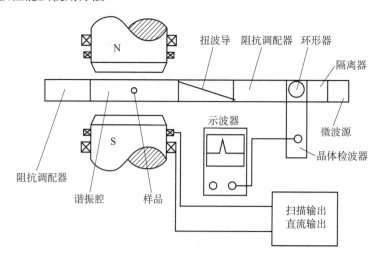

图 2-22-1　顺磁共振实验系统的构成图

1. 谐振腔. 谐振腔由矩形波导组成, A 为谐振腔耦合膜片, B 为可变短路调节器(也称为短路膜片), 如图 2-22-2 所示. 其工作原理如下: 设 A 膜片的反射系数为 T, 透射系数为 r, 当处于无损状态时, $T^2 + r^2 = 1$; B 膜片的反射系数为 1, 样品及传输的损耗为 η. 设输入强度为 I, 经过 A 膜片反射后的反射强度为 $-IT$, 这里用负号表示反射相位与入射相位相反; 经过 A 膜片的透射强度为 Ir, 经过一次反射后达到 A 膜片, 这时电磁场为 $Ir \cdot \eta \mathrm{e}^{-2\mathrm{i}kr}$, 经 A 膜片部分反射、部分透射, 反射强度为 $Ir\eta\mathrm{e}^{-2\mathrm{i}kr} \cdot T$, 透射强度为 $Ir^2\eta\mathrm{e}^{-2\mathrm{i}kr}$, 同理得出经 $n+1$ 次反射后的反射强度为

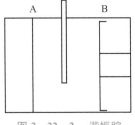

图 2-22-2 谐振腔

$$Ir\eta\mathrm{e}^{-2\mathrm{i}kr} \left(T\eta\mathrm{e}^{-2\mathrm{i}kr}\right)^n, \qquad (2-22-1)$$

经 $n+1$ 次反射后的透射强度为

$$Ir^2\eta\mathrm{e}^{-2\mathrm{i}kr} \left(T\eta\mathrm{e}^{-2\mathrm{i}kr}\right)^n. \qquad (2-22-2)$$

真实反射等于初次反射和多次透射的叠加(见图 2-22-3), 得

$$-IT + Ir^2\eta\mathrm{e}^{-2\mathrm{i}kr} + \sum_{n=1}^{\infty} Ir^2\eta\mathrm{e}^{-2\mathrm{i}kr} \left(T\eta\mathrm{e}^{-2\mathrm{i}kr}\right)^n$$

$$= -IT + Ir^2\eta\mathrm{e}^{-2\mathrm{i}kr} + Ir^2\eta\mathrm{e}^{-2\mathrm{i}kr} \frac{T\eta\mathrm{e}^{-2\mathrm{i}kr}}{1 - T\eta\mathrm{e}^{-2\mathrm{i}kr}}$$

$$= -IT + Ir^2 \frac{\eta\mathrm{e}^{-2\mathrm{i}kr}}{1 - T\eta\mathrm{e}^{-2\mathrm{i}kr}}. \qquad (2-22-3)$$

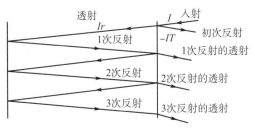

图 2-22-3 谐振腔的工作原理示意图

当谐振时, $\mathrm{e}^{-2\mathrm{i}kr} = 1$, 对式(2-22-3)化简可得反射强度为

$$I_{\mathrm{out}} = I\left(-T + \frac{r^2\eta}{1 - T\eta}\right). \qquad (2-22-4)$$

因为共振信号表现为 η 的变化, 所以对式(2-22-4)取微分,

$$\mathrm{d}I_{\mathrm{out}} = I\left[\frac{r^2(1-T\eta)}{(1-T\eta)^2}\mathrm{d}\eta + \frac{r^2\eta T}{(1-T\eta)^2}\mathrm{d}\eta\right] = I\frac{1-T^2}{(1-T\eta)^2}\mathrm{d}\eta. \qquad (2-22-5)$$

因此增益为

$$K = \frac{1-T^2}{(1-T\eta)^2}. \qquad (2-22-6)$$

将式(2-22-6)看作 T 的一元函数, 当

$$T = \eta \qquad (2-22-7)$$

时, 增益取得最大值, 其值为

$$K = \frac{1-\eta^2}{(1-\eta^2)^2} = \frac{1}{1-\eta^2} = Q, \qquad (2-22-8)$$

此时反射强度为

$$I_{\text{out}} = I\left[-\eta + \frac{(1-\eta^2)\eta}{1-\eta\eta}\right] = 0. \tag{2-22-9}$$

式(2-22-8)中的 Q 为品质因素 $\left(Q = \dfrac{1}{1-\eta^2}\right)$,当膜孔最佳耦合时增益最高,反射强度为零.谐振腔的品质因素决定增益的大小.

2.微波源.微波源由体效应管、变容二极管、频率调节、电源输入端组成,微波源的供电电压为 12 V,发射频率为 9.37 GHz,结构如图 2-22-4 所示.

3.隔离器.隔离器具有单向传输功能,其结构如图 2-22-5 所示.

4.环形器.环形器具有定向传输功能,其结构如图 2-22-6 所示.

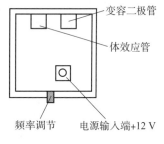

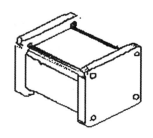

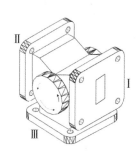

图 2-22-4 微波源   图 2-22-5 隔离器   图 2-22-6 环形器

5.晶体检波器.晶体检波器用于检测微波信号,其结构如图 2-22-7 所示,由前置的三个调节螺丝、晶体管座和末端的短路活塞三部分组成.其核心部分是跨接于矩形波导宽边中心线上的点接触微波二极管(也叫作晶体管检波器),其管轴沿 TE_{10} 波的最大电场方向,作用是将接收到的微波信号整流(检波).当微波信号是连续波时,整流后的输出信号为直流,输出信号由与二极管相连的同轴线中心导体引出,然后接到相应的指示器上,如直流电表、示波器等.测量时要反复调节波导终端的短路活塞的位置以及输入前端三个调节螺丝的穿伸度,使检波电流达到最大值,以获得较高的测量灵敏度.

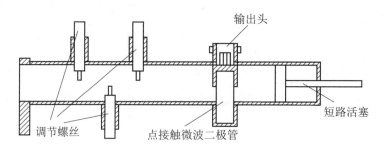

图 2-22-7 晶体检波器

6.扭波导.扭波导可改变波导中电磁波的偏振方向(对电磁波无衰减),其主要作用是便于机械安装.

7.短路活塞.短路活塞是接在传输系统终端的单臂微波元件,它对入射微波功率几乎全部反射而不吸收,从而使入射微波在传输系统中形成纯驻波状态.它是一个可移动金属短路面的矩形波导,也可称为可变短路器.其短路面的位置可通过螺旋来调节并可直接读数,结构如图 2 - 22 - 8 所示.

8.阻抗调配器.阻抗调配器是双轨臂波导元件,调节 E 臂、H 臂的短路活塞可以改变波导元件的参数.它的主要作用是改变微波系统的负载状态,可以将微波系统调节至匹配状态、容性负载、感性负载等不同状态.阻抗调配器在顺磁共振实验中的主要作用是观察吸收、色散信号.如图 2 - 22 - 9 所示为阻抗调配器的外观图.

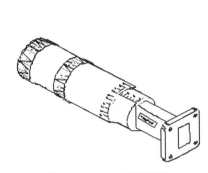

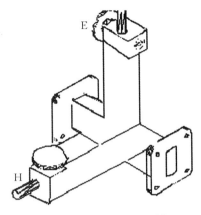

图 2 - 22 - 8　短路活塞　　　　　　图 2 - 22 - 9　阻抗调配器

【实验原理】

如果将未成对电子置于静磁场 B_z 中,由于电子自旋磁矩与外部磁场的相互作用导致电子的基态发生塞曼分裂,且相邻能级的能量差为

$$\Delta E = g\mu_B B_z,$$

式中 μ_B 为玻尔磁子,g 为朗德因子.当在静磁场上叠加一个与之垂直的交变磁场时,若角频率 ω 满足 $h\omega = \Delta E$,满足共振条件,此时未成对电子由下能级跃迁至上能级.

布洛赫理论是将电子近似为自转陀螺,将原子核的能级跃迁理解为陀螺在外力作用下的进动和章动,如图 2 - 22 - 10 所示.

按布洛赫理论,原子核具有磁矩

$$\boldsymbol{\mu} = \gamma \boldsymbol{L}, \qquad (2 - 22 - 10)$$

式中 γ 为磁旋比,是一个参数;$\boldsymbol{L}$ 表示核自旋角动量.

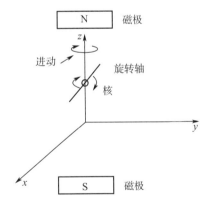

图 2 - 22 - 10　电子受外磁场作用的示意图

原子核在磁场 $\boldsymbol{B}$ 中受到的力矩为

$$\boldsymbol{M} = \boldsymbol{\mu} \times \boldsymbol{B}, \qquad (2 - 22 - 11)$$

并且产生附加能量

$$E = \boldsymbol{\mu} \cdot \boldsymbol{B}. \qquad (2 - 22 - 12)$$

将 $\dfrac{\mathrm{d}\boldsymbol{L}}{\mathrm{d}t} = \boldsymbol{M}$ 和式(2 - 22 - 10)代入式(2 - 22 - 11),可得

$$\frac{\mathrm{d}\boldsymbol{\mu}}{\mathrm{d}t} = \gamma \boldsymbol{\mu} \times \boldsymbol{B}. \qquad (2 - 22 - 13)$$

考虑到弛豫作用,其分量式可写为

$$\begin{cases} \dfrac{\mathrm{d}\mu_x}{\mathrm{d}t} = \gamma(B_y\mu_z - B_z\mu_y) - \dfrac{\mu_x}{T_2}, \\[2mm] \dfrac{\mathrm{d}\mu_y}{\mathrm{d}t} = \gamma(B_z\mu_x - B_x\mu_z) - \dfrac{\mu_y}{T_2}, \\[2mm] \dfrac{\mathrm{d}\mu_z}{\mathrm{d}t} = \gamma(B_x\mu_y - B_y\mu_x) - \dfrac{\mu_z}{T_1}, \end{cases} \qquad (2-22-14)$$

其稳态解为

$$\begin{cases} \chi = \dfrac{\gamma B_1 T_2(\gamma B_z - \omega_0)}{1 + (\gamma B_z - \omega_0)^2 T_2^2 + \gamma^2 B_1^2 T_1 T_2}, \\[3mm] \chi'' = \dfrac{\gamma B_1 T_1}{1 + (\gamma B_z - \omega_0)^2 T_2^2 + \gamma^2 B_1^2 T_1 T_2}, \end{cases} \qquad (2-22-15)$$

式中 T_1 表示 μ 的纵向分量由非平衡态到平衡态所需的时间, T_2 表示 μ 的横向分量由非平衡态到平衡态所需的时间.

【实验内容】

1. 系统连线(见图 2-22-11).

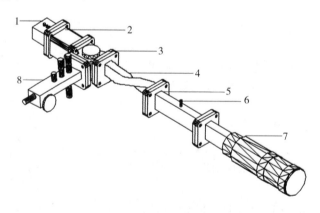

1—微波源;2—隔离器;3—环形器;4—扭波导;5—谐振腔;
6—样品;7—短路活塞;8—晶体检波器
图 2-22-11 顺磁共振实验装配图

(1)将主机上的扫描输出端连接到电磁铁的一端.

(2)将主机上的直流输出端连接到电磁铁的另一端.

(3)通过 Q9 连接线将晶体检波器的输出端连接到示波器上.

(4)将微波源与主机相连.

(5)将微波源上的连接线连接到主机后面板上的 5 芯插座上.

(6)将微波源与隔离器相连(按箭头方向连接).

(7)将隔离器的另一端与环形器中的 Ⅰ 端相连.

(8)将扭波导与环形器中的 Ⅱ 端相连.

(9)将环形器中的 Ⅲ 端与晶体检波器相连.

（10）将扭波导的另一端与谐振腔的一端相连.

（11）将谐振腔的另一端与短路活塞相连.

2. 仪器的调试.

（1）将样品（有机自由基 DPPH）插在谐振腔上的小孔中.

（2）打开电源,将示波器的输入通道拨到直流（DC）挡上.

（3）调节晶体检波器中的旋钮,使直流信号输出最大.

（4）调节短路活塞,再使直流信号输出最小.

（5）将示波器的输入通道拨到交流（AC）挡上,幅度为 5 mV 挡.

（6）这时在示波器上就可以观察到共振信号,但此时的共振信号不一定为最强,可以再小范围地调节短路活塞和晶体检波器,也可以调节样品在磁场中的位置（样品在磁场中心处时为最佳状态）,使共振信号达到一个最佳的状态.

（7）共振信号调出以后,关机. 将阻抗调配器接在环形器中的 Ⅱ 端与扭波导中间,开机. 通过调节阻抗调配器上的旋钮,就可以观察到吸收或色散信号.

【思考题】

根据顺磁共振的特性,说说顺磁共振技术还有什么应用前景.

实验二十三　　傅里叶变换光谱

现代光学的一个重大进展是引入了傅里叶变换这个概念,并由此发展成为光学领域内的一个崭新分支 —— 傅里叶变换光学. 本实验中的傅里叶变换光谱实验装置利用了干涉图和光谱图的傅里叶变换关系,通过傅里叶变换的方法测定光源的辐射光谱. 设计这套装置的意义在于进行傅里叶变换原理的演示,因此将测量光谱范围设计在可见光区（400 ~ 800 nm）,并且将光路部分设计为开放式. 这样,可以让学生更深刻、直观地了解傅里叶变换光学的实现与应用.

【实验目的】

1. 了解傅里叶变换光学的实现与应用.

2. 测绘实验钠灯和低压汞灯的干涉图,并获得它们的光谱图.

【实验仪器】

傅里叶变换光谱实验装置的主要技术指标为:波长范围为 400 ~ 800 nm,波长精度为 1 nm,分辨率为 1.0 nm. 傅里叶变换光谱实验装置光路如图 2 - 23 - 1 所示,其外观如图 2 - 23 - 2 所示.

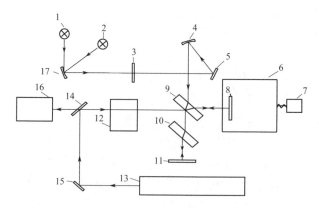

1—外置光源;2—内置光源(溴钨灯);3—可变光阑;4—准直镜;5—平面反射镜;6—精密平移台;7—电机;8—活动反射镜;9—干涉板;10—补偿板;11—固定反射镜;12—接收器1;13—参考光源(氦氖激光器);14—分束器;15—平面反射镜;16—接收器2;17—光源转换镜(物镜)

图 2-23-1　傅里叶变换光谱实验装置光路图

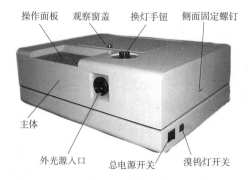

操作面板　观察窗盖　换灯手钮　侧面固定螺钉

主体

外光源入口　总电源开关　溴钨灯开关

图 2-23-2　傅里叶变换光谱实验装置外观图

傅里叶变换光谱实验装置的工作方式为自动采集数据,由软件处理数据.

1. 认识工作界面. 单击"开始"菜单,执行"程序"中的"傅里叶变换光谱实验装置",即可进入软件的工作区. 进入软件后,首先弹出如图 2-23-3 所示的软件启动界面,单击或按键盘上的任意键或等待 5 s 后,即可显示工作界面,同时弹出一个对话框,如图 2-23-4 所示,表示仪器正在初始化. 仪器初始化结束后,才可以进行下一步的操作. 软件工作界面如图 2-23-5 所示.

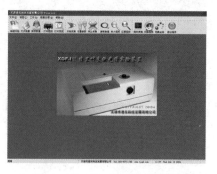

图 2-23-3　软件启动界面

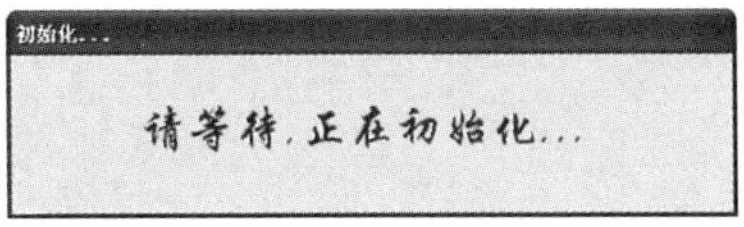

图 2 - 23 - 5　软件工作界面

图 2 - 23 - 4　"初始化"对话框

2. 菜单栏. 软件工作界面的菜单栏包括"文件""视图""工作""数据处理"和"帮助"菜单项. 单击这些菜单项可弹出下拉菜单, 利用这些菜单即可执行软件的大部分命令. 下面简单介绍一下各菜单栏的功能.

(1)"文件"菜单(见图 2 - 23 - 6).

① 新建实验. 清除当前实验的所有数据, 并新建实验.

② 打开数据. 打开一个已经存在的数据文件.

③ 保存数据. 把所有选择的寄存器中的数据保存在文件中.

④ 打印. 打印当前的谱线及数据.

⑤ 打印预览. 显示文件打印输出后的实际外观.

⑥ 打印设置. 设置打印机的属性及打印参数.

⑦ 退出. 退出当前控制处理系统.

(2)"视图"菜单(见图 2 - 23 - 7).

① 刷新. 刷新显示.

② 选择显示. 根据设置显示谱线.

(3)"工作"菜单(见图 2 - 23 - 8).

① 开始采集. 开始采集数据点.

② 停止采集. 停止扫描.

③ 设置参数. 设置工作参数及工作状态.

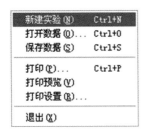

图 2 - 23 - 6　"文件"菜单 　　图 2 - 23 - 7　"视图"菜单 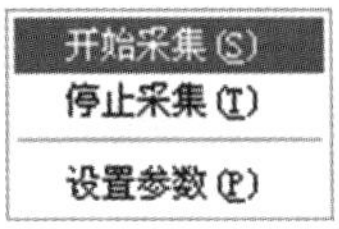　图 2 - 23 - 8　"工作"菜单

(4)"数据处理"菜单(见图 2 - 23 - 9).

① 读取数据. 读取指定点的数据.

② 放大图形. 对工作区内显示的图形进行选定区域放大.

③ 还原图形. 取消所有的放大操作.

④ 平滑. 平滑选定的曲线.

⑤ 自动寻峰. 检索设定能量区域内的波峰或波谷值.

⑥ 傅氏变换. 对指定寄存器内的待测光源干涉图进行傅里叶变换.

⑦ 选择变换. 从当前全部数据中截取部分数据进行傅里叶变换.

⑧ 切换图形. 使当前显示图形在干涉图和变换后的光谱图之间切换.

⑨ 切换坐标. 将光谱图的横坐标切换为波长或者波数.

⑩ 清除所有通道. 清除所有寄存器内保存的数据.

⑪ 清除选择通道. 清除所选寄存器内保存的数据.

(5)"帮助"菜单(见图 2 - 23 - 10).

关于 Fourier. 显示软件的版本信息.

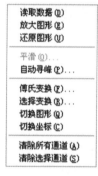

图 2 - 23 - 9　"数据处理"菜单

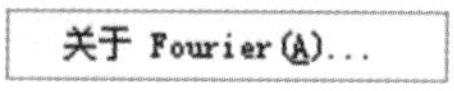

图 2 - 23 - 10　"帮助"菜单

3. 快捷工具栏. 软件在工作界面上提供了一条快捷工具栏(见图 2 - 23 - 11),快捷工具栏由一组工作按钮组成,分别对应某些菜单项或菜单命令的功能,只需单击按钮,即可执行相应的操作或功能.

图 2 - 23 - 11　快捷工具栏

4. 工作区. 工作区是用户绘制、浏览、编辑干涉图或谱线的区域,可同时显示几组曲线.

5. 状态栏. 状态栏用来显示当前的工作状态. 另外,当鼠标指向某一菜单项或按钮时,会在状态栏显示相应的功能说明.

6. 功能介绍.

(1) 文件管理.

图 2 - 23 - 12　"打开"对话框

① 清除当前实验的所有数据有如下两种方法:单击"文件"菜单,选择"新建实验"命令,或单击快捷工具栏上的"新建实验"按钮.

② 打开已有的数据文件有如下两种方法:单击"文件"菜单,选择"打开数据"命令,或单击快捷工具栏上的"打开数据"按钮. 执行上述命令后,系统弹出如图 2 - 23 - 12 所示的"打开"对话框.

在"打开"对话框中,可通过"查找范围"下拉列表框确定数据文件所在的位置.在"文件类型"下拉列表框中可确定要打开的数据文件的类型.如果要打开某一数据文件,可在"文件名"编辑框中输入文件名或单击此文件,然后单击"打开"按钮.

单击"取消"按钮,关闭对话框,不执行其他操作(以下对话框中的"取消"按钮功能与此相似,将不再赘述).

③保存当前的数据文件有如下两种方法:单击"文件"菜单,选择"保存数据"命令,或单击快捷工具栏上的"保存数据"按钮.

利用软件的保存功能可以把寄存器中的数据保存到文件中,执行该命令后,系统弹出如图 2-23-13 所示的"保存原始数据"对话框.可以通过"保存设置"下拉列表框确定要保存的数据所在的寄存器,如还需保存相应的文本文件,勾选"保存文本文件"即可.完成设置后,单击"确定"按钮或直接按回车键,系统弹出如图 2-23-14 所示的"另存为"对话框.

图 2-23-13 "保存原始数据"对话框

图 2-23-14 "另存为"对话框

在"另存为"对话框中,可通过"保存在"下拉列表框确定文件要保存的位置,在"保存类型"下拉列表框中确定文件要保存的类型,在"文件名"编辑框中键入数据文件的名称后,按回车键或单击"保存"按钮即可保存相应的数据文件(如在"保存原始数据"对话框中勾选了"保存文本文件",则同时保存同文件名,扩展名为"txt"的文本文件).

(2)打印输出.

① 打印机属性及参数设置.单击"文件"菜单,选择"打印设置"命令,弹出如图 2-23-15 所示的"打印设置"对话框.可利用该对话框进行打印机配置,设置当前打印参数等操作.

在"打印设置"对话框中,通过"打印机"区的"名称"下拉列表框可确定当前打印机,在"纸张"区可通过"大小"和"来源"两个下拉列表框确定当前打印纸张的大小和来源,在"方向"区选择"横向"(必须使用横向).

完成上述操作后,单击"确定"按钮即可保留以上设置(当软件退出后,该设置自动回到缺省值).

②打印预览有如下两种方法:单击"文件"菜单,选择"打印预览"命令,或单击快捷工具栏上的"打印预览"按钮.

③打印输出有如下两种方法:单击"文件"菜单,选择"打印"命令,或单击快捷工具栏上的"打印图形"按钮.

执行该命令后,系统弹出如图 2-23-16 所示的"打印"对话框.

图 2－23－15 "打印设置"对话框

图 2－23－16 "打印"对话框

（3）工作.

①设置工作参数及工作状态有如下两种方法：单击"工作"菜单，选择"设置参数"命令，或单击快捷工具栏上的"设置参数"按钮.

执行该命令后，系统将弹出如图 2－23－17 所示的"设置参数"对话框.

可根据需求自行设置"采集时间"（输入一个介于 1 至 10 的数）."待测光源放大倍数"下拉列表框中，有×1 倍、×2 倍、×4 倍、×8 倍、×16 倍五挡可供选择，可根据待测光源的强弱选择合适的放大倍数."保存数据的通道"下拉列表框中，可选择将数据存储到哪个寄存器中，若选择的寄存器中已存有数据，那么当单击"确定"按钮后，系统会弹出如图 2－23－18 所示的"提示"对话框.

图 2－23－17 "设置参数"对话框

图 2－23－18 "提示"对话框

如果选择"是"按钮，系统将清除寄存器中原有的数据，重新存入此次采集的数据；选择"否"按钮，系统将放弃采集重新回到图 2－23－17 所示的对话框，再次选择新的"保存数据的通道"."显示方式"区中，可以根据自己的需要选择软件工作区内显示的曲线.

②开始采集数据点有如下两种方法：单击"工作"菜单，选择"开始采集"命令，或单击快捷工具栏上的"开始采集"按钮.

执行该命令后，系统将按照预先设定的参数进行数据采集，并分别在工作区的不同区域画出待测光源和参考光源的干涉图. 扫描过程中，工作界面左上角会出现数值显示框，显示当前位置信息.

③停止采集有如下两种方法：单击"工作"菜单，选择"停止采集"命令，或单击快捷工具栏上的"停止采集"按钮.

（4）数据读取.

① 读取数据有如下两种方法：单击"数据处理"菜单，选择"读取数据"命令，或单击快捷工具栏上的"读取数据"按钮.

执行该命令后，光标自动移动到工作区中心，当单击工作区任意点时，数据框将显示该点的相应信息；当右击工作区任意点时，退出读取数据.

② 自动寻峰：单击"数据处理"菜单，选择"自动寻峰"命令.

执行该命令后，系统将弹出如图2-23-19所示的"搜寻峰或谷"对话框.

在"通道"下拉列表框中选择要进行寻峰的寄存器号，然后在"模式"区中勾选"曲线寻峰"；"光源"区内可以输入相应的寻峰参数，也可以接受系统默认值，单击"搜寻"按钮，系统将按照输入的参数将各峰值的信息列出来，如图2-23-20所示.

图2-23-19 "搜寻峰或谷"对话框

图2-23-20 寻峰列表

③ 放大图形有如下两种方法：单击"数据处理"菜单，选择"放大图形"命令，或单击快捷工具栏上的"放大图形"按钮.

执行该命令后，光标自动移动到工作区中心，其形状变为"＋"形，以"＋"为中心画出一个贯穿工作区的红色十字叉，该中心的信息显示在数据框中. 移动光标，红色十字叉随之移动. 单击确定扩展区域的一个顶点，移动鼠标，工作区中除显示红色十字叉外，还有一个示意扩展区域的矩形，此时单击可确定扩展区域的另一个顶点. 系统把所选择的区域扩展显示.

④ 还原图形有如下两种方法：单击"数据处理"菜单，选择"还原图形"命令，或单击快捷工具栏上的"还原图形"按钮.

执行该命令后，取消本次实验的所有扩展操作，以所有显示寄存器的区域的并集为起始点、终止点进行显示.

⑤ 对数据进行傅里叶变换有如下两种方法：单击"数据处理"菜单，选择"傅氏变换"命令，或单击快捷工具栏上的"傅氏变换"按钮.

该命令是对所选寄存器内的数据进行傅里叶变换，执行该命令后，系统将弹出如图2-23-21所示的"请输入"对话框，询问用户要将哪个寄存器内的数据进行傅里叶变换.

输入相应的寄存器号后，单击"确定"按钮，系统将执行下一步操作. 这时将弹出"选择切趾函数"对话框（见图2-23-22），选择合适的切趾函数，单击"确定"按钮，系统就根据前面的选项对数据进行傅里叶变换，并将计算后的结果显示在软件的工作区内.

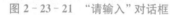

图 2-23-21 "请输入"对话框　　　　图 2-23-22 "选择切趾函数"对话框

⑥ 选择变换有如下两种方法：单击"数据处理"菜单，选择"选择变换"命令，或单击快捷工具栏上的"选择变换"按钮.

该命令是从当前全部数据中截取部分数据进行傅里叶变换.

⑦ 切换图形有如下两种方法：单击"数据处理"菜单，选择"切换图形"命令，或单击快捷工具栏上的"切换图形"按钮.

该命令是切换工作区内显示的数据. 若当前显示的数据为干涉图数据，执行该命令后，将会把干涉图数据切换为进行了傅里叶变换后的光谱图数据；反之，将会把光谱图数据切换为干涉图数据.

⑧ 切换坐标有如下两种方法：单击"数据处理"菜单，选择"切换坐标"命令，或单击快捷工具栏上的"切换坐标"按钮.

当干涉图经过傅里叶变换后将得到两种坐标显示的光谱图，一种是以波数为横坐标的光谱图，另一种是以波长为横坐标的光谱图. 执行该命令，则可在两种横坐标显示之间切换.

⑨ 清除所有通道：单击"数据处理"菜单，选择"清除所有通道"命令。

执行该命令，将弹出如图 2-23-23 所示的"提示"提示框，单击"是"按钮，删除所有寄存器内的数据.

⑩ 清除所选通道：单击"数据处理"菜单，选择"清除所选通道"命令.

执行该命令，将弹出如图 2-23-24 所示的"清除所选通道的数据"对话框，在"通道"区中选定要清除的寄存器后，单击"确定"按钮，系统将自动清除数据，并刷新工作区内的视图.

图 2-23-23 "提示"对话框　　　图 2-23-24 "清除所选通道的数据"对话框

⑪ 退出当前控制处理系统有如下两种方法：单击"文件"菜单，选择"退出"命令，或单击快捷工具栏上的"退出程序"按钮.

执行该命令，系统将退出当前控制处理系统.

【实验原理】

傅里叶变换过程实际上就是调制与解调的过程,通过调制将待测光的高频率调制成可以掌控、接收的频率,然后将已调制的信号送到解调器中进行分解,得出待测光中的频率成分及各频率对应的强度值.这样就得到了待测光的光谱图.调制方程和解调方程分别为

$$I(x) = \int_{-\infty}^{+\infty} I(\sigma)\cos 2\pi\sigma x \,\mathrm{d}\sigma, \quad I(\sigma) = \int_{-\infty}^{+\infty} I(x)\cos 2\pi\sigma x \,\mathrm{d}x.$$

1. 调制过程

这一步由迈克耳孙干涉仪实现,一单色光进入干涉仪后,它将被分成两束相干光后进行干涉,干涉后的光强为 $I(x) = I_0\cos 2\pi\sigma x$,式中 x 为光程差,它随活动反射镜的移动而变化,σ 为单色光的波数.如果待测光为连续光谱,那么干涉后的光强为 $I(x) = \int_{-\infty}^{+\infty} I(\sigma)\cos 2\pi\sigma x \,\mathrm{d}\sigma.$

2. 解调过程

把从接收器上采集到的数据送入计算机中进行数据处理,这一步就是解调过程.使用的方程就是解调方程,这个方程也是傅里叶变换光学中干涉图-光谱图关系的基本方程.对于给定的波数 σ,如果已知待测光干涉后的光强与光程差的关系式 $I(x)$,就可以用解调方程计算此波数处的光谱强度 $I(\sigma)$.为了获得整个工作波数范围的光谱图,只需对工作波数范围内的每一个波数反复按解调方程进行傅里叶变换就行了.

【实验内容】

1. 打开实验装置和待测光源(实验钠灯)的电源,预热 15 min.

2. 单击"开始"菜单,执行"程序"中的"傅里叶变换光谱实验装置".进入系统后,首先弹出如图 2-23-3 所示的软件启动界面,单击或按键盘上的任意键,系统将进入工作界面,同时弹出如图 2-23-4 所示的"初始化"对话框,显示仪器正在初始化.初始化结束后,对话框消失,工作界面上的状态栏显示"就绪",这时系统进入正式工作状态.

3. 单击"工作"菜单,选择"设置参数"命令,或单击快捷工具栏上的"设置参数"按钮,进行采集前的参数设置工作,系统将弹出"设置参数"对话框,如图 2-23-17 所示.

在"采集时间"栏中,设置此次实验的采集时间.采集时间直接影响最终傅里叶变换得到的光谱图的分辨率,设定的采集时间越长,得到的光谱图的分辨率越高.这里,钠光灯的钠双线波长分别为 589.0 nm 和 589.6 nm,由于两条谱线之间的距离只有 0.6 nm,要求变换出的光谱图具有优于 0.6 nm 的分辨率,则在采集时间设置上就要大于 6 min.对于谱线分布情况未知的待测光源可以设定较长的采集时间.

在"待测光源放大倍数"一栏中,预先设定了放大倍数挡,分别为 $\times 1$ 倍、$\times 2$ 倍、$\times 4$ 倍、$\times 8$ 倍、$\times 16$ 倍五挡,可以根据待测光源的强弱选择合适的放大倍数.另外还可以和实验装置上的光阑配合使用.例如,对于辐射能量较强的光源,如果选择最小的放大倍数,采集出的干涉图的能量仍然太大而溢出的话,那么就应该将实验装置的光阑直径减小一些.

"设置参数"对话框中的其他设置,可以根据实验需要自行设置.参数设置完毕后,单击"确定"按钮.

4.单击快捷工具栏上的"开始采集"按钮,系统将执行采集命令,并将采集到的数据在工作区中绘制成干涉图.

5.在采集数据工作完成后,系统自动将扫描机构恢复到"零光程差点"位置.在系统执行上述操作过程中,可以进行下一步的操作.

6.单击快捷工具栏上的"傅氏变换"按钮,将采集到的干涉图数据进行变换,系统将弹出对话框询问要将哪一个寄存器内的数据进行傅里叶变换.如果在工作界面中已经有几组干涉图的话,那么选择想要进行傅里叶变换的干涉图,单击"确定"按钮.这时系统将会询问想要采用哪种切趾函数进行切趾,系统默认的切趾函数为"三角窗函数".单击"确定"按钮后,将得到进行了傅里叶变换后的光谱图.

7.在扫描机构恢复到"零光程差点"位置之前,快捷工具栏上的"开始采集""设置参数"和"退出程序"三个按钮呈灰度显示.等待扫描机构恢复以后,才可以进行下一次扫描.

8.完成上述操作后,这次实验就结束了,可以选择继续进行下一次扫描或者退出程序,在退出程序之前,可将未保存的有用数据进行存储.

9.将待测光源换为低压汞灯,测绘低压汞灯的干涉图并获得它的光谱图.

【注意事项】

在采集工作完成后,系统自动将扫描机构恢复到"零光程差点"位置,在此过程中不要强行退出软件或断电.

【思考题】

影响傅里叶变换光谱实验装置精度的因素有哪些?

第三节　一般应用实验

实验二十四　椭圆偏振光测薄膜厚度

【实验目的】

1.掌握椭圆偏振光测薄膜厚度的原理及方法.
2.了解偏振光在实验物理中的应用.

【实验仪器】

椭圆偏振光测厚仪,薄膜样品,直流放大器及激光器电源等.

椭圆偏振光测厚仪的结构如图 2-24-1 所示.仪器分为光源、接收器、主机三大部分.

① 光源.光源采用激光波长为 632.8 nm 的氦氖激光器,其特点为光强大、光谱纯、相干性好.

② 接收器.接收器采用硅光电池,把光信号变为电信号,经直流放大器输出至指示表显示.

③ 主机. 主机部分包括起偏器、$\frac{1}{4}$ 波片、入射管、样品台、反射管和检偏器.

1—氦氖激光器；2—起偏器；3—$\frac{1}{4}$ 波片；4—入射管；

5—样品台；6—反射管；7—检偏器；8—硅光电池

图 2 - 24 - 1 椭圆偏振光测厚仪

【实验原理】

1. 理论依据

一束自然光经起偏器变成线偏振光，再经 $\frac{1}{4}$ 波片，使它变成椭圆偏振光入射在待测的薄膜表面上时，反射光的偏振状态将发生变化，通过检测这种变化，便可以推算出待测薄膜的某些光学参数.

2. 测厚原理

在本实验中，接通激光器电源和硅光电池电源，在样品台上放好待测样品，将手轮转至"目视"位置，从观测窗观察光束，调整样品台高度调节钮，使观测窗中的光点最亮最圆. 调整好样品台后，转动起偏器、检偏器手轮，目测光强变化，当光强最小时，将观测窗盖严；然后将转镜手轮转到光电接收位置，观察放大器指示表，反复转动起偏器、检偏器手轮使放大器指示表的示值最小（对应消光），从起偏器刻度盘及游标盘上读出起偏器方位角 P，从检偏器刻度盘及游标盘上读出检偏器方位角 A. 按上面的方法再测出另一组消光位置的方位角读数.

将两组 (P, A) 换算，求平均值，方法如下：区分 (P_1, A_1) 和 (P_2, A_2)，当 $0 \leqslant A \leqslant 90°$ 时，为 A_1，对应 A_1 的为 P_1，另一组为 (P_2, A_2). 根据下式把 (P_2, A_2) 换算成 (P_2', A_2')：

$$A_2' = 180° - A_2,$$

$$P_2' = \begin{cases} P_2 + 90° & (0 \leqslant P_2 \leqslant 90°), \\ P_2 - 90° & (90° < P_2 \leqslant 180°). \end{cases}$$

对 (P_1, A_1) 与 (P_2', A_2') 求平均值，即

$$\overline{P} = \frac{P_1 + P_2'}{2}, \quad \overline{A} = \frac{A_1 + A_2'}{2}.$$

使用 (P, A) -(d, n) 关系表或关系图，由 $\overline{P}$ 和 $\overline{A}$ 求出薄膜厚度 d 和折射率 n.

目前使用 (Δ, φ) -(n, d) 列线图的方法求 d, n 的也比较多，其中 (Δ, φ) 与 (P, A) 有如下关系：

$$\Delta = \begin{cases} 270° - 2P & (0 \leqslant P \leqslant 135°), \\ 630° - 2P & (P > 135°), \end{cases} \qquad \varphi = A.$$

将 $(\overline{P}, \overline{A})$ 通过上式转化为 (Δ, φ),再应用 (Δ, φ)-(n, d) 列线图,由 Δ 和 φ 求出薄膜厚度 d 和折射率 n.

3. 计算软件使用方法

(1) 在参数设置栏中将已存在的各项的默认值调整为当前测试样品及所用参数的正确值.

(2) 根据两次测得的结果,计算 Δ 和 φ,填入表中相应位置,并设置起偏角与检偏角的偏差值范围在 $1.0 \sim 2.0$ 之间,按"查表"键,即可在表格中显示出与薄膜厚度偏差在 ε(ε 为厚度的均方差)范围内的厚度值表,选取厚度值表内 ε 最小值对应的厚度值 d 作为测得的薄膜厚度.

【实验内容】

1. 熟悉实验仪器的结构.

2. 仪器的校正(在老师的指导下进行). 由于长期使用中的振动可能造成仪器上的各部分位置关系稍有变动,为保证仪器测量精度需重新调整,步骤如下:

(1) 将入射管、反射管放到水平位置,使游标盘零点对准刻度尺 90° 位置,看光束是否通过光阑中心,若不通过中心,可调节激光管上的 6 个调节螺钉,使光束射在观测窗中且光点最圆最亮为止.

(2) 取下 $\frac{1}{4}$ 波片(注意方向),将入射管和反射管放回 70° 位置. 在样品台上放反向镜,调整样品台使激光束通过反射镜光阑,旋转起偏器使其角度为 0,旋转检偏器使其角度为 90°,看是否消光,若消光,可装 $\frac{1}{4}$ 波片;若不消光,可单独旋转起偏器或检偏器,使光强信号达到最小,记下此时起偏器及检偏器的零点误差. 在今后的测试中,得到值要减去此误差.

(3) 再将入射管、反射管放到水平位置,装好 $\frac{1}{4}$ 波片(注意尽量符合拆下时的方向),然后将起偏器刻度盘转到 45°,检偏器刻度盘转至 135° 看是否消光,若不消光,转动 $\frac{1}{4}$ 波片,使光强信号最小,然后紧固波片座.

3. 按照实验原理的测量方法进行数据的获取,然后在计算机上用专业软件进行数据处理.

【注意事项】

1. 不允许用强激光或其他光源照射硅光电池,必须先用目视法充分消光后,才能进行测量.

2. 由于样品表面的反射,在光屏上有时会出现两个光点,在调节起偏器和检偏器的过程中,有明暗变化的为主光点,副光点可以不管.

3. 更换激光管时,可将管座全部旋下,再将后盖旋下,去掉电源接线,将激光管从散热罩内取出,安装时也按上述步骤. 注意激光输出方向,最后调节各调节螺钉,在入射管和反射管均为 90° 时,激光束应在所有光阑中心通过,而且在观测窗中光点最亮最圆. 特别注意,激光管正负极不能接错.

4. $\frac{1}{4}$ 波片一般情况下不允许转动,以免造成测量误差.

5.仪器在使用前应该用已知片(已知厚度和折射率的镀膜片)进行检查防止差错.

6.仪器应放在光线较暗、湿度低的室内使用.

【思考题】

1.为什么可以用椭圆偏振光来测薄膜厚度?

2.对起偏器方位角 P 和检偏器方位角 A 计算平均值的依据是什么?

实验二十五　　偏振光实验

光是电磁波,可用两个相互垂直的振动矢量 —— 电矢量 E 和磁矢量 H 表征.因物质与电矢量的作用大于与磁矢量的作用,习惯上称电矢量 E 为光矢量,代表光振动.光在传播过程中遇到介质发生反射、折射、双折射时,本来的光振动状态就会发生变化,发生各种偏振现象.

【实验目的】

1.了解几种偏振光产生和检测的方法.

2.理解布儒斯特(Brewster)角和马吕斯定律.

【实验仪器】

氦氖激光器(带布儒斯特窗),格兰(Glan)棱镜,电动旋转架,波片,支架和光电探测器等.
实验仪器如图 2-25-1 所示,仪器连线示意如图 2-25-2 所示.

图 2-25-1　实验仪器

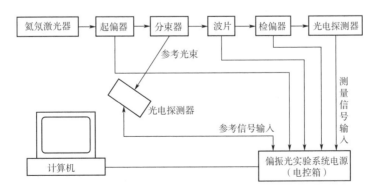

图 2-25-2　实验仪器连线示意图

【实验原理】

1. 偏振光的产生和检测

光是电磁波,电磁波是横波,光矢量 E 和磁矢量 H 都与波的传播方向垂直,并组成右手螺旋关系. 对横波而言,当传播方向确定以后,并不能唯一确定其振动方向. 因为在垂直于光的传播方向的平面内,光矢量可能有不同的振动方向,就会有不同的振动状态. 通常把光矢量振动保持在特定方向上的状态称为偏振态. 因此,在垂直于光的传播方向的平面内光矢量的各种振动状态使光具有多种偏振态. 在垂直于光的传播方向考察,光矢量只沿一个固定方向振动的光称为线偏振光,由于线偏振光的振动面是唯一确定的,光的光矢量就只在自己的振动面内振动,故又称为平面偏振光.

普通光源是大量的(数量级达 10^{22} 以上)、排列毫无规律的原子或分子在发光,各个原子或分子在同一时刻发出的光波列有各自的频率、初相位、波列长度,彼此不相关,因而光波列的振动方向和传播方向也是彼此互不相关而随机分布的. 在垂直于光的传播方向上,存在沿各个方向振动的光矢量,既有时间分布的均匀性,又有空间分布的均匀性,这种光就是自然光.

如果在垂直于光的传播方向上,光矢量的振动方向也是随机地迅速变化,沿各个方向振动的光矢量都有,但沿某一方向振动的光矢量占优势,则称这种光为部分偏振光;如果光矢量(或光的振动方向)以一定的频率绕光的传播方向(以光线为轴)旋转,当光矢量端点的运动轨迹为一个圆时,则称这种光为圆偏振光;当光矢量端点的运动轨迹为一椭圆时,则称这种光为椭圆偏振光. 圆偏振光和椭圆偏振光都有右旋和左旋之分,迎着光线看,光矢量沿顺时针方向旋转的称为右旋;光矢量沿逆时针方向旋转的称为左旋.

一般情况下,人的眼睛不能直接检测偏振光,但可用一个偏振器对偏振光进行检测,这个偏振器就称为检偏器.

2. 布儒斯特角

当光从折射率为 n_1 的介质(如空气)入射折射率为 n_2 的介质(如玻璃)的表面(见图 2-25-3),而入射角又满足

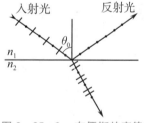

图 2-25-3 布儒斯特定律

$$\theta_B = \arctan \frac{n_2}{n_1} \qquad (2-25-1)$$

时,反射光为线偏振光,其振动面垂直于入射面. 式(2-25-1)称为布儒斯特定律,θ_B 称为布儒斯特角. 显然,θ_B 的大小因相关物质折射率的大小而异. 若 n_1 表示的是空气的折射率(数值近似等于1),式(2-25-1)可写为

$$\theta_B = \arctan n_2. \qquad (2-25-2)$$

3. 马吕斯定律

若入射在偏振片 P 上的线偏振光的振幅为 E,则只有与偏振片偏振化方向平行的成分 $E_{//}$ 可以通过,透过 P 的 $E_{//}$ 的振幅为 $E\cos\theta$,式中 θ 为光振动方向与 P 偏振化方向之间的夹角(见图 2-25-4). 由于光强与振幅的平方成正比,可知透射光强 I 随 θ 而变化的关系为

$$I = I_0\cos^2\theta, \qquad (2-25-3)$$

式中 I_0 为入射光强. 这就是马吕斯定律.

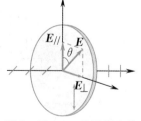

图 2-25-4 马吕斯定律

4. 波片

当光通过各向异性的介质时,折射光分成两束的现象称为光的双折射.其中一束光遵循折射定律,称为寻常光,又称为 o 光,o 光沿各个方向的传播速度相同;另一束光不遵循折射定律,称为非寻常光,又称为 e 光,e 光的传播速度会随传播方向而变化.存在一个方向,o 光和 e 光的传播速度相等,这个方向被定义为晶体的光轴.在垂直于光轴的方向上,o 光和 e 光的传播速度差值达到最大.如果用两个平行于光轴、相距为 d 的平行平面截取晶体的一部分构成一块晶片,当光垂直入射该晶片并且通过晶片后,o 光和 e 光由于传播速度不同,就产生了光程差.当晶片的厚度使得这个光程差等于波长的 $\dfrac{1}{4}$ 时,这样的晶片称为 $\dfrac{1}{4}$ 波片;当光程差等于波长的 $\dfrac{1}{2}$ 时,这样的晶片称为半波片.当线偏振光垂直入射波片时,在同样的传播方向上 o 光和 e 光的振动面是互相垂直的,如图 $2-25-5$ 所示.

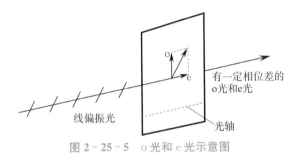

图 $2-25-5$　o 光和 e 光示意图

5. 椭圆偏振光和圆偏振光

如果沿平行于波片光轴的方向确立 x 轴,垂直于波片光轴的方向确立 y 轴,图 $2-25-5$ 中出射的 e 光和 o 光可分别用两个简谐振动方程来表示:

$$x = A_e \sin \omega t, \quad y = A_o \sin(\omega t + \varphi),$$

式中 A_e,A_o 分别为 e 光和 o 光的振幅;φ 为 o 光的初相位.o 光和 e 光的合振动方程可写成

$$\frac{x^2}{A_e^2} + \frac{y^2}{A_o^2} - \frac{2xy}{A_e A_o} \cos \varphi = \sin^2 \varphi. \tag{2-25-4}$$

一般说来,式($2-25-4$)是一个椭圆方程,代表椭圆偏振光.但是当

$$\varphi = 2k\pi \quad (k = 1, 2, \cdots)$$

或

$$\varphi = (2k+1)\pi \quad (k = 0, 1, 2, \cdots)$$

时,合振动变成振动方向不同的线偏振光.后一种情况下,晶片厚度为

$$d = \frac{(2k+1)}{n_o - n_e} \frac{\lambda}{2} \quad (k = 0, 1, 2, \cdots). \tag{2-25-5}$$

此时可使 o 光和 e 光产生 $(2k+1)\dfrac{\lambda}{2}(k = 0, 1, 2, \cdots)$ 的光程差,这样的晶片称为半波片,而当

$$\varphi = (2k+1)\frac{\pi}{2} \quad (k = 1, 2, \cdots)$$

时,合振动方程化为正椭圆方程

$$\frac{x^2}{A_e^2} + \frac{y^2}{A_o^2} = 1. \tag{2-25-6}$$

这时晶片厚度为

$$d = \frac{(2k+1)}{n_o - n_e} \frac{\lambda}{4},$$

这样的晶片称为 $\frac{1}{4}$ 波片.它能使线偏振光改变偏振态,变成椭圆偏振光.而当入射光的振动面与波片光轴的夹角为 $\theta = 45°$ 时,$A_e = A_o$,合振动方程可写成

$$x^2 + y^2 = A^2, \tag{2-25-7}$$

即获得圆偏振光.

【实验内容】

1.熟悉实验仪器.

2.验证布儒斯特定律.氦氖激光器因光学共振腔内的布儒斯特窗起偏振,振动方向平行于入射面的光不发生菲涅耳反射,通过布儒斯特窗口;振动方向垂直于入射面的光绝大部分发生菲涅耳反射,极少通过布儒斯特窗口,所以这种激光器输出的是振动方向平行于入射面的线偏振光.可用格兰棱镜作为检偏器予以验证.

3.验证马吕斯定律.线偏振光照射在检偏器上,绘出通过检偏器之后的透射光强与 $\cos^2\theta$ 的关系曲线,通过该曲线验证马吕斯定律.

4.研究半波片的作用.在由布儒斯特窗和格兰棱镜组成的起偏器 D 和检偏器 A 之间加入半波片 H,并使半波片绕水平轴转动 $360°$,观察屏幕上发生消光现象的次数;然后使起偏器与检偏器的偏振化方向正交,将半波片转到消光位置.从此位置开始转动 H,当 H 转动 $15°,30°,$ $45°,60°,75°,90°$ 时,都将 A 转到消光位置并记录 A 转动的角度,根据实验数据分析半波片的作用.

5.研究 $\frac{1}{4}$ 波片的作用.先使通过起偏器 D 的线偏振光的振动面与检偏器 A 的偏振化方向

正交(这时通过 A 的光强最小),然后在两个偏振器之间加入 $\frac{1}{4}$ 波片 Q,并转动 Q,直到通过 A 的光强最小.从此位置开始转动 Q,当 Q 转动 $15°,30°,45°,60°,75°,90°$ 时,都将 A 转动 $360°$,从显示情况分析光通过 $\frac{1}{4}$ 波片后的偏振态.

【思考题】

1.怎样检测部分偏振光和椭圆偏振光?
2.做好这个实验应该注意些什么?

实验二十六 太阳能电池基本特性的测定

太阳能电池基本特性的测定

由于煤、石油、天然气等主要能源的大量消耗,能源危机已成为全球性问题.为了经济的持

续发展及环境保护,人们正在开发其他能源,如水能、风能及太阳能等,其中太阳能电池的开发和利用大有发展前景.太阳能的利用和太阳能电池的特性研究是21世纪新型能源开发的重点课题.目前硅太阳能电池应用领域除人造卫星和宇宙飞船外,已应用于许多民用领域,如太阳能汽车、太阳能游艇、太阳能收音机、太阳能计算机、太阳能乡村电站等.太阳能是一种清洁的、绿色的能源,因此世界上各国都十分重视对太阳能电池的研究和利用.

【实验目的】

1. 提高对太阳能电池的特性的认识,研究太阳能电池的基本光电特性.
2. 学会电学与光学的一些重要实验方法及数据处理方法.

【实验仪器】

光具座,滑块座,太阳能电池,数字电压表,电阻箱,数字多用表,直流电源,白炽灯,光功率计,遮板及遮光罩等.

实验装置如图 2-26-1 所示.

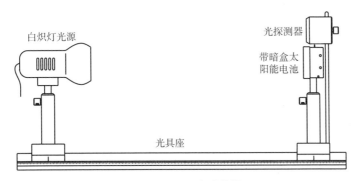

图 2-26-1　实验装置

【实验原理】

在没有光照时,太阳能电池可视为一个二极管,其正向偏压 U 与通过的电流 I 的关系式为

$$I = I_0(e^{\beta U} - 1),\qquad\qquad (2-26-1)$$

式中 I_0 为二极管的反向饱和电压,β 是常量.

由半导体理论可知,二极管主要是由能隙为 $E_C - E_V$ 的半导体构成,如图2-26-2所示,其中 E_C 为半导体导带的能量,E_V 为半导体价带的能量.当入射光子的能量大于能隙时,光子会被半导体吸收,产生电子空穴对.电子空穴对受到二极管内电场的影响而产生光电流.

假设太阳能电池的理论模型由一个理想电流源(光照产生光电流的电流源),一个理想二极管,一个并联电阻 R_{sh} 与一个电阻 R_s 所组成,如图 2-26-3 所示.

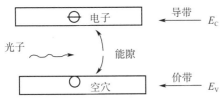

图 2-26-2　太阳能电池工作原理图

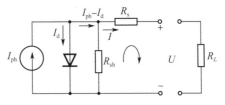

图 2-26-3　太阳能电池的理论模型

在图 2-26-3 中,I_{ph} 为太阳能电池在光照时等效电流源的输出电流,I_d 为光照时通过太阳能电池内部二极管的电流. 由基尔霍夫定律可得

$$IR_s + U - (I_{ph} - I_d - I)R_{sh} = 0, \qquad (2-26-2)$$

式中 I 为太阳能电池的输出电流,U 为输出电压. 由式(2-26-2)可得

$$I\left(1 + \frac{R_s}{R_{sh}}\right) = I_{ph} - \frac{U}{R_{sh}} - I_d. \qquad (2-26-3)$$

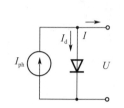

图 2-26-4 太阳能电池的理论模型简化图

假定 $R_{sh} = \infty$ 和 $R_s = 0$,太阳能电池可简化为如图 2-26-4 所示的电路. 此时,

$$I = I_{ph} - I_d = I_{ph} - I_0(e^{\beta U} - 1).$$

在短路时,$U = 0$,I_{ph} 为短路电流 I_{SC};而在开路时,$I = 0$,$I_{SC} - I_0(e^{\beta U_{OC}} - 1) = 0$,所以开路电压为

$$U_{OC} = \frac{1}{\beta}\ln\left(\frac{I_{SC}}{I_0} + 1\right). \qquad (2-26-4)$$

式(2-26-4)即为在 $R_{sh} = \infty$ 和 $R_s = 0$ 的情况下,太阳能电池的开路电压 U_{OC} 和短路电流 I_{SC} 的关系式.

【实验内容】

1. 在没有光源(全黑)的条件下,测量太阳能电池正向偏压时的 I-U 关系数据(直流偏压为 $0 \sim 3.0$ V),画出 I-U 曲线并求得常量 β 和 I_0 的值.

2. 在不加偏压时,用白炽灯照射,测量太阳能电池的特性(注意此时光源到太阳能电池的距离为 20 cm):

(1) 画出测量电路图.

(2) 测量太阳能电池在不同负载电阻下的 I-U 关系数据,画出 I-U 曲线.

(3) 求短路电流 I_{SC} 和开路电压 U_{OC}.

(4) 求太阳能电池的最大输出功率 P_m 及最大输出功率时的负载电阻.

(5) 计算填充因子 $FF = \dfrac{P_m}{I_{SC}U_{OC}}$.

3. 测量太阳能电池的光照效应与光电性质. 在暗箱中(用遮光罩挡光),取离光源为 20 cm 处的光强作为标准光强,用光功率计测量该处的光强 J_0. 改变太阳能电池到光源的距离 x,用光功率计测量 x 处的光强 J,求光强 J 与距离 x 的关系. 测量太阳能电池接收到的相对光强 $\dfrac{J}{J_0}$ 为不同值时,相应的 I_{SC} 和 U_{OC} 的值.

(1) 画出 I_{SC}-$\dfrac{J}{J_0}$ 曲线,求 I_{SC} 与相对光强 $\dfrac{J}{J_0}$ 的近似函数关系.

(2) 画出 U_{OC}-$\dfrac{J}{J_0}$ 曲线,求 U_{OC} 与相对光强 $\dfrac{J}{J_0}$ 的近似函数关系.

【思考题】

1. 太阳能电池工作的本质是什么?

2.如果没有遮光罩,这个实验能否进行,为什么?

3.如果要有持续电流,对实验仪器应进行怎样的改进?

实验二十七　　大气物理探测

大气物理探测系统是为高等院校近代物理和电子通信工程教学实验配置的教学设备,其主要功能是接收气象卫星对地球大气进行遥感探测所取得的高分辨率云图资料.

【实验目的】

1.了解大气遥感探测的意义和内容.

2.了解大气遥感探测的特点.

3.掌握气象卫星通信的结构与工作原理.

4.了解卫星云图接收的特点.

【实验仪器】

1.2 m 抛物面天线,馈源,微波低噪声放大器,接收机,同轴电缆,测试线,Q9 三通,VP - 4045A 频率计,V - 422 示波器,DA36 超高频毫伏表,计算机等.

系统方框图如图 2 - 27 - 1 所示.

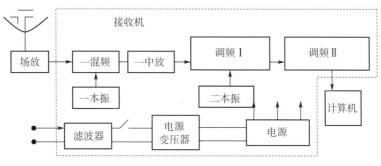

图 2 - 27 - 1　　系统方框图

【实验原理】

气象卫星在几百千米,甚至几万千米的太空对地球大气系统进行观测,利用的是一种以遥感为主的技术.遥感是指无接触的、远距离的探测技术.遥感通过探测器接收来自待测物体发射或反射的电磁辐射信息,并对信息进行提取、加工处理、分析与应用.收集电磁辐射信息的装置称为传感器.装载传感器的设备,如卫星、飞机、火箭等称为运载工具.接收运载工具发射的电磁辐射信号的设备,如天线、接收机等称为接收设备.遥感探测技术体系由包括地面控制、接收在内的卫星观测体系和数据处理系统,以及资料分析应用等部分组成.

遥感探测技术的研究主要包括以下三个重要部分:

(1)遥感信息获取手段的研究,主要是研究在各个电磁波工作波段的各类传感器的特性.

(2)各类物体的辐射波特性,以及对这种信息传输规律的研究.

（3）遥感信息的接收、处理及分析判断技术的研究.

GMS静止气象卫星就采用了遥感探测技术.GMS静止气象卫星的任务包括：① 利用可见光和红外自旋扫描辐射计摄取昼夜云图；② 收集船舶、气球、浮标站及自动无人气象站等各种资料收集平台收集的资料并传送给气象部门；③ 对原始云图资料进行处理，提取传真云图、风场、云顶温度、云顶高度、洋面温度和云量等定量资料；④ 对空间环境进行检测；⑤ 转发处理好的传真云图，供卫星观测范围内的各国用户接收使用.

DH3932型大气物理探测系统就是用于接收GMS静止气象卫星播发的LR-FAX云图信号的接收设备.

【实验内容】

1.计算天线的方位角、仰角.方位角的计算公式为

$$A = 180° + \arctan \frac{\tan(x - z)}{\sin y},$$

仰角的计算公式为

$$H = \arctan \frac{\cos y\cos(x - z) - \dfrac{R}{h}}{\sqrt{1 - \cos^2 y\cos^2(x - z)}},$$

式中 x 和 y 分别为天线位置的经度和纬度，z 为卫星位置的经度，R 为地球的半径，h 为卫星的轨道半径.

2.安装接收系统.

（1）将 1.2 m 抛物面天线和接收机连接.

（2）将接收机和计算机连接.

3.用卫星信号对接收系统进行调整.

（1）调整 1.2 m 抛物面天线的方位角和仰角.

（2）调整天线的极化方向.

（3）实时接收.

4.接收机的测量（见图 2-27-2）.

（1）用 VP-4045A 频率计测量"中频输出"频率.

（2）用 V-422 示波器测量波形同步检波得到的云图信号.

（3）用 DA36 超高频毫伏表测量中频电压.

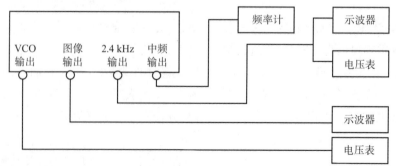

图 2-27-2　接收机测量方框图

5.图像处理.利用"大气物理探测系统"软件和硬件组成的系统进行图像处理.

【思考题】

讨论应用遥感探测技术进行大气物理探测的优缺点.

实验二十八　　多媒体光纤传输

光通信是人类最早应用的通信方式之一.从烽火台到信号灯、旗语等通信方式,都是光通信的范畴.但由于受到视距、大气衰减、地形阻挡等诸多因素的限制,光通信的发展非常缓慢.直到1960年,美国科学家梅曼(Maiman)发明了世界上第一台激光器,激光器为光通信提供了良好的光源.随后二十多年,人们对光传输介质进行了大量研究,终于制成了低损耗光纤,奠定了光通信的基石.从此,光通信进入了飞速发展阶段.

【实验目的】

1.熟悉光纤数字通信的原理.
2.熟悉光纤的接口方式.
3.了解语音编、解码原理.
4.了解多媒体数据的数字化过程.

【实验仪器】

图像传感器,麦克风,5 V直流电源,LCD显示器,喇叭,光纤,键盘,连接电缆等.

【实验原理】

光纤是由高度透明的二氧化硅经过严格的工艺制成的良好通信介质,它能够约束并导引光在其内或其表面附近沿其轴线方向向前传播.光纤通信是以光为载波,以光纤为传输介质的一种通信方式.光是由半导体激光器产生的,和一般的自然光不同,激光器产生的光是高纯度的单色光,其波长由半导体的特性决定.光纤对单色光的损耗随光波长的变化而变化,它有三个低损耗窗口,对应光的中心波长分别为850 nm、1 310 nm和1 550 nm,所以光纤通信中常用光的波长从这三个波长中选择,其中1 310 nm为零色散窗口,1 550 nm为最低损耗窗口.

本实验的设备可实现图像、声音、任意波形数据的光纤传输,其系统分为两个模块,一个是数据采集模块;另一个是数据回放模块.两个模块的数据交换通过光纤实现,其原理如图2-28-1所示.系统的所有控制功能,如静态图像拍摄、声音采样、图像显示、声音播放等通过键盘实现.

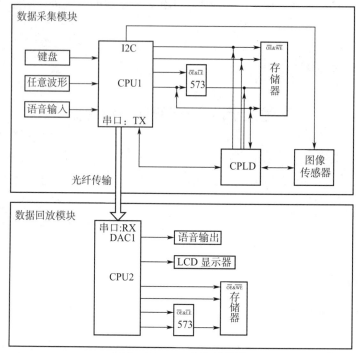

图 2-28-1　系统原理图

　　光纤根据模式的不同可分为多模光纤和单模光纤. 当发射光的波长大于截止波长时,光纤只能传输一个基模的光,这种只允许一种模式的光传输的光纤叫作单模光纤,它的芯径一般小于 10 μm;多模光纤是允许多于一个模式的光传输的光纤,模式的数目取决于芯径、数值孔径、折射率分布特性和波长.

　　光纤与电路的接口叫作光纤活动连接器,光纤活动连接器按纤芯插针、插孔数目的不同分为单芯活动连接器和多芯活动连接器;按结构分为 FC 型活动连接器、ST 型活动连接器、SC 型活动连接器和 SMA 型活动连接器;按光纤插孔端面形状分为 PC 型活动连接器和 APC 型活动连接器;按功能不同分为插头、插座和转接器三类.

　　ST 型活动连接器是一种卡口式的连接器,它采用带键的卡口式紧锁机构,确保每次连接均能准确对中. 插针直径为 2.5 mm,其材料可分为陶瓷或金属. 它可在现场安装,也可和光收发模块集成在一起形成光纤组件,光纤组件可连接和拆卸,重复性和互换性好、可靠性高.

　　SC 型活动连接器是一种推拉式的连接器,外壳为矩形,采用模塑工艺制成,适用于多芯光缆的高密度封装,其插入损耗很低,仅为 0.07 dB,寿命为 1 000 次. SC 型活动连接器的外形如图 2-28-2 所示.

　　FC 型活动连接器的插座由 C 型插孔和插座体组成. 它主要使用在光缆线路与传输设备间的连接,可以方便地进行光路的调度或线路的测试,具有很高的精度.FC 型活动连接器的外形如图 2-28-3 所示.

　　语音信号包含大量的冗余信息,为了解决通信系统的效率问题,语音信号在传输之前一般要经过压缩编码,送达目标地后要经过解码运算. 语音压缩编码技术有很多种,归纳起来大致可分为三类,即波形编码、参量编码和混合编码. 另外,根据编码速率的高低还可分为中速率和低速率两类.

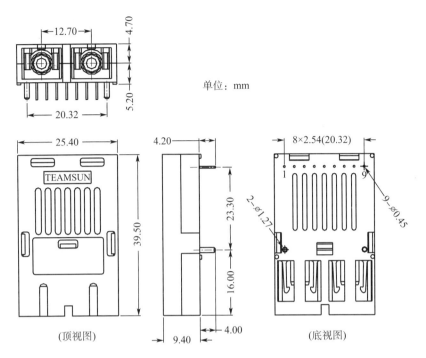

单位：mm

(顶视图)　(底视图)

图 2 - 28 - 2　SC 型活动连接器外形图

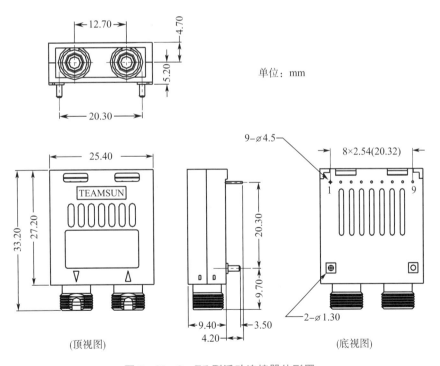

单位：mm

(顶视图)　(底视图)

图 2 - 28 - 3　FC 型活动连接器外形图

　　波形编码是将时间域信号直接变换为数字代码进行传输,也就是说这种编码是将语音信号作为一般的波形信号来处理,力图保持重建的语音信号波形与原语音信号波形一样.这种编码方式的特点是适应能力强、重建语音的质量高,如脉冲编码调制、增量调制、自适应差分脉冲编码调制、自适应预测编码、子带编码及自适应变换编码等均属于这一种. 但这种方式所需的编码速率较高,在 16 ~ 64 kbit/s 编码速率范围内能得到较高的语音重建质量,而当编码速率降低时,语音重建质量就会急剧下降.

参量编码又叫作声码化编码,是在信源信号频率域或其他正交域提取特征参量并将其变换为数字代码进行传输,在接收端数字代码恢复为特征参量,并根据特征参量重建语音信号的一种编码方式. 这种方式在提取语音特征参量时,往往会针对某种语音在幅度谱上生成接近原语音的模型,以使重建语音信号有尽可能高的可懂性,但重建语音的波形与原语音的波形仍有相当大的区别. 这种方式的特点是编码速率低(1.2~2.4 kbit/s 或更低),但只能达到合成语音(自然度、讲话者的可识别性都较差的语音) 的质量,即使编码速率提高到与波形编码相当,语音重建质量也不如波形编码. 利用参量编码实现语音通信的设备通常称为声码器,如通道声码器、共振峰声码器、同态声码器及广泛应用的线性预测声码器等都是典型的语音参量编码器.

目前,由参量编码与波形编码相结合的混合编码的编码器正得到人们的较大关注. 这种编码器既具备了声码器的特点,又具备了波形编码器的特点,同时还可利用感知加权最小均方误差的准则使编码器成为一个闭环优化的系统,从而在较低的编码速率上获得较高的语音质量,如多脉冲激励线性预测编码、规则脉冲激励线性预测编码和码激励线性预测编码都属于这一种,这种编码方式能在 4 ~ 16 kbit/s 编码速率内得到高质量的重建语音.

【实验内容】

1. 语音采集、光纤传输和回放.

(1) 在 LCD 显示器上的"实验内容" 主菜单中,选择"语音实验",确认后阅读 LCD 显示器上显示的提示信息.

(2) 按"确认"键开始语音采集和录音,实验者对着话筒说一段话,此时 LCD 显示器上的滚动条显示出录音时间.

(3) 滚动条结束后,LCD 显示器显示出"是否进行光纤传输"对话框,选择"是"选项则进行光纤传输,选择"否"选项则结束本次实验,且删除本次录音数据.

(4) 实验者选择"是"后,LCD 显示器显示光纤传输进程滚动条. 滚动条到终点后,LCD 显示器上显示"是否播放当前录音"对话框,选择"是" 选项则播放当前录音,选择"否"选项则结束本次实验,且删除本次录音数据.

(5) 实验者选择"是"后,系统播放当前录音. 播放完毕后,LCD 显示器显示"重放"和"结束"选项,选择"重放"则再次播放当前录音,选择"结束"则结束本次实验,且删除本次录音数据,LCD 显示器回到初始的"实验内容"主菜单.

2. 随机信号采集和显示.

(1) 实验者用示波器观察并调整信号发生器的输出波形,使其电压峰-峰值小于 5 V,频率小于 10 kHz.

(2) 在 LCD 显示器上的"实验内容" 主菜单中,选择"随机波形",确认后阅读 LCD 显示器上显示的提示信息.

(3) 按"确认"键开始采集随机信号,实验者可在 LCD 显示器上观察输入的随机信号波形,并与示波器对比.

（4）实验者按"退出"键结束本次实验，LCD 显示器回到初始的"实验内容"主菜单.

3.静态图像采集、光纤传输和显示.

（1）在 LCD 显示器上的"实验内容"主菜单中，选择"静态图像"，确认后阅读 LCD 显示器上显示的提示信息.

（2）按"确认"键拍摄一张静态图像，LCD 显示器显示图像处理滚动条.

（3）滚动条到终点后，LCD 显示器上显示"是否光纤传输当前图像"对话框，选择"是"选项则进行光纤传输，选择"否"选项则结束本次实验，且删除本次采集的图像数据.

（4）实验者选择"是"后，LCD 显示器显示光纤传输进程滚动条，滚动条到终点后，LCD 显示器上显示出本次采集的静态图像.

（5）实验者按任意键返回"实验内容"主菜单.

【注意事项】

随机信号的电压峰-峰值必须小于 5 V，频率必须小于 10 kHz.

【思考题】

光纤通信的方式有哪些？这些方式分别有哪些优缺点？

实验二十九   彩色编码摄影及彩色图像解码

光学信息处理技术是近几十年来发展起来的新的研究领域，在现代光学中占有重要位置.光学信息处理可完成对二维图像的识别、增强、恢复、传输、变换、频谱分析等.从物理光学的角度，光学信息处理技术是基于傅里叶变换和光学频谱分析的综合技术，它通过在空域对图像的调制或在频域对傅里叶频谱的调制，借助空间滤波技术对光学信息（图像）进行处理.

光学信息处理的理论基础是阿贝成像原理和著名的阿贝-波特（Porter）实验.

【实验目的】

1.了解图像的空间彩色编码、彩色图像解码的概念和技术.
2.掌握光学实验系统的光路调节.

【实验仪器】

135 彩色编码照相机，黑白胶片，闪光灯，冲卷药液及用具，白光光源，聚光镜，小孔滤波器，平面反射镜，准直镜，黑白编码片框架，傅里叶变换透镜，频谱滤波器，场镜，CCD 彩色摄像机，彩色显示器，白屏等.

【实验原理】

1.阿贝成像原理

阿贝成像原理指出，物体通过透镜成像的过程是物体发出的光经物镜，在物镜的焦平面上产生夫琅禾费衍射的光场分布，即得到第一次衍射图样（物体的傅里叶频谱）；然后该衍射图样作为新的波源,由它发出的光在像面上干涉而构成物体的像,称为第二次衍射图样,如图 2-29-1 所示.频谱面上的光场分布与物函数(物的结构)密切相关.不难证明,夫琅禾费衍射过程就是傅里叶变换过程,而成像透镜能完成傅里叶变换运算,也被称为傅里叶变换透镜.

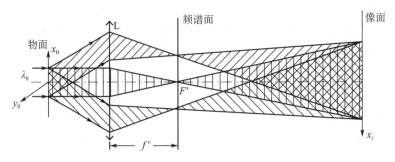

图 2-29-1　阿贝成像原理示意图

阿贝成像原理由阿贝-波特实验证明.实验中物面采用正交光栅(网格状物),在频谱面放置不同滤波器改变物的频谱结构,用单色平行光照射物面,则在像面上得到物的不同的像.实验结果表明,像直接依赖频谱,只要改变频谱的组分,便能改变像.这一实验过程即为光学信息处理的过程,如图 2-29-2 所示.

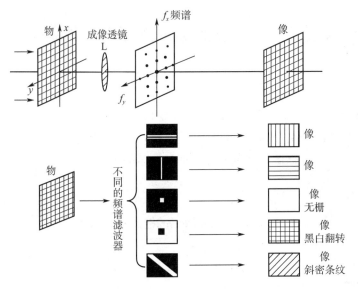

图 2-29-2　阿贝-波特实验

如果对物或频谱不进行任何调制(改变),物和像是一致的.若对物函数或频谱函数进行调制,如图 2-29-2 所示,在频谱面采用不同的频谱滤波器,即改变了频谱,则会使像发生改变而得到不同的输出像,实现光学信息处理的目的.

典型的光学信息处理系统为如图 2-29-3 所示的 $4f$ 傅里叶变换系统.光源 S 经扩束镜 L 产生平行光照射物面(输入面),经傅里叶变换透镜 L_1 变换,在 L_1 焦平面处产生物函数的傅里叶频谱,再通过傅里叶变换透镜 L_2 进行傅里叶逆变换,在像面上得到所成的像(像函数).

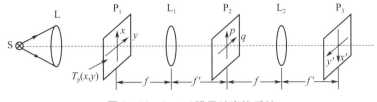

图 2 - 29 - 3　4f 傅里叶变换系统

彩色编码摄影和彩色图像解码实验,是根据南开大学现代光学研究所母国光等人的发明专利"用黑白感光片做彩色摄影技术"编排的. 实验基于傅里叶变换的原理,用三色光栅编码器对物函数的颜色进行调制(编码),记录彩色信息,再将编码的物函数通过 4f 光学信息处理系统的傅里叶变换和频谱面上的彩色滤波器得到物的彩色图像. 实验内容不但包含了现代光学中光信息的传递、变换、编码、解码、滤波、记录、恢复、显示、运算,而且涉及几何光学、物理光学、色度学及计算机图像处理等理论和技术.

2. 彩色编码

彩色编码是利用光栅对物函数做空间调制,即对物的不同颜色进行空间彩色编码. 让物的不同颜色在黑白底片上呈现不同方向的光栅条纹. 这一编码过程是由三色光栅编码器实现的,该编码器称为全光彩色调制器. 图 2 - 29 - 4 所示为三色光栅示意图,它是由三个不同取向的红黑、绿黑和蓝黑光栅叠加在一起构成的彩色网屏. 将它安装在照相机的片门处,当对彩色景物编码拍摄时,三色光栅与黑白底片紧密接触,通过三色光栅的彩色信息在黑白底片上被光栅编码,景物的红色部分在底片上有水平方向的条纹,绿色部分在底片上有垂直方向的条纹,蓝色部分在底片上有斜方向的条纹,其他

图 2 - 29 - 4　三色光栅示意图

颜色为某两个取向或三个取向的条纹叠加编码而成. 如图 2 - 29 - 5 所示为彩色编码示意图. 采用该三色光栅,一次拍摄即可完成全彩色编码,这一步称为彩色编码照相.

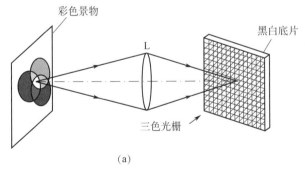

彩色景物

L

黑白底片

三色光栅

(a)

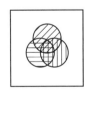

(b)

图 2 - 29 - 5　彩色编码示意图

三色光栅的数学表达式为

$$T_T(x,y) = k\left\{\left[\frac{1}{2} + \frac{1}{2}\mathrm{sgn}(\cos p_0 x)\right]_R + \left[\frac{1}{2} + \frac{1}{2}\mathrm{sgn}(\cos p_0 x')\right]_G + \left[\frac{1}{2} + \frac{1}{2}\mathrm{sgn}(\cos p_0 x'')\right]_B\right\},$$

式中 $\mathrm{sgn}(\cos p_0 x) \triangleq \begin{cases} 1 & (\cos p_0 x \geqslant 0), \\ -1 & (\cos p_0 x < 0); \end{cases}$ p_0 为三色光栅的空间抽样频率;x, x' 和 x'' 为红、

绿、蓝三种光栅的取向.

一幅在相机焦平面上的彩色图像可以写成

$$T(x,y) = [T_r(x,y)]_R + [T_g(x',y')]_G + [T_b(x'',y'')]_B.$$

于是,当相机使三色光栅 $T_T(x,y)$ 和彩色图像 $T(x,y)$ 均成像在黑白胶片上时,经过曝光和冲洗处理后,得到黑白编码片,其数学表达式为

$$T_p(x,y) = k'\left\{\begin{array}{l} T_r(x,y)\left[\dfrac{1}{2} + \dfrac{1}{2}\mathrm{sgn}(\cos p_0 x)\right]_R + T_g(x',y')\left[\dfrac{1}{2} + \dfrac{1}{2}\mathrm{sgn}(\cos p_0 x')\right]_G \\ + T_b(x'',y'')\left[\dfrac{1}{2} + \dfrac{1}{2}\mathrm{sgn}(\cos p_0 x'')\right]_B \end{array}\right\}^{\gamma}.$$

如果能控制 $\gamma = 2$,则得到黑白编码片的振幅透过率为

$$t_p(x,y) = k''\left\{\begin{array}{l} t_r(x,y)\left[\dfrac{1}{2} + \dfrac{1}{2}\mathrm{sgn}(\cos p_0 x)\right]_R + t_g(x',y')\left[\dfrac{1}{2} + \dfrac{1}{2}\mathrm{sgn}(\cos p_0 x')\right]_G \\ + t_b(x'',y'')\left[\dfrac{1}{2} + \dfrac{1}{2}\mathrm{sgn}(\cos p_0 x'')\right]_B \end{array}\right\}.$$

3. 光学法彩色解码

光学法彩色解码就是将黑白编码片置于如图 2-29-6 所示的 $4f$ 光学解码系统的输入面 P_1,则可通过该光学解码系统还原出原景物的彩色图像,其解码过程为自白光光源发出的光经准直透镜产生平行光,照射置于输入面上的黑白编码片,经傅里叶变换透镜在其焦平面 P_2 上产生黑白编码片的频谱,对三个衍射方向的一级频谱分别进行红、绿、蓝滤波后,便在输出面 P_3 再现出原景物的彩色图像.

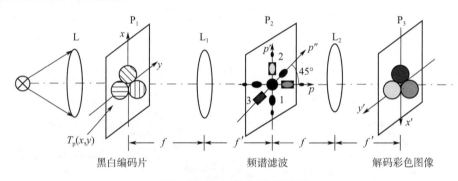

图 2-29-6 $4f$ 光学解码系统

将黑白编码片置于如图 2-29-6 所示的 $4f$ 光学解码系统的输入面 P_1,设其振幅透过率为 t_p,则在 P_2 面上得到黑白编码片的频谱为

$$E(p,q,\lambda) = C\iint t_p(x,y)\mathrm{e}^{-\mathrm{i}(px+qy)}\mathrm{d}x\mathrm{d}y$$

$$= T_r(\alpha,\beta) + \frac{1}{2}\sum_{n=1}^{\infty} a_n T_r\left(\alpha \pm \frac{nf\lambda}{2\pi}p_0,\beta\right) + T_g(\alpha',\beta') + \frac{1}{2}\sum_{n=1}^{\infty} a_n T_g\left(\alpha' \pm \frac{nf\lambda}{2\pi}p_0,\beta'\right)$$

$$+ T_b(\alpha'',\beta'') + \frac{1}{2}\sum_{n=1}^{\infty} a_n T_b\left(\alpha'' \pm \frac{nf\lambda}{2\pi}p_0,\beta'\right).$$

在 P_2 平面取 R,G,B 的一级频谱($n = 1$),而遮蔽其余各项频谱,称为彩色滤波,并通过傅里叶变换透镜 L_2 进行傅里叶逆变换,于系统的输出面 P_3 得

$$I(x,y) = \left[T_r^2(x,y)\right]_R + \left[T_g^2(x',y')\right]_G + \left[T_b^2(x'',y'')\right]_B.$$

这就是还原的彩色图像. 光学法彩色解码具有快速、直观和并行的特点. 实验中采用傅里叶变换透镜, 在频谱面进行滤波后, 直接在像面还原出彩色图像. 由于该彩色图像的光强较弱, 为了看得更清楚, 采用一个场镜将其成像在 CCD 彩色摄像机的表面, 并用彩色显示器显示解码后的彩色图像.

4. 数字法彩色解码

实际的光学解码系统是一个须经特殊设计的相当复杂的光学系统, 它对像差等各种指标要求都很高. 采用数字计算机解码具有处理手段灵活、方便, 系统组成简单等优点, 其硬件系统只需扫描仪和计算机, 便于推广应用. 数字计算机解码流程: ① 把黑白编码片记录的信息用扫描仪输入计算机; ② 根据光学信息处理的解码原理, 在计算机内对黑白编码图像进行傅里叶变换、彩色滤波、傅里叶逆变换及图像合成处理; ③ 由彩色显示器或彩色打印机输出彩色图像.

【实验内容】

1. 彩色编码摄像. 彩色编码摄像就是用彩色编码照相机对彩色景物编码拍摄. 彩色编码照相机是在普通胶片相机的片门处安装一枚三色光栅编码器, 编码拍照时, 三色光栅和黑白胶片紧密接触, 卷片时两者分离, 以防两者相互摩擦损伤三色光栅和黑白胶片. 实验拍摄前, 一定要详细了解彩色编码照相机的使用方法和注意事项, 避免误操作损坏彩色编码照相机. 彩色编码照相机使用步骤如下:

(1) 装黑白胶卷. 将黑白胶卷按 135 彩色编码照相机的装片方法装入照相机内.

(2) 编码拍摄. 在室内拍摄彩色景物. 准备好闪光灯, 设置好彩色编码照相机的光圈、快门, 再对所拍的景物进行取景、调焦后, 按动快门拍照; 也可到室外拍摄彩色景物(一定注意拍照时压紧胶片, 过卷时黑白胶片与三色光栅分离).

(3) 倒卷. 拍摄完毕后将胶卷倒回暗盒, 倒卷时一定要使三色光栅与黑白胶片处于分离状态, 否则会划伤三色光栅和黑白胶片表面.

(4) 对编码拍摄的黑白胶片进行反转冲洗, 得到黑白编码片.

2. 光学彩色解码.

(1) 将实验系统的光路调好(见图 2 - 29 - 7).

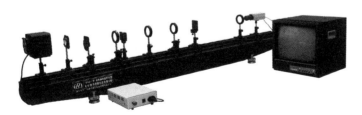

图 2 - 29 - 7　光学彩色解码实验光路图

(2) 将黑白编码片置于系统的输入面内, 将红、绿、蓝三基色频谱滤波器置于频谱面处, 使对应景物的红、绿、蓝一级频谱通过滤波器相应的红、绿、蓝部分. 在彩色显示器上可看到解码后的彩色图像.

(3) 在频谱面处放一白屏, 观察频谱的分布状态. 在对应景物的红、绿、蓝一级频谱处依次扎一小孔,观察像面上彩色图像的合成过程.

3. 数字彩色解码.

(1) 将黑白编码片记录的彩色编码图像用扫描仪以灰度模式扫描输入计算机(详见所用扫描仪的说明书),扫描分辨率设置应大于2 000 dpi,用BMP格式将扫描的黑白图像存储到计算机硬盘中.

(2) 打开解码软件"Conver"程序.

(3) 打开要解码的黑白编码图像.

(4) 单击工具栏中的"P"解码参数.

(5) 单击设置参数中的"参考".

(6) 单击设置参数中的"确定".

(7) 单击"Conver"中的"确定".

(8) 单击"Conver"中的"D"超快解码,则在彩色显示器上显示出解码的彩色图像.

(9) 单击"E"为图像增强.

【思考题】

如果有一张细节比较模糊的照片,能否通过这个实验得到理想的解码结果?

实验三十 硅光电池光照特性研究

【实验目的】

了解硅光电池的光照特性,熟悉其应用.

【实验仪器】

主机箱,安装架,光电器件实验(一)模板,滤色片,普通光源,滤光片,照度计探头,照度计模板探头,硅光电池等.

【实验原理】

硅光电池是根据光生伏打效应制成的,不需加偏压就能把光能转换成电能. 当光照射到硅光电池的pn结上时,便在pn结两端产生电动势,这种现象叫作光生伏打效应,该效应与硅光电池的材料,光的强度、波长等有关.

【实验内容】

1. 硅光电池在不同的照度下,产生不同的光电流和光生电动势. 它们之间的关系就是光照特性. 实验时,为了得到硅光电池的开路电压U_{OC}和短路电流I_{SC},将电压表和电流表错时(异步)接入电路来测量数据.

(1) 硅光电池的开路电压(U_{OC})的测量. 按图2-30-1所示将相应仪器接线(注意接线孔的颜色相对应,即正、负极性相对应),发光二极管的输入电流根据实验十七中照度对应的电流值确定,读取电压表的测量值填入表 2-30-1 中.

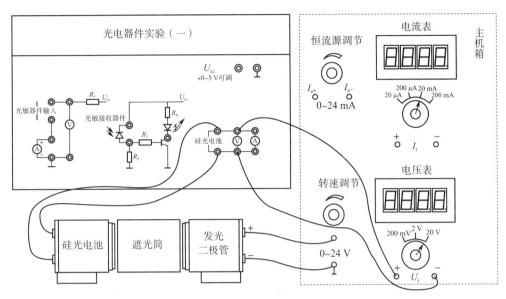

图 2-30-1　硅光电池的开路电压(U_{OC})实验接线图

表 2-30-1　硅光电池的开路电压(U_{OC})实验数据

照度 /lx	0	10	...	90	100
U_{OC}/mV					

(2) 硅光电池的短路电流(I_{SC})的测量.按图 2-30-2 所示将相应仪器接线(注意接线孔的颜色相对应,即正、负极性相对应),发光二极管的输入电压根据实验十七照度对应的电压值确定,读取电流表的测量值填入表 2-30-2 中.

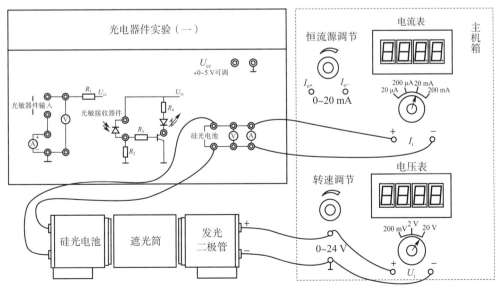

图 2-30-2　硅光电池的短路电流(I_{SC})实验接线图

表 2-30-2　硅光电池的短路电流(I_{SC})实验数据

照度 /lx	0	10	...	90	100
I_{SC}/mA					

2. 根据表 2-30-1 和表 2-30-2 中的实验数据在图 2-30-3 中作出开路电压-照度($U_{OC}-E$) 和短路电流-照度($I_{SC}-E$) 的关系曲线.

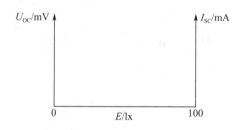

图 2-30-3　硅光电池的 $U_{OC}-E$ 和 $I_{SC}-E$ 关系曲线

【思考题】

1. 入射光照射瞬间,硅光电池的输出电流有没有滞后现象?可否用实验证明?
2. 分析讨论硅光电池开路电压、短路电流与受光面积之间的关系.

实验三十一　　光敏电阻实验

【实验目的】

了解光敏电阻的光照特性和伏安特性.

【实验仪器】

主控箱,光电器件实验(一)模板,光敏电阻,发光二极管等.

【实验原理】

在光的照射下,半导体材料内的电子吸收光子的能量从键合状态过渡到自由状态,引起材料电导率的变化,这种现象称为光电导效应.入射光光强越大,半导体材料的电阻越小.基于这种效应制成的光电器件称为光敏电阻.光敏电阻无极性,其工作特性与入射光光强、波长和外加电压有关.光敏电阻实验原理如图 2-31-1 所示.

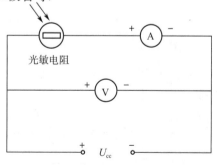

图 2-31-1　光敏电阻实验原理图

【实验内容】

1.亮电阻和暗电阻测量.

(1) 按图 2-31-2 所示接线(注意插孔颜色对应相连).打开主机箱电源,将 $\pm 2 \sim \pm 10$ V 的可调电源开关拨到 10 V 挡,再缓慢调节 $0 \sim 24$ V 可调电源,使发光二极管两端电压为光照度为 100 lx 时的电压值(参照实验十七中照度对应的电压值).

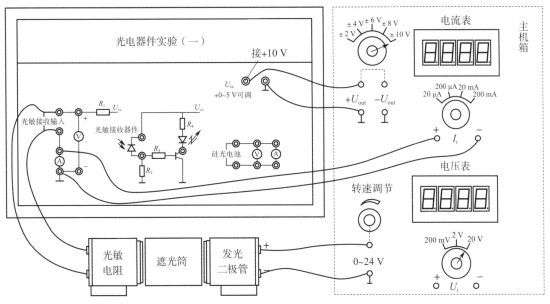

图 2-31-2 光敏电阻实验接线图

(2) 等待 10 s 左右读取电流表(可选择电流表的挡位为 20 mA 挡)的值为亮电流 $I_{亮}$.

(3) 将 $0 \sim 24$ V 可调电源的调节旋钮逆时针方向缓慢旋到底,等待 10 s 左右读取电流表 (20 μA 挡)的值为暗电流 $I_{暗}$.

(4) 根据下列公式,计算亮电阻(照度为 100 lx)和暗电阻:

$$R_{亮} = \frac{U_{测}}{I_{亮}}, \quad R_{暗} = \frac{U_{测}}{I_{暗}}.$$

2.光照特性测量.光敏电阻两端的电压为定值时,光敏电阻的光电流随光强的变化而变化,它们之间的关系是非线性的.调节图 2-31-2 中的 $0 \sim 24$ V 可调电源得到不同的照度(根据实验十七中照度对应的电压值),测得数据填入表 2-31-1 中,并在图 2-31-3 中作出光照特性曲线图.

表 2-31-1 光敏电阻光照特性实验数据

照度 /lx	0	10	20	30	40	50	60	70	80	90	100
光电流 I/mA											

3.伏安特性测量.光敏电阻在一定的光强下,光电流随外加电压的变化而变化,测量时,在给定光强(如 100 lx) 时,光敏电阻输入 0 V,2 V,4 V,6 V,8 V,10 V 时(调节图 2-31-2 中的 $\pm 2 \sim \pm 10$ V 可调电源),测得光敏电阻上的电流并填入表 2-31-2 中,并在图 2-31-4 中作

出不同照度 E 的三条伏安特性曲线.

表 2 - 31 - 2　光电流测量数据　　　　　　　　　　　　　单位:mA

照度 E/lx	U_{cc}/V					
	0	2	4	6	8	10
10						
50						
100						

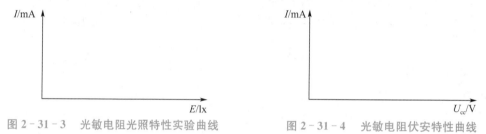

图 2 - 31 - 3　光敏电阻光照特性实验曲线　　　　　图 2 - 31 - 4　光敏电阻伏安特性曲线

【思考题】

为什么测光敏电阻的亮电阻和暗电阻要在 10 s 后读数? 这是光敏电阻的缺点,因此光敏电阻只能应用于什么状态?

实验三十二　交直流激励时霍尔传感器的位移特性

【实验目的】

1. 了解霍尔传感器的原理与应用.
2. 了解交直流激励时霍尔传感器的位移特性.

【实验仪器】

主机箱,霍尔传感器实验模板,霍尔传感器,测微头,移相器 / 相敏检波器 / 低通滤波器模板,双线示波器等.

【实验原理】

根据霍尔效应,霍尔电势差为 $U_H = K_H IB$,式中 I 为霍尔元件的电流,B 为磁感应强度的大小,K_H 为霍尔元件的灵敏度. 当霍尔元件处在梯度磁场中的不同位置时,它的电势差会发生变化,利用这一性质可以进行位移测量.

【实验内容】

1. 直流激励时霍尔传感器的位移特性.
（1）按图 2 - 32 - 1 所示接线(实验模板的输出 U_{o1} 接主机箱电压表的 U_{in}),将主机箱上的电压表量程切换开关拨到 2 V 挡.

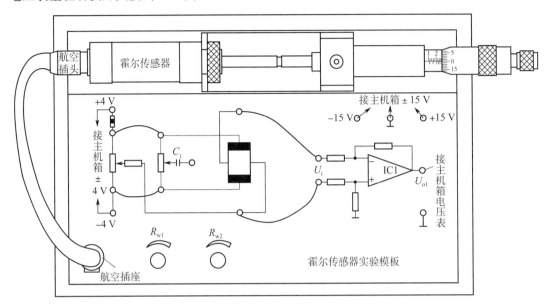

图 2-32-1　直流激励时霍尔传感器的位移特性实验接线示意图

(2) 检查接线无误后,开启电源,调节测微头使霍尔传感器的霍尔元件处于两磁钢的中间位置,再调节电位器 R_{w1} 使电压表指示为零.

(3) 在某个方向调节测微头使霍尔传感器产生 2 mm 位移,记录电压表读数,并作为实验起始点;再反方向调节测微头,每增加 0.2 mm 记录电压表的读数(建议做 4 mm 位移),将读数填入表 2-32-1 中.

(4) 根据表 2-32-1 中的数据作出 U-X 曲线,计算不同测量范围(1 mm,2 mm,3 mm, 4 mm) 时的灵敏度和非线性误差. 实验完毕,关闭电源.

表 2-32-1　直流激励时霍尔传感器的位移特性实验数据

X/mm									
U/mV									

2. 交流激励时霍尔传感器的位移特性.

(1) 按图 2-32-2 所示接线(注意:暂时不要将主机箱中的音频振荡器 L_v 接入实验模板).

(2) 检查接线无误后,开启主机箱电源,调节主机箱中的音频振荡器的频率和幅度旋钮,用示波器、频率表监测 L_v,令其输出频率为 1 kHz,电压峰-峰值为 4 V. 关闭主机箱电源,再将 L_v 的输出电压(1 kHz,4 V) 作为霍尔传感器的激励电压接入图 2-32-2 的实验模板中(注意电压幅值过大会烧坏霍尔传感器).

(3) 开启主机箱电源,调节测微头使霍尔传感器的霍尔元件处于两磁钢的中间位置,先用示波器观察使霍尔元件不等位电势为最小,然后从电压表上观察,调节实验模板上的电位器 R_{w1},R_{w2} 使电压表显示为零.

(4) 调节测微头使霍尔传感器产生一个较大位移,利用示波器观察相敏检波器的输出,旋

转移相器电位器 R_w 和相敏检波器电位器 R_w,使示波器显示全波整流波形,且电压表显示相对应的值.

（5）回调测微头,使电压表显示为零,然后旋转测微头,记下每转动 0.2 mm 时电压表的读数,并填入表 2-32-2 中.

（6）根据表 2-32-2 中的数据作出 U-X 曲线,计算不同测量范围（1 mm,2 mm,3 mm, 4 mm）时的非线性误差.实验完毕,关闭电源.

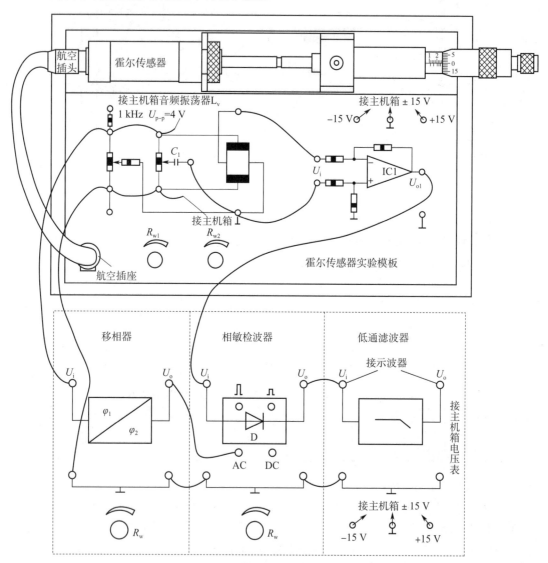

图 2-32-2　交流激励时霍尔传感器的位移特性实验接线示意图

表 2-32-2　交流激励时霍尔传感器的位移特性实验数据

X/mm								
U/mV								

【思考题】

霍尔元件位移的线性特征实际上反映的是什么量的变化?

实验三十三　气敏、湿敏传感器

（一）气敏传感器实验

【实验目的】

了解气敏传感器的原理及应用.

【实验仪器】

主机箱,TP-3 酒精传感器,酒精棉球（自备）等.

【实验原理】

气敏传感器（又称气敏元件）是指能将待测气体的浓度转换为与其成一定关系的电信号的装置或器件. 它一般可分为半导体式、接触燃烧式、红外吸收式、热导率变化式等. 本实验所采用的氧化锡半导体气敏传感器是对酒精敏感的电阻型气敏元件, 由纳米级氧化锡适当掺杂混合剂烧结而成, 具有微珠式结构, 应用电路简单, 可将酒精浓度转换为一个输出电信号. TP-3 酒精传感器对酒精浓度的响应特性曲线如图 2-33-1 所示.

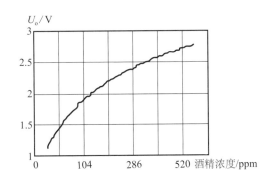

图 2-33-1　TP-3 酒精传感器对酒精浓度的响应特性曲线, 1 ppm = 10^{-6}

【实验内容】

1. 按图 2-33-2 所示接线（注意 TP-3 酒精传感器的引线号码）并将主机箱电压表（量程切换开关拨到 20 V 挡）的"⊥"与可调电源（量程切换开关拨到 ±6 V 挡）的"⊥"相连.

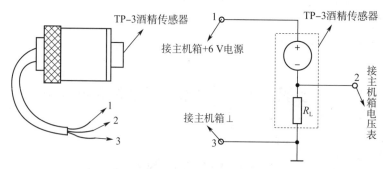

图 2-33-2　气敏(酒精)传感器与实验接线示意图

2.开启主机箱电源,使 TP-3 酒精传感器通电较长时间(至少 5 min 以上,因传感器长时间不通电时,内阻会很小,通电后传感器输出电压很大,不能即时进入工作状态).

3.当 TP-3 酒精传感器的输出电压 U_o 较小(小于 1.5 V)时,用自备的酒精棉球靠近传感器端面,并吹 2 次气,使酒精挥发进入传感器金属网内,观察电压表读数的变化,根据读数对照传感器对酒精浓度的响应特性曲线得到酒精浓度.

【思考题】

交通警察常用酒精检测仪检查驾驶员是否酒后开车,若要制作这样的仪器需要考虑哪些环节与因素?

(二)湿敏传感器实验

【实验目的】

了解湿敏传感器的原理及应用.

【实验仪器】

主机箱,湿敏传感器,湿敏座,潮湿小棉球(自备),干燥剂(自备)等.

【实验原理】

湿度是指空气中所含有的水蒸气量.空气的潮湿程度一般多用相对湿度来描述,相对湿度(用 RH 表示)是指在一定温度下,空气中实际水蒸气压与饱和水蒸气压的比值(用百分比表示),其单位为 %RH.湿敏传感器种类较多,根据水分子是否易于吸附在固体表面并渗透到固体内部的这种特性(水分子亲和力),湿敏传感器可以分为水分子亲和力型和非水分子亲和力型.本实验采用的是水分子亲和力型中的高分子材料湿敏元件(湿敏电阻).高分子材料湿敏元件采用具有感湿功能的高分子聚合物(高分子膜)涂敷在带有导电电极的陶瓷衬底上,其导电机理为水分子影响高分子膜内部导电离子的迁移率,形成电阻与相对湿度成对数关系的敏感部件.由于湿敏元件电阻与相对湿度成对数关系,传感器一般都应用放大转换电路将对数变化转换成相应的线性电压信号输出.本实验的湿度传感器在 DC+5V±5% 供电的情况下,传感器对湿度的响应特性曲线如图 2-33-3 所示.

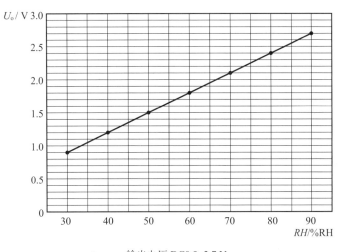

输出电压 DC0.9~2.7 V

图 2-33-3　湿敏传感器对湿度的响应特性曲线

【实验内容】

1. 按图 2-33-4 所示接线(注意湿敏传感器的引线号码)并将主机箱电压表量程切换开关拨到 20 V 挡.

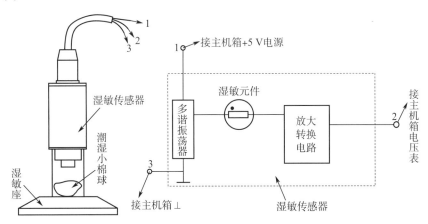

图 2-33-4　湿敏传感器与实验接线示意图

2. 检查接线无误后,开启主机箱电源,湿敏传感器通电预热 5 min 以上,然后往湿敏座中加入若干干燥剂(不放干燥剂时的湿度为环境湿度),等到电压表显示值稳定后记录显示值,由电压值根据图 2-33-3 可得到湿度值.

3. 倒出湿敏座中的干燥剂放入潮湿小棉球(可以多准备几个湿度不同的小棉球,分别进行测量),等到电压表显示值稳定后记录显示值,由电压值根据图 2-33-3 可得到湿度值. 实验完毕,关闭所有电源.

【思考题】

若给你一个湿敏电阻,你可否自制一个湿敏传感器? 试画出电路图.

实验三十四　　超声波探伤与测厚

【实验目的】

学习使用超声波探伤仪对样品材料进行无损探伤与测厚.

【实验仪器】

超声波探伤仪,超声波测厚仪,游标卡尺,待测样品等.

【实验原理】

超声波与其他声波不同,它的频率高、波长短、衍射不严重,具有良好的定向性. 利用超声波定向发射的性质,可以在深海测量中探测水中的物体. 在工业上可用超声波来探测工件内部的缺陷(如气泡、裂缝等),称为超声波探伤. 超声波探伤的优点是不损伤工件,而且超声波在金属中的穿透力强,穿透厚度达几十米,因而可探测大型工件.

在工业上,在非破坏的情况下精确测量工件的结构和部件的厚度是极为重要的,如原子能工业中的不锈钢管道,在使用过程中由于腐蚀作用会使壁厚发生变化,必须定期进行检验以防止发生事故. 近年来,超声波测厚技术获得了良好的效果,目前超声波测厚已经发展成一种重要的厚度检测手段.

1. 超声波无损探伤原理

(1) 超声波穿透法探伤. 如图 2-34-1 所示,在探伤试样相对的两面上放置超声波发射和接收探头,如果试样内没有缺陷,则由发射探头发出的超声波除部分被探伤试样正常吸收外,其余部分传播到接收探头,并通过指示器显示出来;如果在两探头之间存在缺陷,超声波就会在缺陷处被反射,此时接收探头接收到的超声波信号很弱甚至为零,故指示器显示的信号很小或保持在零位,根据指示器的读数就可确定缺陷的存在和大小. 图 2-34-1 表明沿材料表面向右移动两探头,依次发现了小缺陷、大缺陷.

超声波穿透法探伤的缺点:① 两探头必须相互对准,如稍有位移,指示器的显示不准确;② 探头与探伤试样的接触状态会使指示器显示值受影响;③ 当两探头之间的距离为某一适当值时,可能会出现共振现象而影响测量结果,因此超声波穿透法探伤通常使用调频连续波.

在实际的工程应用中,往往会遇到不允许进行两探头双面探测的情况,这时要采用如图 2-34-2 所示的反射式穿透法,其原理与穿透法探伤原理相同.

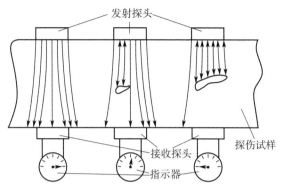

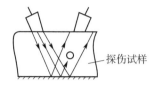

图 2 - 34 - 1　超声波穿透法探伤示意图　　　　图 2 - 34 - 2　反射式穿透法探伤示意图

（2）超声波脉冲反射法探伤. 如图 2-34-3 所示为超声波脉冲反射法探伤原理图. 由脉冲发生器发出的电脉冲直接加到探头上,转换成声脉冲进入探伤试样,这个电脉冲同时又输入到示波器,在荧光屏上显示一个发射脉冲. 当声脉冲与试样背面或缺陷相遇时,声脉冲会发生反射返回探头,在探头处产生一个交变电信号输入到示波器,荧光屏上显示一个回波脉冲. 这个过程每秒要重复数次,在荧光屏上看到的是一系列波形图,根据试样厚度、声速等对示波器扫描速度适当调节后,就能用荧光屏上的测距标度读出发射脉冲至回波脉冲的距离,也就是反射面至探头的距离.

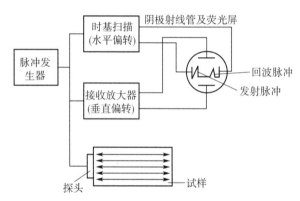

图 2 - 34 - 3　超声波脉冲反射法探伤原理图

下面介绍一下探伤图形中回波脉冲的判别.

将超声波脉冲反射法探伤中荧光屏的波形图称为探伤图形. 如图 2-34-4(a) 所示,发射脉冲 S 与回波脉冲 R 的间距正好等于试样厚度,说明回波脉冲来自试样背面,试样中无缺陷. 将来自试样背面的回波脉冲称为底波. 在图 2-34-4(b)、图 2-34-4(c) 和图 2-34-4(d) 中,试样中有大小不等的缺陷,使部分超声波被缺陷提前反射回来. 在荧光屏上,在底波 R 之前出现的脉冲的大小、个数、距离反映了试样内部缺陷的大小、个数和位置,荧光屏上 F,F_1,F_2 脉冲是由缺陷产生的.

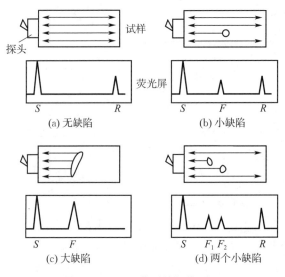

(a) 无缺陷   (b) 小缺陷

(c) 大缺陷   (d) 两个小缺陷

图 2-34-4　典型的探伤图形

如图 2-34-5 所示为超声波探伤仪工作示意图,该仪器由带有显示屏的主机和探头组成. 探头是用来发射与接收超声波的,探头的主要部分是由锆钛酸铅(或钛酸钡)制成的薄晶片, 厚度约为 0.5 mm,在薄晶片的两面镀上电极,电极通过金属引线与主机相连,当主机发射的电 信号加在电极上时,锆钛酸铅片由于压电效应发射出超声波. 探伤时,将探头放在待测工件的 表面,让探头发出一个超声脉冲,同时观测主机显示屏上脉冲出现的个数和幅度,判别工件内 部是否有缺陷存在和缺陷的大小、部位.

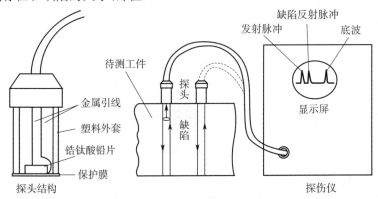

图 2-34-5　超声波探伤仪工作示意图

2.超声波测厚原理

超声波测厚的原理主要是共振法、干涉法、脉冲回波法等几种.本实验介绍较典型的共振 法测厚仪器,着重分析其工作原理和应用.

如果用频率可以调节的超声波垂直射入待测试样内,它将在相对端面上反射,当频率调节 至某一数值,使待测试样的厚度等于超声波半波长的整数倍时,入射波与反射波互相叠加形成 驻波,即在待测试样的厚度方向引起共振.

如图 2-34-6 所示,设试样厚度为 d,超声波波长为 λ,则在共振时,有

$$d = n\frac{\lambda_n}{2} \quad (n = 1, 2, \cdots).$$

如果已知材料的声速 c,根据 $c = f\lambda$,可以得到发生共振时的超声波频率为

$$f_n = \frac{c}{\lambda_n} = \frac{nc}{2d} \quad (n = 1, 2, \cdots). \qquad (2-34-1)$$

当 $n = 1$ 时,$f_1 = \frac{c}{2d}$ 为共振的基波频率. 从式(2-34-1)可以看出,任意两个相邻谐波的频率之差都等于基波频率,即

$$f_n - f_{n-1} = nf_1 - (n-1)f_1 = f_1.$$

因此,如果已知共振的两个相邻谐波的频率,就可以求出试样的厚度为

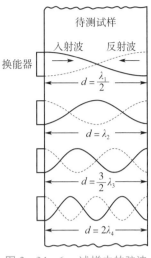

图 2-34-6　试样中的驻波

$$d = \frac{c}{2(f_n - f_{n-1})}. \qquad (2-34-2)$$

同样,如果已知两个不相邻谐波的频率 f_m 和 f_n,则 $f_m - f_n = (m-n)f_1$,由此可得试样厚度为

$$d = \frac{(m-n)c}{2(f_m - f_n)}. \qquad (2-34-3)$$

可见,只要读出共振时的频率数值就可以求出试样的厚度.

在实际使用的共振式测厚仪中,当所测材料的声速恒定时,一般根据频率与厚度的关系直接刻成厚度标尺. 由出现共振峰的位置就可以直接读出试样的厚度,如图 2-34-7 所示.

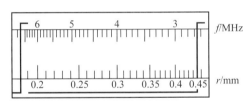

图 2-34-7　共振频率读数和厚度读数

共振不仅发生在基波频率上,还发生在各高次谐波频率上,对于同一个厚度,可以出现多个共振峰,因此厚度标尺上的读数,随共振状态而有所不同. 例如,厚度为 d 的试样,在基波频率 f_1 共振时,厚度标尺的读数为 $r_1 = \frac{c}{2f_1} = d$,在二次谐波频率共振时,共振峰应出现在频率刻度为 $2f_1$ 的位置上. 在按照基波频率共振刻成的厚度标尺上,相应的读数为 $r_2 = \frac{c}{2f_2} = \frac{c}{2 \cdot 2f_1} = \frac{d}{2}$. 同理,$n$ 次共振峰在厚度标尺上的读数应为 $r_n = \frac{c}{2nf_1} = \frac{d}{n}$,而 m 次共振峰的读数是 $r_m = \frac{c}{2mf_1} = \frac{d}{m}$. 可见,如果在基波频率共振的厚度标尺上,读出了两个相邻共振峰的位置 r_n 和 r_{n+1},那么就可以得到试样的厚度为

$$d = \frac{r_n r_{n+1}}{r_n - r_{n+1}}. \qquad (2-34-4)$$

如果取的是两个不相邻的共振峰,则试样的厚度为

$$d = (m - n) \frac{r_n r_m}{r_n - r_m}. \tag{2-34-5}$$

共振式测厚仪的类型很多,但是它们的结构和工作原理大同小异,这里以用显示器直接观察的共振式测厚仪为例加以介绍.这种测厚仪的结构如图 2-34-8 所示.主控器发出50 Hz的扫频电流作为调制信号,扫频电流同时加到显示器的水平偏转线圈上,使扫频范围与水平扫描同步.这样,显示器上的水平扫描线实际上就是频率刻度尺,超声换能器直接与扫频振荡器耦合,当试样发生共振时,扫频振荡器输出的信号显著加强而形成谐振峰,经放大后,加到显示器的垂直偏转线圈上,从而在显示器上显示出一条垂直亮线,根据亮线的位置(对应于谐振频率)就可以直接读出试样的厚度.

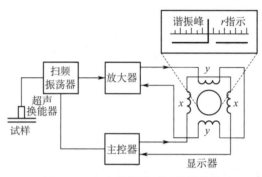

图 2-34-8　共振式测厚仪结构图

【实验内容】

1. 用超声波探伤仪对待测样品进行无损探伤,确定样品内部缺陷的大小、位置.

2. 画出待测样品内部缺陷的分布图.

3. 对同一待测样品的三个不同部位用超声波测厚仪测其厚度,并将测量结果与其他方法测得的值相比较.

【思考题】

用某一频率的超声探头在一样品表面(样品的表面与底面不平行)移动探伤时,发现指示器不断出现极大值和极小值的变化,试分析出现这种现象的可能原因.

第三章

引导设计性实验

第一节　自组仪器实验

实验三十五　　箱式电势差计测电阻

电势差计是利用电压补偿原理构造的仪器. 本实验使用电势差计应用比较法测量未知电阻. 本实验充分展示了电势差计测量电阻的灵活性.

【实验目的】

1. 加深对利用电势差计和电压补偿原理测量电压的理解.
2. 学习 UJ33a 型电势差计测未知电阻 R_x 实验的电路设计.
3. 掌握比较法测电阻.

【实验仪器】

UJ33a 型直流电势差计,待测电阻,标准电阻箱,直流电源等.

【实验原理】

电阻的测量方法有多种,如伏安法、补偿法、惠斯通电桥法、比较法等. 伏安法测电阻时,由于电压表和电流表内阻的存在,在电路中会分流和分压,对测量结果需要进行修正,而利用电势差计通过比较法测电阻则不存在分流和修正的问题. 用电势差计测量电压,是将未知电压与电势差计上的已知电压做比较,它不像电压表那样要从待测线路中分流,因而不干扰待测电路,测量结果仅仅依赖于准确度极高的标准电池、标准电阻以及高灵敏度的检流计.

比较法就是将待测电阻 R_x 与标准电阻 R_s 相比较,得出它们的比例系数. 而基于电压补偿原理的电势差计可以用来测电压,因此关键在于设计一种电路(见图 3-35-1),保证通过 R_x 与 R_s 的电流 I 相等,测出它们两端的电压 U_{R_x} 和 U_{R_s},则有

$$\frac{U_{R_x}}{U_{R_s}} = \frac{IR_x}{IR_s} = \frac{R_x}{R_s},\tag{3-35-1}$$

$$R_x = \frac{U_{R_x}}{U_{R_s}}R_s.\tag{3-35-2}$$

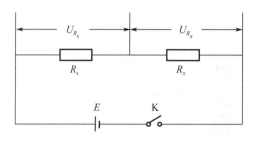

图 3 - 35 - 1　比较法测电阻参考电路

【实验内容】

1. 根据设计好的电路图连接电路,同时记录标准电阻箱的电阻值.
2. 按照电势差计的使用方法对电势差计进行校准调零.
3. 分别测量待测电阻两端电压 U_{R_x} 与标准电阻箱两端电压 U_{R_s}.
4. 重复步骤 2,3 的内容,进行多次测量,并将数据填入表 3 - 35 - 1 中.

表 3 - 35 - 1　箱式电势差计测电阻数据记录表　　　　$R_s =$ _____ Ω

测量次数	1	2	3	4	5	6
U_{R_x}/mV						
U_{R_s}/mV						
R_x/Ω						

5. 根据式(3 - 35 - 2)和测量数据计算待测电阻的电阻值,给出测量结果的不确定度和相对不确定度.

【注意事项】

电势差计测量电压时,若检流计指针一直往一边偏转,不能回零,可能是因为电极的正负极接错、线路接触不良、导线有断路、工作电源电压不够等,须进行检查.

【思考题】

1. 说明电路设计中选择相应仪器和元件的理由.
2. 分析影响误差大小的因素.
3. 说明标准电阻箱电阻值选择的标准.

实验三十六　伏安法测线性电阻、非线性电阻

电阻是电学中常用的物理量,利用欧姆定律测导体电阻的方法称为伏安法.

为了研究材料的导电性,通常作出它的伏安特性曲线来了解其电压和电流的关系.伏安特性曲线是直线的电阻称为线性电阻,伏安特性曲线不是直线的电阻称为非线性电阻.由于应用伏安法测量电阻时,电流表和电压表被引入测量电路,电表内阻必然会影响测量结果,因此应考虑对测量结果进行必要的修正.此外,还应根据所测电阻的大小和性质采取不同的电路接法来减小误差.

【实验目的】

1. 掌握测量线性电阻和非线性电阻的一种最基本的方法.
2. 熟悉电流表、电压表、滑动变阻器的使用方法和注意事项.
3. 通过伏安特性曲线,了解线性电阻和非线性电阻的不同之处.

【实验仪器】

直流电流表,直流电压表,直流电源,电阻箱,滑动变阻器,晶体二极管等.

【实验原理】

1. 二极管简介

二极管是用半导体材料制成的电子元件,其示意图和符号如图 3-36-1 所示.把电压加在二极管上,在二极管的正极接高电势,负极接低电势(称为正向电压),则电路中有较大的电流.随着正向电压的增加,电流也增加,但电流 I 的大小并不和电压 U 成正比.以正向电压 U 和电流 I 的对应关系作图,得出如图 3-36-2 所示的曲线,称为正向伏安特性曲线.

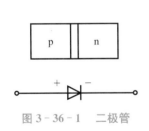

图 3-36-1　二极管　　　　　图 3-36-2　二极管的正向伏安特性曲线

2. 伏安法测电阻

根据欧姆定律 $U=IR$,只要知道电阻两端的电压 U 和通过电阻的电流 I,就可求出电阻值 $R=\dfrac{U}{I}$.若 $\dfrac{U}{I}$ 为常量,则该电阻为线性电阻;若 $\dfrac{U}{I}$ 不为常量,则该电阻为非线性电阻.

在测量电阻的过程中,电流表、电压表的内阻对待测电阻是有影响的.由图 3-36-3 所示电路测得的电压包括了电流表上的电压,使测量值比真值大,而由图 3-36-4 所示电路测得的电流包括了流进电压表的电流,使测量值比真值小.线路连接方式造成了系统误差.只要知道电压表的内阻 R_V 或电流表的内阻 R_A,就可以将系统误差算出来加以修正.但这样做很麻烦,通常是选择合适的接线方法使系统误差减少至可忽略的程度.一般来说,如果待测电阻的电阻值较大,则将电流表内接;若待测电阻的电阻值较小,则将电流表外接.

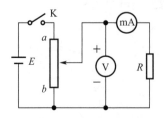
图 3-36-3 电流表内接电路图

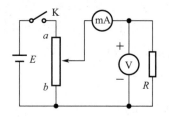
图 3-36-4 电流表外接电路图

【实验内容】

1. 伏安法测线性电阻.

(1)按图 3-36-3 所示连接线路,把电阻箱旋钮旋至 1 000 Ω,把电压表量程切换开关拨到 7.5 V 挡,电流表量程切换开关拨到 10 mA 挡,把滑动变阻器的滑动头移到 b 端. 开启电源,移动滑动变阻器滑动头,使电压表的显示值分别等于表 3-36-1 中第 1 列的数值,将电流表的读数分别记入第 2 列对应栏中.

(2)关闭电源,把电流表改为图 3-36-4 所示的连接方式,把测量数据填入表 3-36-1 的右边.

(3)把电阻箱旋钮旋至 200 Ω,按步骤(1),(2)进行实验(注意电表的量程),数据填入表 3-36-2 中.

(4)把电阻箱旋钮旋至 30 Ω,按步骤(1),(2)进行实验(注意电表的量程),数据填入表 3-36-3 中.

表 3-36-1　线性电阻测量数据记录与计算用表(1)　　　　$R = 1\ 000\ \Omega$

电流表内接				电流表外接			
U/V	I/mA	R_{xi}/Ω	$(R_{xi}-\overline{R}_x)/\Omega$	U'/V	I'/mA	R'_{xi}/Ω	$(R'_{xi}-\overline{R}'_x)/\Omega$
1.00				1.00			
2.00				2.00			
3.00				3.00			
4.00				4.00			
5.00				5.00			
6.00				6.00			

表 3-36-2　线性电阻测量数据记录与计算用表(2)　　　　$R = 200\ \Omega$

电流表内接				电流表外接			
U/V	I/mA	R_{xi}/Ω	$(R_{xi}-\overline{R}_x)/\Omega$	U'/V	I'/mA	R'_{xi}/Ω	$(R'_{xi}-\overline{R}'_x)/\Omega$
0.50				0.50			
1.00				1.00			
1.50				1.50			
2.00				2.00			
2.50				2.50			
3.00				3.00			

表 3-36-3　线性电阻测量数据记录与计算用表(3)　　　　$R = 30\ \Omega$

电流表内接				电流表外接			
U/V	I/mA	R_{xi}/Ω	$(R_{xi}-\overline{R}_x)/\Omega$	U'/V	I'/mA	R'_{xi}/Ω	$(R'_{xi}-\overline{R}'_x)/\Omega$
0.20				0.20			
0.40				0.40			
0.60				0.60			
0.80				0.80			
1.00				1.00			

2. 测量二极管的正向伏安特性曲线.

(1)判断二极管的正向. 按图 3-36-5 所示连接线路,电流表量程切换开关拨到50 mA挡. 将滑动变阻器的滑动头移到偏 b 端的位置,给二极管加一定电压,若电流表指针偏转,说明二极管正向连接;若电流表指针不偏转,说明二极管反向连接,应将其换向重新连接.

(2)按图 3-36-6 所示连接线路,电压表量程切换开关拨到 1.5 V 挡,电流表量程切换开关拨到 50 mA 挡. 移动滑动变阻器的滑动头,观察电流随电压变化的快慢程度,确定电流接近 50 mA 时的最大电压值 U_m.

(3)在测得电压范围 $0 \sim U_m$ 确定后,选点进行测量,至少测 12 个点,将数据记入表 3-36-4 中.选点的一般原则为前 5~6 个测量点的电压间隔取 0.1 V;在 I-U 曲线拐弯处及其后面的测量点的电压间隔取 0.05 V.

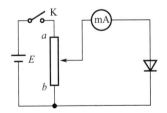

图 3-36-5　二极管正向判断电路图

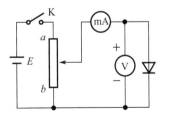

图 3-36-6　二极管正向伏安特性曲线实验电路图

表 3 - 36 - 4　非线性电阻测量数据记录与计算用表(二极管)

U/V									
I/mA									
R/Ω									

3. 对所测电阻进行数据处理.

(1) 用欧姆定律分别计算电流表内接和电流表外接时每次测量的电阻值并填入表 3 - 36 - 1、表 3 - 36 - 2、表 3 - 36 - 3 中的第 3,7 列.

(2) 分别计算电流表内接和电流表外接时测量电阻值的算术平均值 $\overline{R}_x$ 和 $\overline{R}'_x$.

(3) 分别计算电流表内接和电流表外接时每次测量的残差 $R_{xi} - \overline{R}_x$ 和 $R'_{xi} - \overline{R}'_x$ 并填入表 3 - 36 - 1、表 3 - 36 - 2、表 3 - 36 - 3 中的第 4,8 列.

(4) 分别计算电流表内接和电流表外接时测量结果的 A 类不确定度(B 类不确定度不要求计算) 及总不确定度.

(5) 电流表内接和电流表外接测量结果分别表示如下:

电流表内接: $R_x = \overline{R}_x \pm \Delta_{R_x} = $ ＿＿＿＿＿＿，　$E_{R_x} = \dfrac{\Delta_{R_x}}{\overline{R}_x} \times 100\% = $ ＿＿＿＿＿＿.

电流表外接: $R'_x = \overline{R}'_x \pm \Delta_{R'_x} = $ ＿＿＿＿＿＿，　$E_{R'_x} = \dfrac{\Delta_{R'_x}}{\overline{R}'_x} \times 100\% = $ ＿＿＿＿＿＿.

(6) 电流表内接和电流表外接时电阻平均值的修正.

电流表内接测量所得电阻值平均值的修正值为

$$R = \overline{R}_x - R_A = \underline{\qquad\qquad}.$$

电流表外接测量所得电阻值平均值的修正值为

$$R' = \frac{\overline{R}'_x R_V}{R_V - \overline{R}'_x} = \underline{\qquad\qquad}.$$

(7) 用欧姆定律计算二极管每次测量的电阻值并填入表 3 - 36 - 4 中.

(8) 在坐标纸上作出二极管的正向伏安特性曲线.

【注意事项】

1. 接通电路之前先试触连接.

2. 连接电路时注意电压表、电流表的极性,滑动电阻器的滑动头应放在中间位置.

3. 电压表和电流表要面板朝上平放在水平桌面上,并注意未通电时其指针是否归零.

【思考题】

1. 根据使用的电压表和电流表的内阻,说明选用图 3 - 36 - 6 所示电路测二极管的正向伏安特性曲线是否妥当,为什么?

2. 从表 3 - 36 - 1、表 3 - 36 - 2、表 3 - 36 - 3 中你发现每只电阻用哪个电路测量比较合适?

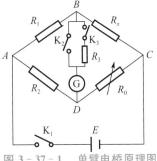

惠斯通电桥测电阻

实验三十七　　惠斯通电桥测电阻

电桥是可用于测量电阻的电磁学基本仪器之一.惠斯通电桥测电阻的准确度较高,本实验通过自组电桥和成品电桥分别对电阻进行测量.成品电桥是在滑线电桥的基础上经改进而制成的,为便于携带和使用,整个装置装在箱内,在面板外部引出了一些必要的接线柱,故又称箱式电桥.由于它构造精细,使用方便,测量范围大,精度高,故常用于生产和科研上的测试.

【实验目的】

1.掌握平衡法测电阻的基本原理.

2.学习使用自组电桥和成品电桥测量电阻.

【实验仪器】

四旋钮直流电阻箱(2个),六旋钮直流电阻箱,检流计,保护电阻,待测电阻,QJ23a型直流单臂成品电桥等.

【实验原理】

如图 3-37-1 所示为单臂电桥原理图,其中 R_1,R_2,R_x,R_0 称为臂,BD 对角线称为桥.改变 R_1,R_2,R_0 使桥路中的电流 $I_G = 0$,此时 B,D 两点等电势,即

$$U_{AB} = I_{ABC}R_1 = U_{AD} = I_{ADC}R_2, \qquad (3\text{-}37\text{-}1)$$
$$U_{BC} = I_{ABC}R_x = U_{DC} = I_{ADC}R_0. \qquad (3\text{-}37\text{-}2)$$

由式(3-37-1)和式(3-37-2)可得

$$R_x = \frac{R_1}{R_2}R_0 = kR_0, \qquad (3\text{-}37\text{-}3)$$

式中 $k = \dfrac{R_1}{R_2}$ 为比例系数,R_0 称为比较臂.

需要说明的是,R_3 是保护电阻.测量开始时为防止电流太大以致损坏检流计 G,要打开 K_2,合上 K_3,此时检流计灵敏度较低.调 R_0 使 G 指示为零后,再打开 K_3,合上 K_2,重新调整 R_0 使 G 指示为零.此时检流计灵敏度提高,测量更加准确.

图 3-37-1　单臂电桥原理图

【实验内容】

1.自组电桥测电阻.

(1)按图 3-37-1 所示连接电路,2个四旋钮直流电阻箱作为 R_1,R_2,六旋钮直流电阻箱作为 R_0,检流计接线前需调零.

(2)使 $R_1 = 200\ \Omega$,$R_2 = 200\ \Omega$,$R_0 = R_x$,其中 R_x 的粗测值已给出(见待测电阻的标示值).检查线路无误后接通 4 V 直流电源.

(3)打开 K_2,合上 K_3,调节 R_0,使 $I_G = 0$.打开 K_3,合上 K_2,再调节 R_0,使 $I_G = 0$.将此时 R_0 的读数乘 $k = 1$ 后,填入表 3-37-1中.在保持 $k = 1$ 的条件下,改变 R_1,R_2 的值,重复测量

R_0,共测 7 次并将数据填入表 3-37-1 中.

表 3-37-1　自组电桥测电阻数据表　　　　　　　　　　单位:Ω

次数	$k=1$			$k=0.1$		
	R_0	R_{xi}	$\Delta R_{xi}=R_{xi}-\overline{R}$	R_0	R_{xi}	$\Delta R_{xi}=R_{xi}-\overline{R}$
1						
2						
3						
4						
5						
6						
7						

　　(4) 使 $R_1=200\ \Omega$,$R_2=2\,000\ \Omega$,$k=\dfrac{R_1}{R_2}=0.1$,将 R_0 的电阻值调到 $\dfrac{R_{x(粗测)}}{k}$,然后按步骤 (3) 进行,且保证 $k=0.1$ 不变.

　　2. 成品电桥测电阻. QJ23a 型直流单臂成品电桥的面板如图 3-37-2 所示.

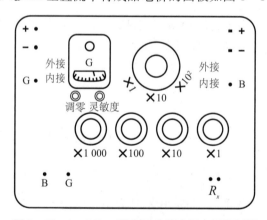

图 3-37-2　QJ23a 型直流单臂成品电桥面板图

　　与检流计 G 并列的旋钮用来调节 k,下面 4 个旋钮用来调节 R_0. 左上角的"G"拨向"内接",仪器本身的检流计工作;"G"拨向"外接",可外接高灵敏度检流计. 右上角的"B"拨向"内接",仪器本身电源工作;"B"拨向"外接",可外接电源. 左下角的"B"为接通电源的按钮,"G"为接通检流计的按钮.

　　测量步骤如下:

　　(1) 将"G"拨向"内接",调节"调零"旋钮,使检流计指示为零.

　　(2) 将"B"拨向"内接".

　　(3) 将待测电阻接到 R_x 的接线柱上.

　　(4) 使比例系数 k 的读数乘以比较臂 R_0 的读数值等于待测电阻的粗测值(比例系数的选择要保证 R_0 有四位有效数字).

　　(5) 把所得读数代入 $R_x=kR_0$ 中,并填入表 3-37-2.

表 3-37-2　成品电桥测电阻数据表

$R_{x(粗测)}/\Omega$	$k = \dfrac{R_1}{R_2}$	R_0/Ω	$R_x = kR_0/\Omega$

3. 对自组电桥所测电阻分别按 $k = 1$ 和 $k = 0.1$ 两种情况进行误差处理,分别计算测量电阻的算术平均值、A 类不确定度、B 类不确定度、总不确定度、相对不确定度,计算公式如下:

$$\overline{R}_x = \frac{\sum\limits_{i=1}^{n} R_x}{n}, \quad \Delta_{R_x\text{A}} = \sqrt{\frac{\sum\limits_{i=1}^{n}(\Delta R_{xi})^2}{n-1}},$$

$$\Delta_{R_x\text{B}} = k\left(\frac{0.1 \times R_0}{100} + 0.005\right)\Omega \approx \Delta_{仪}, \quad \Delta = \sqrt{\Delta_{R_x\text{A}}^2 + \Delta_{仪}^2},$$

$$E = \frac{\Delta}{\overline{R}_x} \times 100\%.$$

将测量结果表示为 $R_x = \overline{R}_x \pm \Delta$.

【注意事项】

检流计十分灵敏,不允许通过较大电流,因此接通检流计前 R_0 一定要调到 $R_0 = \dfrac{R_{x(粗测)}}{k}$,使电桥接近平衡.

【思考题】

1. 如果按图 3-37-1 所示连接线路,接通电源后,检流计指针出现以下情况:
(1) 始终向一边偏转;
(2) 不偏转.
试分析这两种情况下电路的故障原因.

2. 用成品电桥测电阻值为 45 Ω 的电阻时,如何选择比例系数 k 的值? 为什么?

实验三十八　测微安表内阻

测微安表内阻

电学实验中经常要用到各种电表,如电压表、电流表、毫安表、检流计等,测量这些电表的内阻是电学实验的重要内容. 本实验涉及的微安表,其内阻的测量方法有很多,如半偏法、替代法、电桥法、两表相串法、交换法等. 常规的测量方法有半偏法、替代法和电桥法. 在这几种方法的测量过程中,由于电阻箱的精度与测量结果有很大的关系,使实验难度加大.

【实验目的】

1. 学习应用误差均分原则,根据已知条件和测量精度的要求,设计实验方案.
2. 比较几种测量微安表内阻的方法.
3. 掌握基本电路的设计方法.

【实验仪器】

根据电路设计向实验室提出有关实验仪器的要求.

【实验原理】

1. 误差分配与仪器选配的一般原则

实验时,总是根据实验目的,在实验前提出间接测量量的误差要求. 所以,设计实验时,除了要明确实验原理外,还必须根据实验要求确定各直接测量量的允许误差,从而选择实验方法及测量仪器,使实验既能满足测量误差要求,又被实验条件所允许. 下面介绍误差分配与仪器选配的一般原则.

当实验方法确定后,即可确定测量公式

$$y = f(x_1, x_2, \cdots, x_n), \tag{3-38-1}$$

式中 $x_i(i=1,2,\cdots,n)$ 为互相独立的直接测量量, y 为间接测量量. y 的标准偏差为

$$\sigma_{\bar{y}} = \sqrt{\left(\frac{\partial f}{\partial x_1}\right)^2 \sigma_{x_1}^2 + \left(\frac{\partial f}{\partial x_2}\right)^2 \sigma_{x_2}^2 + \cdots + \left(\frac{\partial f}{\partial x_n}\right)^2 \sigma_{x_n}^2}, \tag{3-38-2}$$

y 的相对误差为

$$\frac{\sigma_{\bar{y}}}{y} = \sqrt{\left(\frac{\partial \ln f}{\partial x_1}\right)^2 \sigma_{x_1}^2 + \left(\frac{\partial \ln f}{\partial x_2}\right)^2 \sigma_{x_2}^2 + \cdots + \left(\frac{\partial \ln f}{\partial x_n}\right)^2 \sigma_{x_n}^2}. \tag{3-38-3}$$

设测量误差要求为 $\frac{\sigma_y}{y} \leqslant E_y$. 如何将它分配给各直接测量量呢? 答案有无数个. 但通常先采用等分原则,规定各直接测量量误差相等,即

$$\left(\frac{\partial \ln f}{\partial x_i}\right) \sigma_{x_i} \leqslant \frac{E_y}{\sqrt{n}}, \tag{3-38-4}$$

再根据各直接测量量的误差要求按下述原则选择仪器及测量次数:

(1) 测量值较大时,可选用测量精度低的仪器;反之,要选用测量精度高的仪器.

(2) 高次项测量量要选用测量精度高的仪器,因为它的误差传递系数较大.

(3) 分误差对总误差影响较小的,测量次数可少些;反之测量次数要多些.

(4) 选配仪器还应考虑实际条件,使测量过程方便、经济.

如果根据等分原则分配误差使有些直接测量量的误差要求很容易达到,而另一些可能很难达到(如实验室没有所需精度的仪器),此时应重新分配误差,使之符合实际条件. 也可以选用适当的实验方法或数据处理方法,降低某些直接测量量的测量误差. 总之,要尽量使实验的设计方案切实可行.

2. 微安表内阻的测量方法

微安表是电流表的一种,使用时串联在电路中,而电流表的内阻越小,对测量的电流影响越小,因此要求电流表的内阻要小. 一般电流表的量程越小,内阻越大. 微安表的内阻可达 $10^3\,\Omega$ 数量级,在测量微安表内阻时要特别注意电压与电阻的选择,不能有大电流通过微安表. 微安表内阻常规的测量方法如下:

(1) 半偏法. 半偏法是根据并联电阻对电流的分流作用而设计的,在微安表上并联一电阻箱,

调节电阻箱的电阻值使电流为并联前电流的一半,此时电阻箱的电阻值就是微安表的内阻值.

(2) 替代法.替代法是指在含待测微安表的闭合回路中,通以电流 I(电流不能超过微安表的量程),再用电阻箱把待测微安表换下,调节电阻箱的电阻值使电流等于 I,此时电阻箱的电阻值就是微安表的内阻值.

(3) 电桥法.电桥法与惠斯通电桥测电阻的方法相同,注意流过微安表的电流不能超过微安表的量程,这是用这种方法测量微安表内阻需要解决的主要问题.

【实验内容】

1.根据实验室给出的仪器和元件,按照教师给出的测量误差要求,自行设计出用半偏法、替代法和电桥法测量微安表内阻的电路(实验课前画好电路图).电路设计应包括测量原理、测量电路、仪器的选择、测量条件、实验步骤等.

2.按设计的电路图连线,测量微安表的内阻.

3.对半偏法、替代法和电桥法进行分析,比较这三种方法的优劣.分析、计算仪器误差和测量结果的误差,提出改进(提高测量精度) 的方法.

【注意事项】

为防止意外,必须在征得实验指导教师的同意后再通电测量.

【思考题】

说明你设计电路的思路以及选择仪器和元件的理由.

第二节 虚实结合实验与模拟实验

实验三十九 单摆法测定重力加速度

重力加速度是地球对物体万有引力的特征参数和基本常量,测量重力加速度的数值及其与地区的关系是物理实验的基本内容之一.测定重力加速度最简单而又精确的方法是单摆法.

【实验目的】

1.学习实验方案设计的基本方法.
2.学习分析测量中系统误差的主要来源及修正方法.

【实验原理】

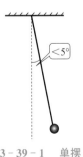

图 3-39-1 单摆

单摆是在上端固定的长为 l 的细线下端拴一重物(见图3-39-1),在重力作用下此重物做摆动运动.重物往复摆动一次所需的时间称为周期,细线与竖直方向的夹角称为摆角.理想情况下,重物的质量比细线的质量大得多,因此可看成一条无质量的细线下端连一质点,称为理想单摆.这种单

摆在摆角很小($\theta < 5°$)时,其周期为

$$T = 2\pi \sqrt{\frac{l+r}{g}},$$

式中 g 为重力加速度,r 为摆球的半径.测量出 l, T, r,即可计算出重力加速度 g.

【实验内容】

1. 模拟软件介绍.

(1) 主窗口.在系统主界面上单击"利用单摆测重力加速度",即可进入显示实验室场景的主窗口(见图 3-39-2).用鼠标在实验台面上四处移动,当鼠标指向仪器时,鼠标指针处会显示有关仪器的提示信息.

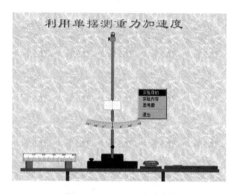

图 3-39-2 主窗口

(2) 主菜单.在主窗口上右击,将弹出主菜单.主菜单包括的菜单项有"实验目的""实验内容""思考题""退出".单击各菜单项可进入相应的内容(若单击"退出",则会退出实验).

① 实验目的.单击主菜单上"实验目的"选项,打开"实验目的"文档(见图 3-39-3),请认真阅读.

② 实验内容.单击主菜单上"实验内容"选项,打开"实验内容"文档(见图 3-39-4),请认真阅读.

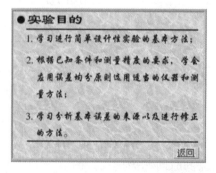

图 3-39-3 "实验目的"文档

图 3-39-4 "实验内容"文档

2. 仪器操作.单击"桌面"上的"仪器"可进行仪器操作.

(1) 米尺. 在主窗口中,单击"桌面"上的"米尺",打开利用米尺测量摆线长度与摆球直径子窗口(注意:当摆球摆动时,不可使用米尺),如图 3-39-5 所示.

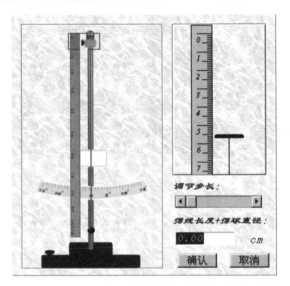

图 3-39-5　利用米尺测量摆线长度与摆球直径子窗口

在子窗口中,可用鼠标拖动左边红框上下移动,同时右边的小窗口作为左边红框视野的放大显示随左边红框上下移动而改变显示内容.

① 调节摆线长度. 移动鼠标到左边红框中的调节旋钮处,单击(或右击)可以减少(或增加)摆线长度. 减少或增加的幅度可由步长控制.

② 移动直尺. 移动鼠标到右边的小窗口中直尺的上方,单击抓取直尺可上下移动直尺.

(2) 游标卡尺. 在主窗口中,单击"桌面"上的"游标卡尺",打开利用游标卡尺测量摆球直径子窗口,如图 3-39-6 所示. 游标卡尺的操作信息可通过位于窗口下方的提示框获得. 提示框内显示的是当鼠标放在游标卡尺的不同部件时,如何对这些部件进行操作的信息.

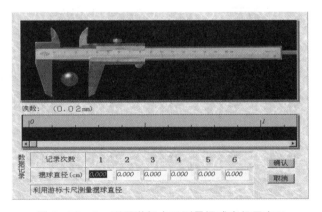

图 3-39-6　利用游标卡尺测量摆球直径子窗口

(3) 电子秒表. 在主窗口中,单击"桌面"上的"电子秒表",打开使用电子秒表子窗口,如图 3-39-7 所示.

电子秒表的计时操作是通过单击电子秒表上方两个按钮进行的. 当鼠标移到这两个按钮

上时,将显示有关按钮功能的操作信息.

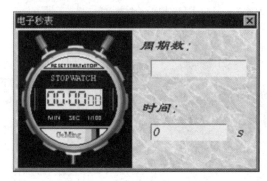

图 3 - 39 - 7　电子秒表子窗口

3. 实验内容.

(1) 取摆线长 $l = 0.900\,0$ m;测摆动时长 6 次,取 $t = 50T$;用游标卡尺测摆球直径 6 次. 列表进行数据处理,计算 g, Δ_g, E_g.

注意:自行推导出利用单摆测重力加速度的公式;根据误差理论,推导出不确定度及相对不确定度的表达式.

(2) 取摆线长分别为 $l = 0.700\,0$ m 和 $l = 0.800\,0$ m,各测 1 次摆动时长,取 $t = 50T$. 除所得实验数据之外,另取 $l = 0.900\,0$ m 的一组数据,作 $l - T^2$ 曲线,求其斜率,并计算 g.

(3) 对上述测量结果进行验证,看是否符合 $\dfrac{\Delta_g}{\bar{g}} \leqslant 1\%$ 的设计要求,结合 g 的标准值 ($g = 9.806\,65$ m/s^2) 进行比较分析,并得出实验结论.

【思考题】

根据间接测量不确定度传递公式,分析哪个物理量对 g 的测量影响最大.

实验四十　半导体温度计的设计

在通常应用中,温度不太低或不太高(如从 -20 ℃ 到几百 ℃)的情况下,用普通的水银温度计来测量温度就足够了. 而在生产和科学实验中,需要精密且快速地测量温度,就需要灵敏度较高的温度计. 现在已有各种用途的温度计,半导体温度计就是其中的一种.

【实验目的】

1. 根据热敏电阻的伏安特性和电阻温度特性,以及设计要求制订半导体温度计的设计方案,并标定温度计.

2. 了解非平衡电桥的工作原理及其在非电学量电测法中的应用.

【实验原理】

半导体温度计是利用半导体的电阻值随温度急剧变化的特性制作的. 半导体温度计是以半导体热敏电阻为传感器,通过测量其电阻值来确定温度的仪器,这种测量方法称为非电学量电测法,它可以将各种非电学量,如长度、位移、应力、应变、温度、光强等转变成电学量,如电阻、电压、电流、电感和电容等,然后用电学仪器来进行测量.

金属氧化物半导体的电阻值对温度的反应很灵敏,因此可以作为热敏传感器.半导体热敏电阻的电阻值与温度的关系为 $R = Ae^{-\frac{B}{T}}$,式中 A,B 为与半导体热敏电阻有关的常量;T 为热力学温度.虽然半导体热敏电阻对温度非常灵敏,但通常热敏电阻可适用的温度范围都不太宽,所以应根据所要测量的温度的上、下限和温度范围选用合适的半导体热敏电阻,并采用相应的测温电路.热敏电阻的 B 值越高,其电阻温度系数越大,可测量的温度范围就越窄.表 3-40-1 给出了不同半导体热敏电阻的适用温度范围和对应的 B 值.

表 3-40-1　不同半导体热敏电阻的适用温度范围和对应的 B 值

适用温度范围	对应的 B 值
$T = 23 \sim 173$ K	$B = 200 \sim 1\,000$ K
$T = 173 \sim 573$ K	$B = 1\,500 \sim 6\,000$ K
$T = 573 \sim 973$ K	$B = 8\,000 \sim 10\,000$ K
$T > 973$ K	$B > 10\,000$ K

由表 3-40-1 可知,测量低温时宜采用 B 值小的半导体热敏电阻,测量高温时宜采用 B 值大的半导体热敏电阻.通常选用的半导体热敏电阻的电阻值为 $R = 10^2 \sim 10^6\ \Omega$,因为电阻值太小,灵敏度就低;电阻值太大,则会引起电绝缘和测量线路匹配困难.在各种半导体热敏电阻的测温电路中,分压电路和桥式电路应用最为广泛.

用电学仪器来测量半导体热敏电阻的电阻值,需要了解半导体热敏电阻的伏安特性(见图 3-40-1).由图 3-40-1 可知,刚开始的一段特性曲线(Oa)是线性的,这是因为当电流较小时,在半导体材料上消耗的功率不能显著地改变热敏电阻的温度,因而这一段符合欧姆定律.随着电流的增加,热敏电阻的耗散功率增加,使工作电流引起热敏电阻的自然温升超过周围介质的温度,则热敏电阻的电阻值下降,即当电流增加时,电压的增加却逐渐变慢,因而出现非线性正阻区 ab 段.当电流达到 I_0 时,其电压达到最大值 U_{max}.若电流继续增加,热敏电阻自然温升更加剧烈,其电阻值迅速下降,减小的速度超过电流增加的速度,因而热敏电阻的电压随电流的增加而减少,形成 bc 段.要使热敏电阻用于温度测量,必须要求其电阻值只随外界温度的改变而改变,与通过它的电流无关,因此热敏电阻的工作区域必须在伏安特性曲线的直线部分.半导体热敏电阻的电阻-温度特性曲线如图 3-40-2 所示.

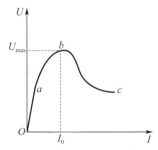

图 3-40-1　半导体热敏电阻的伏安特性曲线

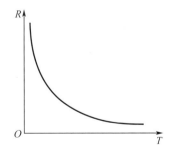

图 3-40-2　半导体热敏电阻的电阻-温度特性曲线

半导体温度计测温电路如图3-40-3所示,图中 μA 是微安表, R_T 为热敏电阻. 设开关K_1,K_2 接通方向如图中所示,当电桥平衡时,微安表的指示必为零,此时应满足 $\dfrac{R_1}{R_2} = \dfrac{R_3}{R_T}$,若取$R_1 = R_2$,则 R_3 的数值即为 R_T 的数值. 当电桥平衡后,若电桥某一臂的电阻发生改变(如 R_T),则平衡将被破坏,微安表中将有电流通过. 若电桥电压、微安表内阻 R_A、电桥各臂电阻 R_1,R_2,R_3 已定,就可以根据微安表的读数 I_A 计算出 R_T 的大小. 也就是说,微安表中电流的大小直接反映了半导体热敏电阻的电阻值,因此就可以利用这种"非平衡电桥"电路来实现对温度的测量. 由上述可知,由 E,R_A,R_1,R_2 可确定 I_A 和 R_T 的关系. 如何选定 E 和电阻 R_1,R_2,R_3 呢? 由电桥原理可知,当半导体热敏电阻的电阻值为量程下限温度的电阻值 R_{T1} 时,要求微安表的读数为零($I_A = 0$),此时电桥处于平衡状态,满足平衡条件. 若取 $R_1 = R_2$,则 $R_3 = R_{T1}$,即 R_3 就是半导体热敏电阻处在量程下限温度时的电阻值.

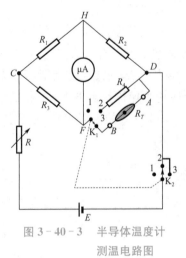

图 3-40-3　半导体温度计
测温电路图

当温度增加时,半导体热敏电阻的电阻值会减小,电桥变得不平衡,微安表中就有电流流过. 当半导体热敏电阻的电阻值为量程上限温度的电阻值 R_{T2} 时,要求微安表的读数为满刻度. 流入微安表的电流 I_A 与加在电桥两端的电压 U_{CD} 和 R_1,R_2 有关. 若流入半导体热敏电阻 R_T 的电流 I_T 比流入微安表的电流 I_A 大得多($I_T \gg I_A$),则加在电桥两端的电压 U_{CD} 近似有

$$U_{CD} = I_T(R_3 + R_T). \tag{3-40-1}$$

根据所选定的半导体热敏电阻的最大工作电流(当 $R_T = R_{T2}$ 时),可由式(3-40-1)确定供电电池的个数. 根据图3-40-3所示的电桥电路,由基尔霍夫方程组可以求出流入微安表的电流 I_A 与 $U_{CD},R_1,R_2,R_3,R_{T2}$ 的关系为

$$I_A = \frac{\dfrac{R_2}{R_1 + R_2} - \dfrac{R_{T2}}{R_3 + R_{T2}}}{R_A + \dfrac{R_1 R_2}{R_1 + R_2} - \dfrac{R_3 R_{T2}}{R_3 + R_{T2}}} U_{CD}. \tag{3-40-2}$$

由于 $R_1 = R_2$,$R_3 = R_{T1}$,对式(3-40-2)整理后有

$$R_1 = \frac{2U_{CD}}{I_A}\left(\frac{1}{2} - \frac{R_{T2}}{R_{T1} + R_{T2}}\right) - 2\left(R_A + \frac{R_{T1} R_{T2}}{R_{T1} + R_{T2}}\right). \tag{3-40-3}$$

由式(3-40-3)就可以最后确定 $R_1(R_2)$ 的数值. 这样确定的 R_1 和 R_2 与选择的 U_{CD} 相对应,也就是和 I_T 相对应. 在本实验中,可以选取 $U_{CD} = 1$ V,代入式(3-40-3)可得 R_1.

一般加在电桥两端的电压 U_{CD} 小于所选定的电池的电动势,这是为了保证电桥两端所需的电压,通常在电源电路中串联一个可变电阻器 R,它的电阻值应根据电桥电路中的总电流来确定.

【实验内容】

用半导体热敏电阻作为传感器,设计制作一台测温范围为 $20 \sim 70$ ℃ 的半导体温度计,参考电路如图3-40-3所示.

1. 设计要求.

（1）在测温范围内，要求作为温度计用的微安表的全部量程均能被有效地利用，即当温度为 20 ℃ 时，微安表指示为零；当温度为 70 ℃ 时，微安表指示为满刻度.

（2）在长时间测量（如几分钟）过程中，微安表的读数应稳定不变.

2. 可提供的仪器和元件. 半导体热敏电阻，恒温水浴箱，微安表，可调电阻器（3 个），四线电阻箱，1.5 V 电池，单刀开关，滑动变阻器，多用表等.

3. 参考设计方案.

（1）确定所设计的半导体温度计的下限温度（20 ℃）所对应的电阻值 R_{T1} 和上限温度（70 ℃）所对应的电阻值 R_{T2}，再由半导体热敏电阻的伏安特性曲线确定最大工作电流. 根据实验中采用的半导体热敏电阻的实际情况，选取 $U_{CD} = 1$ V，这样可以保证半导体热敏电阻工作在它的伏安特性曲线的直线部分.

（2）令 $R_3 = R_{T1}$，由式（3-40-3）计算出桥臂电阻 R_1 和 R_2 的电阻值.

（3）调节可调电阻器 R_1，R_2，R_3 的电阻值，用多用表边测量边调节可调电阻器 R_1 和 R_2，使其电阻值达到式（3-40-3）的计算值（可以取比计算值略小的整数），并同样调节可调电阻器 R_3 的电阻值为 R_{T1}.

（4）对照实验参考电路图（见图 3-40-3）所用元件、位置及线路的连接方向进行实验线路的连接.

（5）调节电桥平衡状态.

① 调节四线电阻箱 R_T 的电阻值为下限温度（20 ℃）所对应的 R_{T1}.

② 微安表调零. 调节微安表调零旋钮，将微安表进行调零.

③ 调节滑动变阻器，用多用表的电压挡测量电桥分压，令 $U_{CD} = 1$ V.

④ 闭合线路开关，观察电桥是否平衡. 如果不平衡，则微调可调电阻器 R_3，使电桥平衡，平衡时微安表的读数为零（注意：在以后的调节过程中，R_3 保持不变）.

（6）标定微安表表盘.

① 电桥调节平衡完成以后，调节四线电阻箱 R_T 的电阻值为上限温度（70 ℃）所对应的 R_{T2}，再次调节滑动变阻器，使微安表满刻度.

② 保持电路各个仪器状态不变，依次调节四线电阻箱电阻值等于 20 ℃，25 ℃，30 ℃，35 ℃，40 ℃，45 ℃，50 ℃，55 ℃，60 ℃，65 ℃，70 ℃ 时对应的半导体热敏电阻的电阻值.

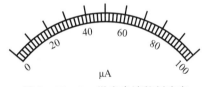

③ 将图 3-40-4 所示的表盘刻度改成温度刻度.

图 3-40-4　微安表读数刻度盘

（7）用实际半导体热敏电阻代替电阻箱，整个电路就是经过标定的半导体温度计. 用此温度计测量两个恒温状态的温度（如 35 ℃，55 ℃），读出半导体温度计和恒温水自身的温度，比较其结果.

4. 仪器操作.

（1）主窗口介绍. 在系统主界面上单击"半导体温度计的设计"，即可进入实验场景的主窗口（见图 3-40-5）.

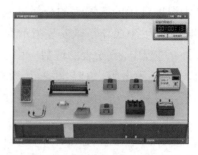

图 3 - 40 - 5　半导体温度计的设计实验主窗口

（2）计算并调节各个桥臂的电阻.

① 根据实验原理可知，R_{T1} 等于 20 ℃ 温度点对应的半导体热敏电阻的电阻值，R_{T2} 等于 70 ℃ 温度点对应的半导体热敏电阻的电阻值.

a. 双击"桌面"上的"多用表"打开多用表的大视图，打开多用表的电源开关，调节多用表的挡位至 20 kΩ 挡，并将多用表与半导体热敏电阻相连接，如图 3-40-6 所示. 将鼠标移动到实验仪器接线柱的上方，拖动鼠标便会产生"导线"，当鼠标移动到另一个接线柱的时候，松开鼠标左键，两个接线柱之间便产生一条导线，连线成功；如果松开鼠标左键的时候，鼠标不在某个接线柱上，画出的导线将会自动消失，此次连线失败.

 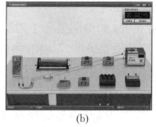

（a）　　　　　　　　　　（b）

图 3 - 40 - 6　多用表连接窗口

b. 双击"桌面"上的"水浴锅"打开水浴锅的大视图，打开水浴锅的电源开关. 调节水浴锅的温度分别为20 ℃，70 ℃，测量 20 ℃，70 ℃ 温度下的半导体热敏电阻的电阻值并记录，如图 3 - 40 - 7 所示.

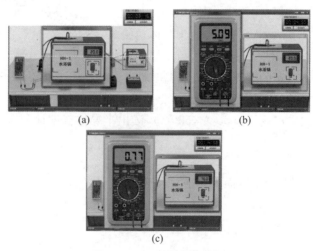

（a）　　　　　　　　　　（b）

（c）

图 3 - 40 - 7　调节水浴锅

② 已知微安表的内阻为 $R_A = 1.2\ \text{k}\Omega$，量程为 $100\ \mu\text{A}$，$U_{CD} = 1\ \text{V}$．根据式(3-40-3)计算出 R_1，R_2 的电阻值，并在实验数据表格中，记录 R_1，R_2 的电阻值，如图 3-40-8 所示．

图 3-40-8　计算并记录 R_1，R_2 的电阻值

③ 根据实验原理可知 $R_3 = R_{T1}$，即 R_3 的电阻值等于 $20\ ℃$ 温度点对应的半导体热敏电阻的电阻值．将多用表与可调电阻器 3 相连接，多用表置于 $20\ \text{k}\Omega$ 挡，调节可调电阻器 3 使其电阻值为 R_3，如图 3-40-9 所示．

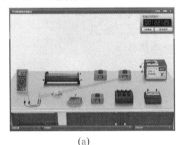
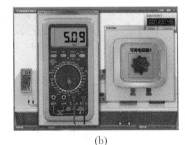

(a)　　　　　　　　　　　　　　(b)

图 3-40-9　连接并调节可调电阻器 3

④ 同理，将多用表分别与可调电阻器 1、可调电阻器 2 相连接，调节可调电阻器 1、可调电阻器 2 使其电阻值分别等于桥臂电阻 R_1 及 R_2 的电阻值，如图 3-40-10 所示．

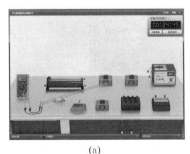
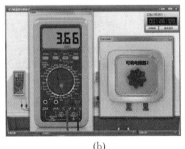

(a)　　　　　　　　　　　　　　(b)

图 3-40-10　可调电阻器 1，2 的连接与调节

（3）完成实验连线，进行温度标定．

① 双击"桌面"上的"微安表"打开微安表的大视图，单击或右击微安表的调零旋钮，对微安表进行调零，如图 3-40-11 所示．

② 根据实验电路图（见图 3-40-3）进行实验电路的连线，如图 3-40-12 所示．

③ 连接好电路后，在"实验数据表格"中单击"连线"模块下的"确定状态"按钮，保存连线状态，如图 3-40-13 所示．

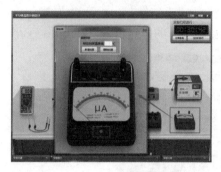

图 3-40-11　微安表的调零

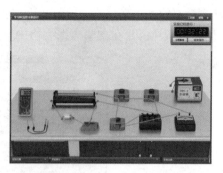

图 3-40-12　实验电路连线

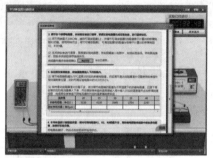

图 3-40-13　保存连线状态

（4）调节电桥平衡.

① 双击"桌面"上的"单刀开关"打开单刀开关的大视图,在大视图中选中"闭合"选项,将整个实验电路连通,如图 3-40-14 所示.

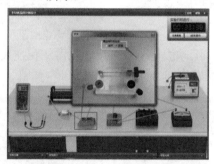

图 3-40-14　连通实验电路

② 双击"主窗口"中的"电阻箱"打开电阻箱的大视图,调节电阻箱的电阻值等于 20 ℃ 温度点对应的半导体热敏电阻的电阻值,调节滑动变阻器的滑动头到合适位置. 如果此时微安表的读数为零,则说明电桥平衡;如果微安表的读数不为零,则微调可调电阻器 3 的电阻值使电桥平衡(此处只可调节可调电阻器 3,不能调节可调电阻器 1、可调电阻器 2,且调节平衡后,在后续的操作中不可再调节可调电阻器 3),如图 3-40-15 所示.

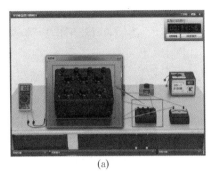
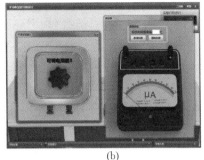

(a)　　　　　　　　　　　　　(b)

图 3 - 40 - 15　　微调可调电阻器 3

（5）标定微安表刻度盘.

① 调节电阻箱的电阻值为 70 ℃ 温度点对应的半导体热敏电阻的电阻值,然后调节滑动变阻器滑动头位置使微安表指针指向满刻度位置,此时可得实验电路中的 U_{CD} 约为 1 V,如图 3 - 40 - 16 所示.

② 保持滑动变阻器滑动头位置不变,依次调节电阻箱的电阻值等于各个温度点的半导体热敏电阻的电阻值,在微安表的"温度标定"框中输入对应的温度值并单击"新增刻度"按钮,则当前微安表刻度盘上的指针位置将增加一条温度刻度线,如图 3 - 40 - 17 所示.

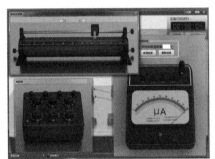
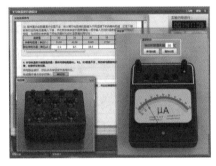

图 3 - 40 - 16　调节滑动变阻器使微安表满刻度　　　　图 3 - 40 - 17　　新增温度刻度线

③ 依次完成各个温度点的标定,此时微安表表盘的标定就完成了,标定后的表盘如图 3 - 40 - 18 所示.

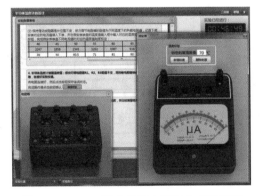

图 3 - 40 - 18　　微安表温度标定完成示意图

（6）用半导体热敏电阻替换电阻箱，再次连线.

① 将电阻箱接线柱上的连线移接到半导体热敏电阻的接线柱上，用半导体热敏电阻替换电阻箱，并保持线路中其他连线及仪器状态不变，如图 3－40－19 所示.

② 连接好电路后，然后在"实验数据表格"中单击对应模块下的"确定状态"按钮，保存连线状态，如图 3－40－20 所示.

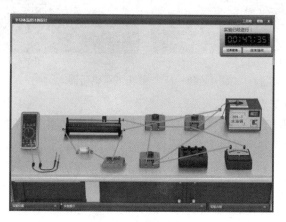

图 3－40－19　半导体热敏电阻替换电阻箱并连线

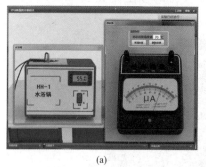

图 3－40－20　保存连线状态

（7）用半导体热敏电阻进行温度测量. 打开水浴锅开关，设置水浴锅的水温，待水浴锅进入恒温状态后，在"实验数据表格"中单击对应模块下的"确定状态"按钮，然后从微安表上读取测量的温度值，与水浴锅上的温度进行比较，并记录当前的微安表电流值，如图 3－40－21 所示；然后再次调节水浴锅温度值，选择一个较高温度重复测量.

(a)　　　　　　　　　　　　　　　　(b)

图 3－40－21　用半导体热敏电阻测量温度

【注意事项】

要先调节并测量好可调电阻器的电阻值以后，再进行实验线路的连接.

【思考题】

1. 此实验中存在的误差主要包括哪些? 如何降低这些误差?
2. 实验中为什么要先调节并测量好可调电阻器的电阻值以后再进行实验线路的连接?

实验四十一　　双臂电桥测低电阻

电桥法是常用的测量电阻的方法之一. 电桥法用比较法进行电阻测量, 即在平衡条件下, 将待测电阻与标准电阻进行比较, 确定待测电阻的电阻值, 具有测试灵敏、精确、简便等特点.

电桥可以分为直流电桥和交流电桥两大类. 直流电桥用来测量电阻, 又可分为单臂电桥(惠斯通电桥) 和双臂电桥(开尔文(Kelvin) 电桥). 单臂电桥适用于测量中值电阻($1 \sim 10^6 \ \Omega$); 双臂电桥适用于测量低值电阻($1 \ \Omega$ 以下, 简称为低电阻). 高值电阻($10^6 \ \Omega$ 以上) 常用兆欧表测量. 交流电桥用来测量电容、电感等物理量.

用单臂电桥测量中值电阻时, 忽略了导线电阻和接触电阻的影响, 但在测量 $1 \ \Omega$ 以下的低电阻时, 各导线的电阻和端点的接触电阻相对于待测电阻的电阻值来说不可忽略, 一般情况下, 附加电阻为 $10^{-4} \sim 10^{-2} \ \Omega$. 为避免附加电阻的影响, 本实验引入了四端接法, 组成双臂电桥, 这是一种常用的测量低电阻的方法, 已广泛应用于科技测量中.

【实验目的】

1. 了解测量低电阻的特殊性.
2. 掌握双臂电桥的工作原理.

【实验原理】

伏安法、惠斯通电桥法可以比较容易地测量中值电阻, 但在测量电阻值小于 $1 \ \Omega$ 的低电阻时会存在困难. 这是因为任何非焊接的接线端头都有接触电阻, 连接用的导线本身也有电阻, 两者的电阻值在 $10^{-6} \sim 10^{-2} \ \Omega$ 之间. 当用惠斯通电桥法测量低电阻时, 因接触电阻和导线电阻引起的测量误差就可能达到 1% 以上, 甚至超过待测电阻的电阻值.

导线电阻和接触电阻是怎样对低电阻测量结果产生影响的呢? 用电流表和毫伏表按欧姆定律测量电阻 R_x, 电路如图 3-41-1 所示. 考虑到电流表、毫伏表与测量电阻的接触电阻后, 等效电路如图 3-41-2 所示.

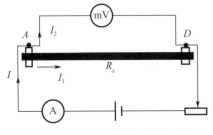

图 3-41-1　测量电阻的电路图

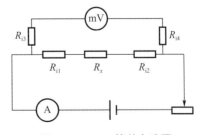

图 3-41-2　等效电路图

由于毫伏表内阻 R_V 远大于接触电阻 R_{i3} 和 R_{i4},因此 R_{i3},R_{i4} 对于毫伏表的测量影响可忽略不计,此时按照欧姆定律得到的待测电阻的电阻值为 $(R_x + R_{i1} + R_{i2})$.当待测电阻 R_x 小于 $1\ \Omega$ 时,就不能忽略接触电阻 R_{i1} 和 R_{i2} 对测量的影响.

因此,为了消除接触电阻对测量结果的影响,需要将接线方式改成如图 $3-41-3$ 所示的方式,将低电阻 R_x 以四端接法的方式连接,等效电路如图 $3-41-4$ 所示.接于电流测量回路中称为电流接头的两端 (A,D),与接于电压测量回路中称为电压接头的两端 (B,C) 是各自分开的,许多低电阻的标准电阻都做成四端钮方式.此时毫伏表上测得的电压为 R_x 的电压降,由 $R = \dfrac{U}{I}$ 即可计算出 R_x.

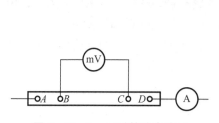

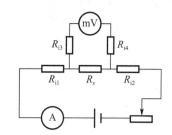

图 $3-41-3$　四端接法电路图　　　　　图 $3-41-4$　四端接法等效电路图

根据四端接法电路,就发展成了双臂电桥,其电路和等效电路如图 $3-41-5$ 和图 $3-41-6$ 所示.标准电阻 R_n 的电流接头接触电阻为 R_{in1},R_{in2},待测电阻 R_x 的电流接头接触电阻为 R_{ix1},R_{ix2},且 R_{in1},R_{in2},R_{ix1} 和 R_{ix2} 都连接到双臂电桥电流测量回路中.标准电阻 R_n 的电压接头接触电阻为 R_{n1},R_{n2},待测电阻 R_x 的电压接头接触电阻为 R_{x1},R_{x2},且 R_{n1},R_{n2},R_{x1} 和 R_{x2} 都连接到双臂电桥电压测量回路中,因为它们与电阻值较大的电阻 R_1,R_2,R_3,R 串联,故其影响可忽略.R_i 为导线电阻,将 R_{in1},R_{in2} 和导线电阻 R_i 合记为 r.

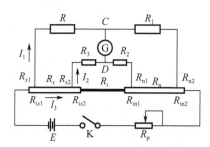

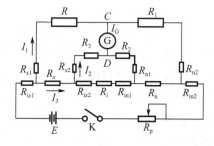

图 $3-41-5$　双臂电桥电路图　　　　　图 $3-41-6$　双臂电桥电路等效电路图

由图 $3-41-5$ 和图 $3-41-6$ 可知,当电桥平衡时,通过检流计 G 的电流 $I_G = 0$,C 和 D 两点电势相等,根据基尔霍夫定律,可得

$$\begin{cases} I_1 R = I_3 R_x + I_2 R_3, \\ I_1 R_1 = I_3 R_n + I_2 R_2, \\ (I_3 - I_2) r = I_2 (R_3 + R_2). \end{cases} \qquad (3-41-1)$$

对方程组 $(3-41-1)$ 求解可得

$$R_x = \frac{R}{R_1} R_n + \frac{Rr}{R_3 + R_2 + r}\left(\frac{R_2}{R_1} - \frac{R_3}{R}\right). \qquad (3-41-2)$$

通过联动转换开关,同时调节 R_1,R_2,R_3,R,使得 $\dfrac{R_2}{R_1}=\dfrac{R_3}{R}$ 成立,则式(3-41-2)可写为

$$R_x=\frac{R}{R_1}R_n. \tag{3-41-3}$$

实际上,即便使用了联动转换开关也很难做到 $\dfrac{R_2}{R_1}=\dfrac{R_3}{R}$. 为了减小式(3-41-2)右边的第二项的影响,需使用尽量粗的导线以减小 R_i 的电阻值($R_i<0.001\ \Omega$),使式(3-41-2)右边的第二项与第一项相比较可以忽略,以满足式(3-41-3).

【实验内容】

用双臂电桥测量金属材料(铜棒、铝棒)的电阻率 ρ. 先通过式(3-41-3)测量 R_x,再通过 $\rho=\dfrac{S}{L}R_x$ 求 ρ,式中 S 为金属材料的横截面积,L 为金属材料的长度.

1. 实验步骤.

(1) 将铜棒安装在测试架上,按实验电路图(见图3-41-7)接线. 选择铜棒的长度为 50 cm,调节 R_1,R_2 的电阻值为 $R_1=R_2=1\,000\ \Omega$,调节 R_x(先粗调再细调)使得检流计指示为零,读出此时 R_x 的电阻值. 利用双刀开关换向,正反方向各测量 3 组数据.

(2) 选择铜棒的长度为 40 cm,重复步骤(1).

(3) 在 3 个不同的位置测量铜棒的直径 D 并求 D 的平均值.

(4) 计算 2 种长度时的 R_x 和 ρ,再求电阻率的平均值 $\bar{\rho}$.

(5) 计算铜棒长度为 40 cm 时,测量值 ρ 的标准偏差.

(6) 将铜棒换成铝棒,重复步骤(1)~(5).

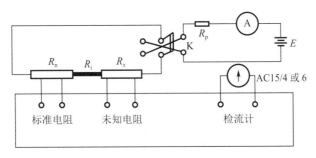

图 3-41-7　实验电路图

2. 仪器操作.

(1) 在系统主界面上单击"双臂电桥测低电阻实验",即可进入实验场景的主窗口,如图3-41-8所示(注意:本实验中的电路仪器不允许按 DEL 键移除).

(2) 双击"桌面"上的"待测电阻架",打开待测电阻架的界面,将铜棒拖入测试架上,并调节滑块间的距离为 50 cm,如图3-41-9所示.

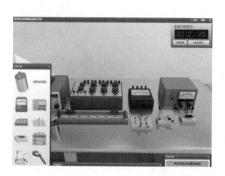

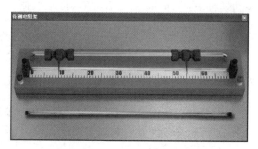

图 3-41-8　双臂电桥测低电阻实验主窗口　　　　图 3-41-9　待测电阻架

（3）调节双臂电桥的 R_1，R_2 的电阻值为 1 000 Ω，并将"粗""细"按钮弹起，如图 3-41-10 所示.

（4）确认检流计在测量挡（×1，×0.1 或×0.01），接通电源对检流计调零，如图 3-41-11 所示（注意：不允许在短路挡调零）.

图 3-41-10　调节双臂电桥电阻　　　图 3-41-11　接通电源对检流计调零

（5）按实验电路图连线（见图 3-41-7）.连线完成后如图 3-41-12 所示.

（6）开启电压源的电源，闭合双刀双掷开关，按下双臂电桥的"粗"按钮.这时检流计示数发生偏转，调节双臂电桥的 R_x，使电桥平衡，记录 R_x 的值，如图 3-41-13 所示.

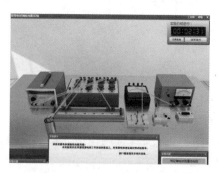

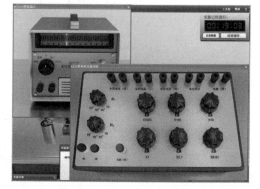

图 3-41-12　连线完成后　　　　图 3-41-13　测量 R_x 的电阻值

（7）利用双刀双掷开关换向，正反方向各测量 3 组数据.

（8）将测试架上两滑块的距离调为 40 cm，重复测量.将铜棒换成铝棒，重复测量.

（9）使用螺旋测微器测量金属棒的直径，根据测量的数据计算两个金属棒的电阻率.

【思考题】

1. 如果将标准电阻和待测电阻电流接头和电压接头互换,等效电路有何变化,有什么不好?

2. 在测量时,如果待测低电阻的电压接头接线电阻较大(例如待测电阻远离电桥,所用导线过细过长等),对测量准确度有无影响?

3. 自行设计一种简单易行的测量低电阻方法,将测量结果与双臂电桥测量结果进行比较并评价.

实验四十二   光学设计实验

随着科学技术的飞速发展,科研生产领域对光学技术提出了越来越高的要求.许多现代化的精密光学仪器的问世,不但促进了光学技术自身的发展,也为其他学科的发展提供了重要的实验手段.光学技术正发挥着日益重大的作用.

透镜是光学技术中最基本的光学元件,如放大镜、眼镜片等都是简单的透镜,显微镜、照相机的镜头也都是由简单的透镜组成的.

【实验目的】

1. 掌握常用的测量单透镜焦距的方法.
2. 掌握共轴光具组的调节.
3. 学习望远镜、显微镜等几何光学仪器的基本放大原理.

【实验原理】

透镜是使用最广泛的一种光学元件.人的眼球也是一种透镜,我们正是通过这一对"透镜"来观察周围世界的.同时,人类利用透镜及各种透镜的组合形成放大的或缩小的实像及虚像,观察遥远宇宙中星体的运行情况及肉眼看不见的微观世界.

透镜是用透明材料(如光学玻璃、熔石英、水晶、塑料等)制成的一种光学元件,一般由两个或两个以上共轴的折射面组成.仅有两个折射面的透镜称为单透镜,由两个以上折射面组成的透镜称为组合透镜.多数单透镜的两个折射面或都是球面,或一面是球面而另一面是平面,故称其为球面透镜.球面透镜可分为凸透镜、凹透镜两大类,每类又有双凸(凹)、平凸(凹)、弯凸(凹)三种.两个折射面有一个不是球面(也不是平面)的透镜称为非球面透镜,包括柱面透镜、抛物面透镜等.根据厚度的差异,透镜可分为薄透镜和厚透镜两种.连接透镜两折射面曲率中心的直线称为透镜的主轴.透镜的厚度与球面的曲率半径相比不能忽略的,称为厚透镜;若可略去不计,则称其为薄透镜.实验室中常用的透镜大多为薄透镜.

描述透镜的参数有许多,其中最重要、最常用的参数是透镜的焦距.利用不同焦距的透镜可以组合成望远镜、显微镜等.

1. 标准透镜

透镜按成像性质来区分,可以分为两类:一类为会聚透镜,或称为凸透镜;另一类为发散透镜,或称为凹透镜.凸透镜和凹透镜的折射面都是球面,但前者中心厚、边缘薄;后者相反,中心薄、边缘厚,它们都是由光学玻璃研磨而成的,如图 3-42-1 所示.

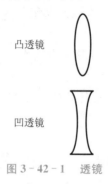

图 3-42-1　透镜

2. 符号规定

为了找到几何光学的普遍公式,必须要有统一的符号规定.一般的符号规定以光线行进的方向作为依据,顺光线方向为正,逆光线方向为负.

如图 3-42-2 所示为凸透镜成像的光路图.从光心算起,物距 s 和物方焦距 f 都是负的,像方焦距 f' 和像距 s' 都是正的,为使图中线段的标注值都是正的,则在 s,f 前加上负号.物 AB 是正的,而像 $A'B'$ 是负的.

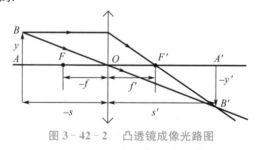

图 3-42-2　凸透镜成像光路图

3. 高斯公式

傍轴条件下的高斯公式为

$$\frac{f}{s} + \frac{f'}{s'} = 1.$$

在空气中,$f = -f'$,可得

$$\frac{1}{s'} - \frac{1}{s} = \frac{1}{f'}. \tag{3-42-1}$$

表征物像大小关系的物理量称为横向放大率,即

$$\beta = \frac{y'}{y} = \frac{s'}{s}. \tag{3-42-2}$$

4. 成像条件

一般的几何光学实验都要求满足两个基本条件:① 必须是点物体才能成像;② 必须在共轴条件下进行.

对于条件 ①,可以在光源和物屏之间加上毛玻璃.对于条件 ②,可以在给定的导轨上进行调节,使有关元件中心等高.透镜的轴线与光具导轨平行,各屏面垂直于光轴方向且等高,这样才能满足实验要求.

5.透镜实验

(1)平行光法.平行光经凸透镜会聚于焦点 F',如图3-42-3所示,而焦点 F' 到凸透镜的距离就等于焦距.

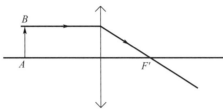

图3-42-3　平行光法凸透镜成像光路图

(2)位移法(贝塞尔法).当物与像屏的距离 $A > 4f$ 保持不变时,沿光轴方向移动凸透镜,则在像屏上会出现两次清晰的像(见图3-42-4,l 为两次成像时的透镜位置的间距),由高斯公式可得

$$f' = \frac{A^2 - l^2}{4A}. \tag{3-42-3}$$

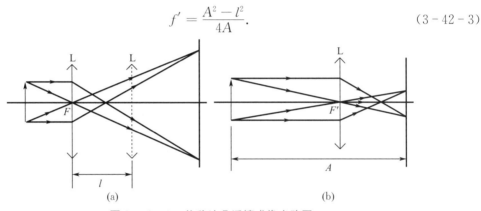

(a)　　　　　　　　　　　　(b)

图3-42-4　位移法凸透镜成像光路图

(3)测凹透镜焦距.如图3-42-5所示,测量凹透镜焦距时,先用凸透镜成像,找到 A' 位置,再把像屏右移,在 A' 与凸透镜之间摆上待测凹透镜,移动像屏,找到 A'' 的位置,则凹透镜的焦距为

$$f' = \frac{ss'}{s - s'}, \tag{3-42-4}$$

式中 s 为 $O'A'$,s' 为 $O'A''$.

$$\beta = \frac{s_1'}{s_1}. \tag{3-42-5}$$

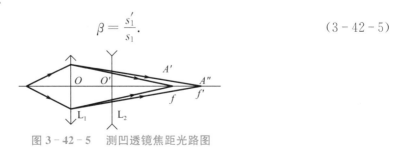

图3-42-5　测凹透镜焦距光路图

6. 几何光学仪器原理

（1）显微镜. 显微镜成像光路如图 3-42-6 所示. 在放大镜（目镜）前再加一个焦距极短的凸透镜，称为物镜. 物镜和目镜的间隔比它们各自的焦距大得多，被观察物体 QP 放在物镜物方焦距 f_0 外侧附近，使物镜所成的实像 $Q'P'$ 尽量大，这个实像再经过目镜成放大虚像 $Q''P''$ 于明视距离以外.

显微镜的视角放大率定义为最后的虚像对人眼所张的视角与物体在实际位置对人眼所张的视角之比，其数学表达式为

$$M = -\frac{s_0 \Delta}{f_0 f_E}, \qquad (3-42-6)$$

式中 f_0, f_E 分别为物镜 L_0 和目镜 L_E 的焦距；Δ 为物镜像方焦点到目镜物方焦点的距离（称为光学间隔）；s_0 为明视距离.

物镜、目镜焦距越短，光学间隔越长，显微镜的视角放大率越大.

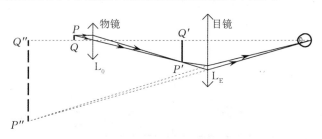

图 3-42-6　显微镜成像光路图

（2）望远镜. 望远镜的结构类似于显微镜，如图 3-42-7 所示，先由物镜成中间像，再由目镜观察此中间像，但由于望远镜所观察的物体在很远的地方，因此中间像成在物镜的像方焦平面上. 所以，望远镜的物镜焦距较长，而物镜的像方焦点 F_0' 和目镜的物方焦点 F_E 几乎重合.

望远镜的视角放大率定义为最后的虚像对人眼所张的视角与物体在实际位置对人眼所张的视角之比，其数学表达式为

$$M = -\frac{f_0}{f_E}. \qquad (3-42-7)$$

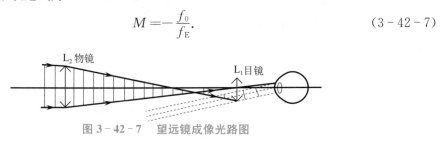

图 3-42-7　望远镜成像光路图

【实验内容】

1. 透镜实验.
（1）位移法测凸透镜焦距.
（2）测凹透镜焦距.
（3）凸透镜成像观察及横向放大率的测定.

2.设计几何光学仪器.设计望远镜或显微镜,要求:

(1)画出所设计望远镜或显微镜的光路图,标示所有元件参数及图中坐标位置.

(2)计算其视角放大率.

3.模拟软件介绍.

(1)主窗口.进入本实验后,看到如图3-42-8所示的显示实验室场景的主窗口.鼠标在元件上停留可显示此元件的名称.

平行光源　物屏　凸透镜　凹透镜　光屏　眼睛位置

图3-42-8　主窗口

(2)主菜单.在主窗口上右击,打开功能菜单.功能菜单包括"实验目的"(见图3-42-9)、"注意事项"、"实验说明"、"显示装置"、"实验设置"、"画出光路图"、"实验习题"和"退出实验"8项.在"实验说明"中包括了"实验原理""透镜实验""几何光学仪器原理""实验内容"4项."实验原理"中有关于本实验的实验说明和原理,仔细学习各个实验原理.单击 标准透镜 可选择所要进入学习的元件.在"显示装置"中包括了"光屏""眼睛看到的像"两个实验元件,单击可显示这两个元件的面板(见图3-42-10).单击面板下面的小方块可切换显示比例.在"实验设置"中包括了"锁定",若选中"锁定"选项,元件只能在导轨上沿水平方向移动.

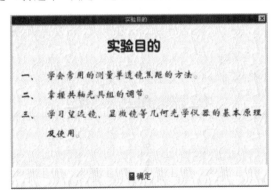

图3-42-9　"实验目的"窗口

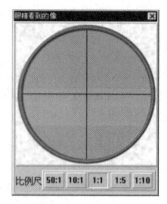

图 3-42-10　元件面板

4.仪器操作.学习完实验原理后开始实验,在元件上单击选中该元件,按住左键不放可拖动元件.下面通过位移法测凸透镜焦距实验来具体说明本实验的操作方法.

（1）首先拖动光源、物屏、凸透镜、光屏到导轨上,如图 3-42-11 所示.

光屏
129[cm]

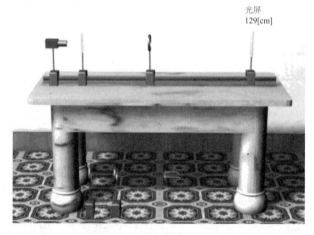

图 3-42-11　拖动元件到导轨上

鼠标在元件上停留可显示该元件的位置及名字,右击可显示元件的功能操作菜单.在操作菜单中包括"属性调节""精细调节"两项.

（2）选择"属性调节"进入"属性调节"窗口,如图 3-42-12 所示.

图 3-42-12　"属性调节"窗口

勾选"显示参考线"可以打开参考线;调节右边"上下调节"滑块,可调节各个元件到同一水平面上.

(3) 选择"精细调节"或双击该元件进入"精细调节"窗口,如图 3 - 42 - 13 所示.

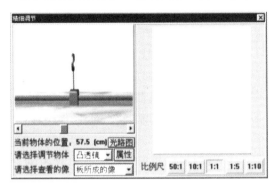

图 3 - 42 - 13 "精细调节"窗口

在窗口中,左上角的图为当前元件的状态图,右边的图为显示窗口;窗口中左下角第 1 排显示当前元件的位置,第 2 排可以切换不同的操作元件,第 3 排可以通过选择不同的显示窗口选择要显示的内容.通过调节"左右调节"滑块可移动元件,当移动元件时,右边显示的图形将会相应地发生变化.在调节时,单击"光路图"可显示当前光路图,通过光路图可以更准确地调节各个元件.当调节到适当的位置时,右边显示窗口显示清晰,即凸透镜达到了第一个记录点,记下此时各个元件的位置. 继续调节,找到第二个记录点. 然后根据这两个记录点和式(3 - 42 - 3)计算出凸透镜的焦距,即完成了本次实验.

【注意事项】

1. 本实验是模拟理想情况下的组合透镜实验,一切数值按理论情况下进行处理.

2. 在组合望远镜实验中,在离实验桌右侧 10 cm 处需放置一个高为 100 cm 的发光物体.

3. 明视距离为 25 cm,即若成像不在眼睛前 25 cm 处,则按模糊处理.

【思考题】

1. 凸透镜成像的特点是什么?凹透镜成像的特点是什么?

2. 说明位移法测量凸透镜焦距的公式 $f' = \dfrac{A^2 - l^2}{4A}$ 中各参量的意义.

3. 说明测量凹透镜焦距的实验步骤.

实验四十三 椭圆偏振仪测薄膜厚度和折射率

椭圆偏振光在样品表面反射后,偏振状态会发生变化,利用这一特性可以测量固体上薄膜的厚度和折射率.这种方法具有测量范围宽(厚度为 $10^{-10} \sim 10^{-6}$ m 量级)、精度高(可达百分之几单原子层)、非破坏性、应用范围广(金属、半导体、绝缘体、超导体等固体薄膜)等特点. 目前市场上的全自动椭圆偏振仪,利用动态光度法跟踪入射光波长和入射角改变时,反射角和反射光偏振状态的变化,可实现全自动控制以及椭偏参数的自动测定、光学常数的自动计算等,但实验装置复杂,价格昂贵.本实验采用简易的椭圆偏振仪,利用传统的消光法测量椭偏参数,使学生掌握椭圆偏振光法(椭偏光法)的基本原理及仪器的使用,并且测量玻璃衬底上的薄膜的厚度和折射率.

在现代科学技术中,薄膜有着广泛的应用.因此测量薄膜的技术也有了很大的发展,椭偏光法就是20世纪70年代以来随着电子计算机的广泛应用而发展起来的,是目前已有的测量薄膜的厚度和折射率最精确的方法之一.椭偏光法测量具有如下特点:

(1)椭偏光法能测量很薄的膜(1 nm),且测量精度很高,比干涉法高 $1 \sim 2$ 个数量级.

(2)椭偏光法是一种无损测量,不需特别制备样品,也不损坏样品,比其他精密测量方法(如称重法、定量化学分析法)简便.

(3)椭偏光法可同时测量薄膜的厚度、折射率及吸收系数,因此可以作为分析工具使用.

(4)椭偏光法对一些表面结构、表面过程和表面反应相当敏感,是研究表面物理的一种方法.

【实验目的】

1.掌握利用椭圆偏振光测薄膜厚度和折射率的原理及方法.

2.了解偏振光在实验物理中的应用.

【实验原理】

1.椭圆偏振光的基本概念

椭圆偏振光可以看成由两个振动方向互相垂直、频率相同、相位差恒定的线偏振光叠加而成,用矢量公式可表示为

$$\boldsymbol{E} = E_x \boldsymbol{i} + E_y \boldsymbol{j}, \qquad (3-43-1)$$

式中
$$E_x = A_1 \cos(\omega t + \alpha_1), \quad E_y = A_2 \cos(\omega t + \alpha_2), \qquad (3-43-2)$$

这里 A_1, A_2 分别为 x 和 y 分量的振幅;α_1, α_2 分别为 x 和 y 分量的初相位;ω 为光的角频率.利用式(3-43-2)消去 t 就可以得到光矢量运动的轨迹方程

$$\frac{E_x^2}{A_1^2} + \frac{E_y^2}{A_2^2} - 2\frac{E_x E_y}{A_1 A_2}\cos \delta = \sin^2\delta, \qquad (3-43-3)$$

式中 $\delta = \alpha_2 - \alpha_1$.

两个振动方向互相垂直的线偏振光的合成轨迹如图 3-43-1 所示.

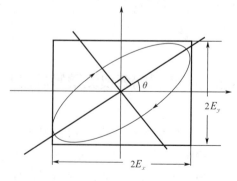

图 3-43-1 两个振动方向互相垂直的线偏振光的合成轨迹

当 $\delta = 0$ 或 $\pm \pi$ 时,两线偏振光合成为线偏振光;当 $\delta = \pm \dfrac{\pi}{2}$ 时,两线偏振光合成为正椭圆偏振光(当 $A_1 = A_2$ 时为圆偏振光);当 δ 在 $(-\pi, \pi)$ 之间时,两线偏振光合成为任意方位的椭圆偏振光,方位角 θ(见图 3 - 43 - 1)满足

$$\tan 2\theta = \frac{2A_1 A_2}{A_1^2 - A_2^2} \cos \delta. \tag{3-43-4}$$

可见,当 $A_1 = A_2$,但 $\delta \neq \pm \dfrac{\pi}{2}$ 时,方位角 θ 总等于 $\pm \dfrac{\pi}{4}$,此时椭圆偏振光的长短轴之比仅与 δ 有关,此时椭圆偏振光叫作等幅椭圆偏振光.

2. 菲涅耳公式

自然光射到两种介质交界面时发生反射和折射,反射光和折射光的振幅和相位会发生变化,这些变化可以用菲涅耳公式进行计算. 如图 3 - 43 - 2 所示,如果第 1 种介质的折射率为 n_1,光的入射角为 φ_1,第 2 种介质的折射率为 n_2,光的折射角为 φ_2,反射光与入射光的 P 分量(平行于入射面的分量)的振幅比为 r_{1P},反射光与入射光的 S 分量(垂直于入射面的分量)的振幅比为 r_{1S},用菲涅耳公式可以表示为

$$r_{1P} = \frac{n_2 \cos \varphi_1 - n_1 \cos \varphi_2}{n_2 \cos \varphi_1 + n_1 \cos \varphi_2}, \tag{3-43-5}$$

$$r_{1S} = \frac{n_1 \cos \varphi_1 - n_2 \cos \varphi_2}{n_1 \cos \varphi_1 + n_2 \cos \varphi_2}. \tag{3-43-6}$$

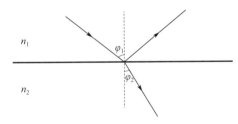

图 3 - 43 - 2　菲涅耳公式示意图

3. 斯托克斯倒逆关系

利用斯托克斯倒逆关系可以得到反射率和折射率的间接关系,所以在这里列出其公式(对 P 分量和 S 分量都适用):

$$t_{21} t_{21} = 1 - r_{12}^2, \quad r_{12} = -r_{21}, \tag{3-43-7}$$

式中 r_{12}, t_{12} 分别为光由介质 1 射向介质 2 时在两种介质交界面上的振幅反射率与振幅透射率;r_{21}, t_{21} 分别为光由介质 2 射向介质 1 时在两种介质交界面上的振幅反射率与振幅透射率.

4. 光在双层界面薄膜系统上的反射规律

当一束任意偏振态的单色光射入如图 3 - 43 - 3 所示的薄膜系统时,在两个交界面上发生多重反射和折射. 利用菲涅耳公式以及斯托克斯倒逆关系可以求得 $0, 1, 2, \cdots$ 各光束的复振幅如表 3 - 43 - 1 所示(设入射光的复振幅为 E_i).

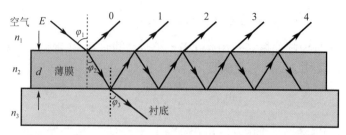

图 3-43-3　光在双层界面薄膜系统上的反射示意图

表 3-43-1　各光束复振幅

光束	复振幅
0	$E_i r_{12}$
1	$E_i t_{12} t_{21} r_{23} e^{-i\delta}$
2	$E_i t_{12} t_{21} r_{23}^2 r_{21} e^{-i2\delta}$
3	$E_i t_{12} t_{21} r_{23}^3 r_{21}^2 e^{-i3\delta}$
4	$E_i t_{12} t_{21} r_{23}^4 r_{21}^3 e^{-i4\delta}$
...	...
n	$E_i t_{12} t_{21} r_{23}^n r_{21}^{n-1} e^{-in\delta}$

注意：$\delta = \dfrac{2\pi}{\lambda} \Delta s$，这里 $\Delta s = 2 d n_2 \cos \varphi_2$ 为以上各相邻光束之间的光程差.

令 $r_{12} = r_{1P}, t_{12} t_{21} = 1 - r_{1P}^2, r_{23} = r_{2P}$，则总反射光的 P 分量的复振幅为

$$(E_P)_r = (E_P)_i r_{1P} + \sum_{n=1}^{\infty} (E_P)_i (1 - r_{1P}^2) r_{2P} e^{-i\delta} (-r_{1P} r_{2P} e^{-i\delta})^{n-1}, \quad (3-43-8)$$

按等比级数的求和公式可把式(3-43-8)化简为

$$(E_P)_r = \frac{r_{1P} + r_{2P} e^{-i\delta}}{1 + r_{1P} r_{2P} e^{-i\delta}} (E_P)_i, \quad (3-43-9)$$

式中下脚标 r,i 分别表示总反射光和入射光.

令 $r_{12} = r_{1S}, t_{12} t_{21} = 1 - r_{1S}^2, r_{23} = r_{2S}$，则总反射光的 S 分量的复振幅为

$$(E_S)_r = \frac{r_{1S} + r_{2S} e^{-i\delta}}{1 + r_{1S} r_{2S} e^{-i\delta}} (E_S)_i. \quad (3-43-10)$$

令

$$R_P = \frac{(E_P)_r}{(E_P)_i} = |R_P| e^{-i\Delta_P}, \quad R_S = \frac{(E_S)_r}{(E_S)_i} = |R_S| e^{-i\Delta_S},$$

有 $\dfrac{R_P}{R_S} = \dfrac{|R_P|}{|R_S|} e^{-i(\Delta_P - \Delta_S)}$，又

$$\frac{R_P}{R_S} = \frac{(E_P)_r (E_S)_i}{(E_P)_i (E_S)_r} = \left(\frac{r_{1P} + r_{2P} e^{-i\delta}}{1 + r_{1P} r_{2P} e^{-i\delta}} \right) \left(\frac{1 + r_{1S} r_{2S} e^{-i\delta}}{r_{1S} + r_{2S} e^{-i\delta}} \right) = \tan \psi e^{i\Delta}, \quad (3-43-11)$$

式中 ψ, Δ 称为椭偏参数.

用复数形式表示入射光和反射光：

$$(E_P)_r = (A_P)_r e^{i\beta_{Pr}}, \quad (E_S)_r = (A_S)_r e^{i\beta_{Sr}}, \quad (3-43-12)$$

$$(E_P)_i = (A_P)_i e^{i\beta_{Pi}}, \quad (E_S)_i = (A_S)_i e^{i\beta_{Si}}. \quad (3-43-13)$$

将式(3-43-12)和式(3-43-13)代入式(3-43-11)可得

$$\tan \psi = \frac{(A_P)_r / (A_P)_i}{(A_S)_r / (A_S)_i}, \tag{3-43-14}$$

$$e^{i\Delta} = e^{i[(\beta_{Pr} - \beta_{Sr}) - (\beta_{Pi} - \beta_{Si})]}. \tag{3-43-15}$$

可见,$\Delta = \beta_r - \beta_i$,式中$\beta_r = \beta_{Pr} - \beta_{Sr}$,$\beta_i = \beta_{Pi} - \beta_{Si}$. 如果让入射光为等幅椭圆偏振光,即$(A_P)_i = (A_S)_i$,则由式(3-43-14)可得

$$\tan \psi = \frac{(A_P)_r}{(A_S)_r}. \tag{3-43-16}$$

若使入射光两分量的相位差β_i连续可调,使反射光成为线偏振光,即$\beta_r = 0$或π,此时$\Delta = m\pi - \beta_i$,式中m为常数. 当Δ和ψ都求出来后,由式(3-43-5)、式(3-43-6)和式(3-43-11)可以解出n_2和d(n_1,n_3,φ_1已知).

5. 椭圆偏振仪的结构图和测量原理

如图3-43-4所示,激光束从半导体激光器中射出,穿过起偏器变成线偏振光,再经过$\frac{1}{4}$波片变成等幅椭圆偏振光. 为了计算和说明的统一,对角度的正负做如下规定:正对入射光的方向,取光线在待测薄膜表面的入射点为原点,以P轴为坐标系的x轴,S轴为坐标系的y轴,P轴为角度的起始边,逆时针旋转为正,顺时针旋转为负. 如图3-43-5所示,下面先讨论$\frac{1}{4}$波片的快轴(FA轴)倾斜$+\frac{\pi}{4}$而起偏器的方位角$\varphi > \frac{\pi}{4}$的情形. SA轴为$\frac{1}{4}$波片的慢轴,激光束经起偏器后变成沿起偏器偏振化方向振动的线偏振光E,射入$\frac{1}{4}$波片后分解为两个分量E_{FA}和E_{SA},而E_{FA}比E_{SA}超前$\frac{\pi}{2}$,E_{FA}和E_{SA}可表示为

$$E_{FA} = E e^{i\frac{\pi}{2}} \cos\left(\varphi - \frac{\pi}{4}\right), \tag{3-43-17}$$

$$E_{SA} = E \sin\left(\varphi - \frac{\pi}{4}\right). \tag{3-43-18}$$

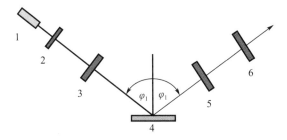

1—氦氖或半导体激光器;2—起偏器;3—$\frac{1}{4}$波片;4—待测薄膜;

5—检偏器;6—望远镜白屏或光电探测器

图3-43-4　椭圆偏振仪结构图

两个分量又分别在P轴和S轴上投影,合并成入射椭圆偏振光的P分量和S分量:

$$E_{Pi} = E_{FA}\cos\frac{\pi}{4} - E_{SA}\sin\frac{\pi}{4} = \frac{\sqrt{2}}{2}Ee^{i(\frac{\pi}{4}+\varphi)}, \qquad (3-43-19)$$

$$E_{Si} = E_{FA}\sin\frac{\pi}{4} - E_{SA}\cos\frac{\pi}{4} = \frac{\sqrt{2}}{2}Ee^{i(\frac{3}{4}\pi-\varphi)}. \qquad (3-43-20)$$

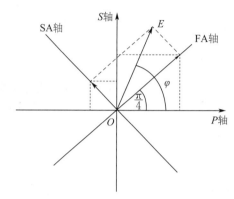

图 3-43-5 计算示意图

可见,入射光的 P 分量和 S 分量振幅相等,P 分量和 S 分量的相位差为 $\beta_i = \beta_{Pi} - \beta_{Si} = 2\varphi - \frac{\pi}{2}$. 我们可以证明,不管 β_i 为正,还是为负,只要使用上述角度符号规定,入射光的 P 分量和 S 分量的振幅就相等,P 分量和 S 分量的相位差为 $2\varphi - \frac{\pi}{2}$. 但当 $\frac{1}{4}$ 波片的快轴(FA)相对 P 轴倾斜为 $-\frac{\pi}{4}$ 时,入射光的 P 分量和 S 分量的相位差则为 $\beta_i = \frac{\pi}{2} - 2\varphi$. 表 3-43-2 和 表 3-43-3 分别列出了 $\frac{1}{4}$ 波片的快轴(FA)倾斜 $\pm\frac{\pi}{4}$,光矢量 $\boldsymbol{E}$ 在不同位置下,其 P 分量和 S 分量的振幅和相位差.

表 3-43-2 $\frac{1}{4}$ 波片的快轴(FA)与 P 轴成 $+\frac{\pi}{4}$,光矢量 $\boldsymbol{E}$ 在不同位置下,其 P 分量和 S 分量的振幅和相位差

光矢量 $\boldsymbol{E}$ 的位置	$0 \to \frac{\pi}{4}$	$\frac{\pi}{4} \to \frac{\pi}{2}$	$0 \to -\frac{\pi}{4}$	$-\frac{\pi}{4} \to -\frac{\pi}{2}$
P 分量和 S 分量的振幅	$\frac{\sqrt{2}}{2}E$	$\frac{\sqrt{2}}{2}E$	$\frac{\sqrt{2}}{2}E$	$\frac{\sqrt{2}}{2}E$
P 分量和 S 分量的相位差	$2\varphi - \frac{\pi}{2}$	$2\varphi - \frac{\pi}{2}$	$2\varphi - \frac{\pi}{2}$	$2\varphi - \frac{\pi}{2}$

表 3-43-3 $\frac{1}{4}$ 波片的快轴(FA)与 P 轴成 $-\frac{\pi}{4}$,光矢量 $\boldsymbol{E}$ 在不同位置下,其 P 分量和 S 分量的振幅和相位差

光矢量 $\boldsymbol{E}$ 的位置	$0 \to \frac{\pi}{4}$	$\frac{\pi}{4} \to \frac{\pi}{2}$	$0 \to -\frac{\pi}{4}$	$-\frac{\pi}{4} \to -\frac{\pi}{2}$
P 分量和 S 分量的振幅	$\frac{\sqrt{2}}{2}E$	$\frac{\sqrt{2}}{2}E$	$\frac{\sqrt{2}}{2}E$	$\frac{\sqrt{2}}{2}E$
P 分量和 S 分量的相位差	$\frac{\pi}{2} - 2\varphi$	$\frac{\pi}{2} - 2\varphi$	$\frac{\pi}{2} - 2\varphi$	$\frac{\pi}{2} - 2\varphi$

6.消光法

对于一定的薄膜系统,Δ 为定值,只要改变入射光两分量的相位差 β_i,就可以使出射光为线偏振光.在反射光路上放上一个检偏器,如果产生消光现象就可以知道出射光为线偏振光.

7.表观刻度与椭偏参数的关系

检偏器的表观刻度 A 与椭偏参数的关系如图 3-43-6 所示.

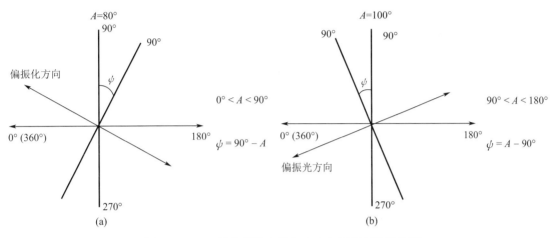

图 3-43-6   检偏器的表观刻度 A 与椭偏参数的关系

起偏器的表观刻度 P 与椭偏参数的关系如图 3-43-7 所示.

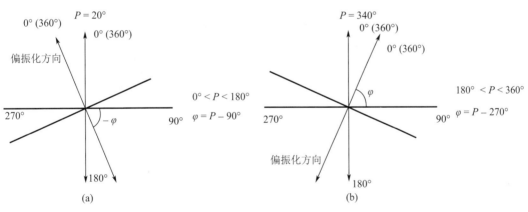

图 3-43-7   起偏器的表观刻度 P 与椭偏参数的关系

令 $\frac{1}{4}$ 波片的快轴与 P 轴成 $+45°$,调节检偏器、起偏器角度同时大(小)于 $90°$,使检偏器出射光强最弱,分别读出检偏器、起偏器偏转角度 $A_1,P_1(A_2,P_2)$.令 $\frac{1}{4}$ 波片的快轴与 P 轴成 $-45°$,重复上述步骤测出 $A_3,P_3(A_4,P_4)$.由表观读数可求出椭偏参数分别为

$$\overline{\psi} = \frac{1}{4}(A_1 - A_2 + A_3 - A_4), \tag{3-43-21}$$

$$\overline{\Delta} = 90° + \frac{1}{2}(P_3 + P_4) - \frac{1}{2}(P_1 + P_2). \tag{3-43-22}$$

8. 数据处理方法

（1）查表法.

① 按理论公式计算对应关系 (n_2, d) - (ψ_c, Δ_c)，并制成表文件.

② 根据测量得出的 ψ_m, Δ_m 计算

$$\varepsilon = (\psi_m - \psi_c)^2 + (\Delta_m - \Delta_c)^2. \qquad (3-43-23)$$

③ 找出 ε 为最小值时，ψ_c, Δ_c 所对应的 n_2, d.

（2）绘图法.

① 根据理论公式计算对应关系 (n_2, d) - (ψ_c, Δ_c)，并制成等折射率和等厚度表文件.

② 根据输入的制图条件，画出等厚度线和等折射率线，通过设置作图坐标实现局部放大和缩小.

③ 将测得的 ψ_m, Δ_m 向图中的 ψ_c, Δ_c（理论曲线与实验值相交或很接近）逐步逼近，得到 ψ_c, Δ_c 所对应的 n_2, d.

【实验内容】

1. 熟悉并掌握椭圆偏振仪的调整. 椭圆偏振仪实物如图 3-43-8 所示. 了解图中各部件的作用，并学会正确调整各部件.

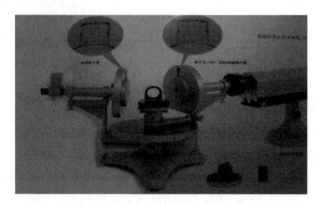

图 3-43-8　椭圆偏振仪实物图

2. 测量样品的折射率和厚度.

（1）安装半导体激光器并调整分光计，使激光束、平行光管的中心轴、望远镜筒的中心轴同轴.

（2）标定检偏器偏振化方向的零刻度，并使检偏器的偏振化方向的零刻度垂直于分光计主轴. 将检偏器（检偏器的偏振化方向为 0°）套在望远镜筒上，90°读数朝上，将黑色反光镜置于载物台中央，使激光束按布儒斯特角（约 57°）入射到黑色反光镜表面. 根据布儒斯特定律，当入射角是布儒斯特角时，反射光将是振动方向垂直于入射面（水平面）的线偏振光（见图 3-43-9），反射至望远镜筒内到达观察窗口白屏上成为一个亮点. 转动检偏器，调整与望远镜的相对位置，使观察窗口白屏上的光点达到最暗后固定检偏器.

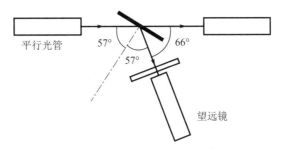

图 3 - 43 - 9　获得布儒斯特角调整示意图

(3) 标定起偏器偏振化方向的零刻度,并使起偏器和检偏器的偏振化方向零刻度方向互相垂直.将起偏器套在平行光管镜筒上,0°读数朝上(见图 3 - 43 - 10).取下黑色反光镜,将望远镜系统转回原来位置,使起偏器、检偏器共轴,并使激光束通过中心.调整起偏器与平行光管镜筒的相对位置,找出最暗位置后固定起偏器.

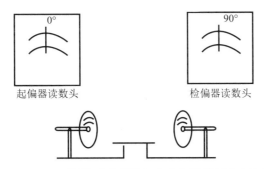

图 3 - 43 - 10　起偏器、检偏器偏振化方向的零刻度定位示意图

(4) $\frac{1}{4}$ 波片零位的调整.将 $\frac{1}{4}$ 波片框的打孔点(快轴方向记号) 向上,套在内刻度圈上,此时内刻度圈的示数应对应 0°,然后微微转动 $\frac{1}{4}$ 波片(注意不要带动内刻度圈),使白屏上的光点达到最暗后,固定 $\frac{1}{4}$ 波片.

(5) 等幅椭圆偏振光的获得.将内刻度圈的示数置于 $+45°$(或 $-45°$),此时,无论起偏器在何位置(除了起偏器偏振化方向平行或垂直快轴外),经 $\frac{1}{4}$ 波片出射的光均为等幅椭圆偏振光.

(6) 选择测试样品最佳入射角.由多次实验结果和理论证明,当入射角为 70° 左右时,实验现象和结果最为准确.将样品放在载物台中央,旋转载物台使入射角为 70°,在观察窗口白屏可观察到一亮点.

(7) 测量 A 和 P.为了减小测量误差,采用四点测量法.在转动起偏器方位角 P 和检偏器方位角 A 的过程中,有四组消光点.先置 $\frac{1}{4}$ 波片快轴于 $+45°$ 处,仔细调节检偏器方位角 A 和起偏器方位角 P,使光电探测器的电流最小(白屏窗口最暗),记下 A 和 P 值,这样可以得到两组消光点位置数据 (A_1,P_1) 和 (A_2,P_2),其中 $A_1 < 90°,A_2 > 90°$.同理,置 $\frac{1}{4}$ 波片快轴于 $-45°$

处,仔细调节检偏器方位角和起偏器方位角,使光电探测器的电流最小(白屏窗口最暗),可以得到另外两组数据.代入公式计算 ψ,Δ.

(8)计算样品的折射率和厚度的数据处理方法.利用计算机按式(3-43-5)、式(3-43-6)和式(3-43-11)进行 d,n_2 与 ψ,Δ 的数值计算,并将结果图形化.根据曲线和测得的 ψ,Δ 可得到样品的厚度 d 和折射率 n_2,在已知波长 λ,入射角 φ_1,衬底材料折射率 n_3 的情况下,式(3-43-11)可以写成含有四个自变量(d,n_2,ψ,Δ)的方程组:

$$\mathrm{Re}(\tan \psi e^{i\Delta}) = f_1(n_2,d),$$
$$\mathrm{Im}(\tan \psi e^{i\Delta}) = f_2(n_2,d).$$

在方程组中取定一个 d,可以得到一条 ψ 关于 Δ 的曲线.对应不同的 d 的取值,即可得到一系列的曲线簇,其中任意一条曲线上的不同点,代表着厚度相同但折射率不同的解.因此,只要找出(ψ,Δ)对应的 d 即可(见图3-43-11).同理,在方程组中取定一个 n_2,得到一条 ψ 关于 Δ 的曲线.对应不同的 n_2 的取值,即可得到一系列的曲线簇,其中任意一条曲线上的不同点,代表着折射率相同但是厚度不同的解.因此,只要找出(ψ,Δ)对应的 n_2 即可.

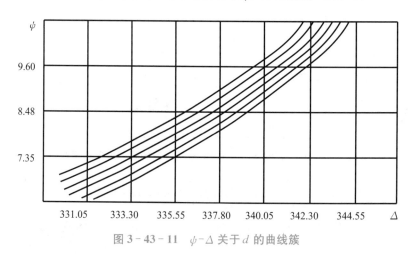

图3-43-11 ψ-Δ 关于 d 的曲线簇

确定 d,n_2 的大范围后,也可以利用逐次逼近法,求出与(ψ,Δ)对应的 d 和 n_2(见图3-43-12).

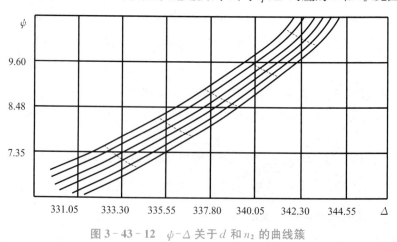

图3-43-12 ψ-Δ 关于 d 和 n_2 的曲线簇

3. 仪器操作.

(1) 主窗口. 在系统主界面上单击"椭圆偏振仪测薄膜厚度和折射率"进入实验主窗口, 如图 3 - 43 - 13 所示.

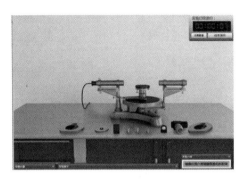

图 3 - 43 - 13　椭圆偏振仪测薄膜厚度和折射率实验主窗口图

(2) 调整仪器使激光束、平行光管的中心轴、望远镜筒的中心轴同轴. 将小孔光阑分别装入望远镜筒中和平行光管内侧管中, 安装完毕后会有一个光斑观察窗口. 调节望远镜和平行光管各部件螺钉, 使光斑观察窗口中的红色光斑移到中心, 此时激光束、平行光管的中心轴、望远镜筒的中心轴同轴, 如图 3 - 43 - 14 所示.

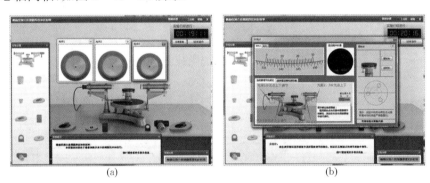

(a)　　　　　　　　　　　　　(b)

图 3 - 43 - 14　调整同轴

(3) 检偏器读数头位置的调整和固定.

① 取下小孔光阑, 旋转游标盘使标尺 2 上的读数为零, 锁定游标盘, 如图 3 - 43 - 15 所示.

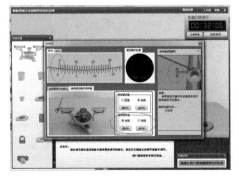

图 3 - 43 - 15　调整游标盘

② 拖动检偏器和目镜将其安装到望远镜上, 在分光计调节视图窗口中选中检偏器, 将检

偏器的上刻度调整为 90°,下刻度调整为 0°,如图 3-43-16 所示.

③ 松开望远镜锁定旋钮,旋转望远镜,使望远镜刻度为 66°(已知布儒斯特角为 57°),然后锁定望远镜,如图 3-43-17 所示.

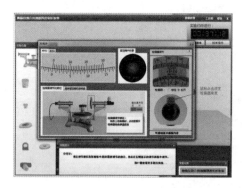
图 3-43-16　安装检偏器和目镜

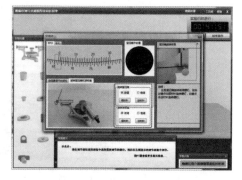
图 3-43-17　调整望远镜

④ 将黑色反光镜放置于载物台上,逆时针旋转载物台至水平状态,如图 3-43-18 所示.

⑤ 松开游标盘锁紧螺钉,旋转游标盘使标尺 2 上的读数为 33°,旋紧游标盘锁紧螺钉,如图 3-43-19 所示.

⑥ 慢慢转动检偏器整体框架至光强为最小值,锁定检偏器,如图 3-43-20 所示.

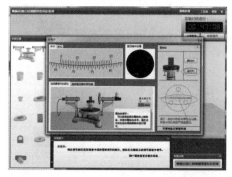
图 3-43-18　放置黑色反光镜

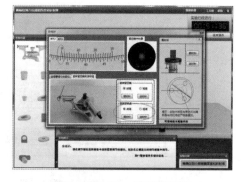
图 3-43-19　调整游标盘

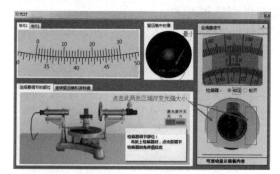
图 3-43-20　调整检偏器整体框架

(4) 起偏器读数头位置的调整与固定.

① 望远镜调至初始的共轴状态(逆时针旋转 66°),然后将游标盘刻度调为 0°,再把黑色反光镜拖动下来,最后锁定两个锁紧螺钉,如图 3-43-21 所示.

② 拖动起偏器使其安装至平行光管上,在分光计调节视图窗口中选中起偏器,将起偏器的上刻度调整为 $0°$,下刻度调整为 $0°$,如图 3 - 43 - 22 所示.

③ 慢慢转动起偏器整体框架至光强为最小值,锁定起偏器,如图 3 - 43 - 23 所示.

 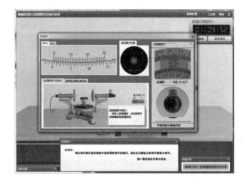

图 3 - 43 - 21　调整望远镜　　　　　图 3 - 43 - 22　安装并调整起偏器

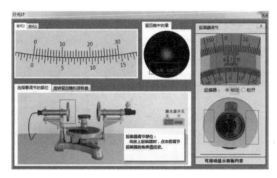

图 3 - 43 - 23　调整起偏器整体框架

(5) $\frac{1}{4}$ 波片零位的调整. 拖动 $\frac{1}{4}$ 波片将其放在起偏器上,旋转 $\frac{1}{4}$ 波片,使 $\frac{1}{4}$ 波片的快轴方向(白点位置)与起偏器 $0°$ 位置对齐,此时用望远镜观察到的光强达到最小值(消光). 波片的快轴方向平行于起偏器的偏振化方向,如图 3 - 43 - 24 所示.

(6) 将待测样品拖动至载物台上,并单击"逆时针"旋转至最大角,如图 3 - 43 - 25 所示.

(7) 松开望远镜锁紧螺钉,顺时针旋转望远镜 $40°$,再松开游标盘锁紧螺钉,顺时针旋转 $20°$,锁紧望远镜锁紧螺钉、游标盘锁紧螺钉,如图 3 - 43 - 26 所示.

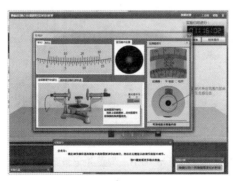

图 3 - 43 - 24　　$\frac{1}{4}$ 波片零位的调整

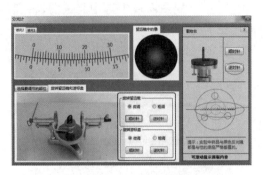

图 3 - 43 - 25　放置待测样品

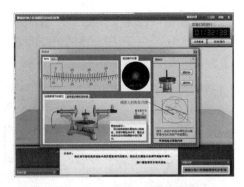

图 3 - 43 - 26　调整望远镜、游标盘

（8）旋转 $\frac{1}{4}$ 波片快轴，使内刻度圈的示数调整至 $+45°$ 或 $-45°$，此时，无论起偏器在何位置，经 $\frac{1}{4}$ 波片出射的光均为等幅椭圆偏振光，如图 3 - 43 - 27 所示.

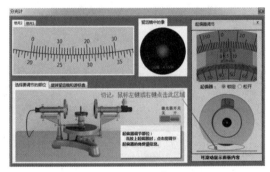

图 3 - 43 - 27　调整 $\frac{1}{4}$ 波片快轴

（9）当 $\frac{1}{4}$ 波片内刻度圈的示数为 $+45°$ 时，转动检偏器，使光变暗，再转动起偏器，使望远镜观察窗口的光强最小，然后读取检偏器盘和起偏器盘的读数，记录两组数据（一组大于 $90°$，另一组小于 $90°$）. 采用同样的方法，读取 $\frac{1}{4}$ 波片内刻度圈的示数为 $-45°$ 时检偏器盘和起偏器盘的读数，如图 3 - 43 - 28 所示.

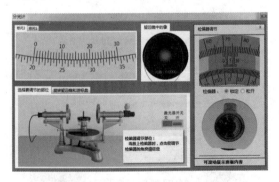

图 3 - 43 - 28　测量并记录数据

（10）数据处理.

① 单击主场景中"数据处理"程序，打开"椭偏仪实验数据处理"界面，如图 3 - 43 - 29 所示.

② 设置测量参数. 单击"物理参数"，在"实验物理常量"窗口中设置测量参数，如图 3 - 43 - 30 所示.

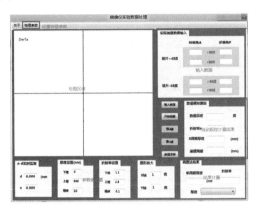 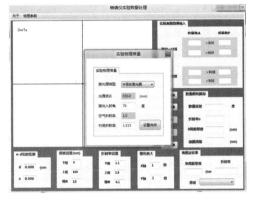

图 3 - 43 - 29　"椭偏仪实验数据处理"界面　　　图 3 - 43 - 30　"实验物理常量"窗口

③ 绘制等厚度线和等折射率线，并记录测量结果. 将测量得到的起偏器和检偏器角度值输入，选择合适的厚度和折射率的上、下限及精度值，单击"开始画图"按钮，绘图区域中心的绿色点表示 (ψ, Δ) 坐标，再分别单击"等 d 线"按钮和"等 n 线"按钮，求出薄膜的折射率以及单周期厚度值，如图 3 - 43 - 31 所示.

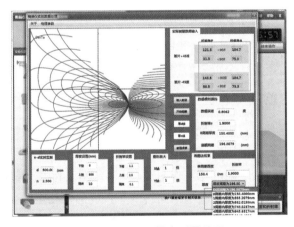

图 3 - 43 - 31　得出测量结果

【思考题】

1. 检偏器、起偏器偏振化方向的零刻度是如何定位的？

2. $\frac{1}{4}$ 波片的作用是什么？

3. 等幅椭圆偏振光是如何获得的？简述其原理.

实验四十四 塞 曼 效 应

塞曼效应是物理学史上的一个著名实验. 物理学家塞曼于 1896 年发现把产生光谱的光源置于足够强的磁场中, 光谱会发生变化, 原来的一条谱线会分裂成几条偏振的谱线, 这种现象称为塞曼效应.

塞曼效应是法拉第磁致旋光效应之后发现的又一个磁光效应. 这个现象的发现是对光的电磁理论的有力支持, 证实了原子具有磁矩和空间取向量子化, 使人们对物质光谱、原子、分子有了更多的了解.

塞曼效应另一引人注目的结论是由谱线的变化来确定电子的荷质比的大小、符号. 根据洛伦兹的电子论, 测得光谱的波长、谱线的增宽及外加磁感应强度, 即可得到电子的荷质比.

1902 年, 塞曼与洛伦兹因这一发现共同获得了诺贝尔物理学奖, 以表彰他们在研究磁光效应时所做出的特殊贡献. 至今, 塞曼效应依然是研究原子内部能级结构的重要方法.

【实验目的】

1. 研究塞曼分裂谱的特征.
2. 学习应用塞曼效应测量电子的荷质比和研究原子能级结构的方法.

【实验原理】

1. 谱线在磁场中的能级分裂

谱线在磁场中的能级分裂与外磁场和原子间的相互作用密切相关. 在研究外磁场和原子的相互作用时, 原子的磁矩是一个重要的物理量. 原子中的电子具有和轨道运动、自旋运动相对应的轨道磁矩、自旋磁矩, 原子核也有磁矩, 它们的值与 $\dfrac{eh}{4\pi m}$ 成倍数关系, 式中 h 为普朗克常量, e 为元电荷, m 为质子质量. 由于质子质量为电子质量的 1 836 倍, 核磁矩比电子磁矩要小三个数量级, 所以计算原子总磁矩时核磁矩可暂不考虑.

对于多电子原子, 角动量之间的相互作用有 LS 耦合模型和 JJ 耦合模型. 对于 LS 耦合模型, 电子间轨道与轨道的角动量耦合及电子间自旋与自旋的角动量耦合作用强, 而每个电子的轨道与自旋的角动量耦合作用弱. 实际遇到的大多数情况都属于 LS 耦合, 本实验仅讨论 LS 耦合的情况.

原子中的轨道磁矩和自旋磁矩的矢量和为原子的总磁矩 $\boldsymbol{\mu}_J$, 它在磁感应强度为 $\boldsymbol{B}$ 的磁场中, 受到力矩 L 的作用而绕磁场方向旋进(旋转和进动), 即总角动量 $\boldsymbol{P}_J$ 也绕磁场方向旋进, 如图 3-44-1 所示.

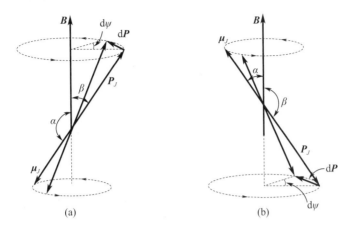

图 3－44－1 原子的总磁矩受磁场作用发生旋进

在外磁场作用下，原子产生的附加能量为

$$\Delta E = -\boldsymbol{\mu}_J \cdot \boldsymbol{B},$$

由 $\boldsymbol{\mu}_J = -g\dfrac{e}{2m}\boldsymbol{P}_J$ 可得

$$\Delta E = g\frac{e}{2m}(\boldsymbol{P}_J \cdot \boldsymbol{B}) = \frac{eg}{2m}(P_J)_z B, \qquad (3\text{-}44\text{-}1)$$

式中 g 为朗德因子，表征原子的总磁矩和总角动量的关系，它随角动量相互作用时的耦合类型的不同有两种不同的解法. 在 LS 耦合下有

$$g = 1 + \frac{J(J+1) - L(L+1) + S(S+1)}{2J(J+1)}, \qquad (3\text{-}44\text{-}2)$$

式中 L 为角量子数，S 为总自旋量子数，J 为内量子数. 根据空间量子化原理可得

$$(P_J)_z = M\hbar = M\frac{h}{2\pi}, \qquad (3\text{-}44\text{-}3)$$

式中 M 为磁量子数，于是由式(3－44－1)和式(3－44－3)可得

$$\Delta E = \frac{ge}{2m}\frac{Mh}{2\pi}B = \frac{ehgMB}{4\pi m} = \mu_{\mathrm{B}}MgB, \qquad (3\text{-}44\text{-}4)$$

式中 $\mu_{\mathrm{B}} = \dfrac{eh}{4\pi m}$ 为玻尔磁子，M 只能取 $J, J-1, J-2, \cdots, -J$（共 $2J+1$ 个值），即 ΔE 有 $(2J+1)$ 个可能值.

无外磁场时的一个能级，在外磁场作用下将分裂成 $(2J+1)$ 个能级，且分裂的能级是等间隔的，能级间隔正比于磁感应强度 B 的大小和朗德因子 g.

2. 塞曼分裂谱线与原谱线的关系

在磁场中，若上、下能级都发生分裂（见图 3－44－2），新谱线的频率 ν' 与能级的关系为

$$h\nu' = (E_2 + \Delta E_2) - (E_1 + \Delta E_1) = h\nu + (M_2 g_2 - M_1 g_1)\mu_{\mathrm{B}}B, \qquad (3\text{-}44\text{-}5)$$

所以分裂后的谱线与原谱线的频率差为

$$\Delta\nu = \nu' - \nu = (M_2 g_2 - M_1 g_1)\frac{\mu_{\mathrm{B}}B}{h} = (M_2 g_2 - M_1 g_1)\frac{eB}{4\pi m}. \qquad (3\text{-}44\text{-}6)$$

若用波数差来表示，则有

$$\Delta\tilde{\nu} = (M_2g_2 - M_1g_1)\frac{e}{4\pi mc}B, \qquad (3-44-7)$$

取洛伦兹单位

$$L = \frac{eB}{4\pi mc}, \qquad (3-44-8)$$

式(3-44-7)可表示为

$$\Delta\tilde{\nu} = (M_2g_2 - M_1g_1)L. \qquad (3-44-9)$$

图 3-44-2 能级分裂

3. 塞曼跃迁的选择定则

当 $\Delta M = 0$ 时,产生 π 成分(π 型偏振),沿垂直于磁场方向观察时,得到振动方向平行于磁场的线偏振光,沿平行于磁场方向观察时,此成分不会出现.但当 $J_2 = J_1$ 时,$M_2 = 0$ 到 $M_1 = 0$ 的跃迁被禁止.

当 $\Delta M = \pm 1$ 时,产生 σ 成分,沿垂直于磁场方向观察时,得到的是振动方向垂直于磁场的线偏振光,沿平行于磁场方向观察时,得到圆偏振光,其转向与 ΔM 的正负、磁场方向及观察方向都有关.沿磁场正方向观察,$\Delta M = +1$ 时,为右旋圆偏振光(σ^+ 偏振);$\Delta M = -1$ 时,为左旋圆偏振光(σ^- 偏振).沿磁场反方向观察,$\Delta M = +1$ 时,为左旋圆偏振光;$\Delta M = -1$ 时,为右旋圆偏振光.

例如,Hg(546.1 nm)谱线是由 $6s7s^3S_1$ 跃迁到 $6s6p^3P_2$ 产生的,该谱线在磁场中将分裂成 9 条谱线,如图 3-44-3 所示.

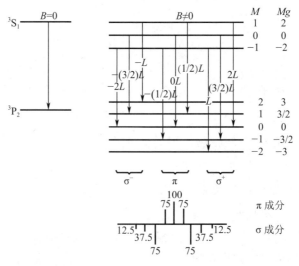

图 3-44-3 Hg(546.1 nm)谱线在强磁场中的分裂

当外磁场比原子内部磁场强得多(原子内部磁场的数量级为几十特斯拉)时,原子轨道磁矩和自旋磁矩两者与磁场的相互作用能都明显地超过轨道-自旋相互作用能,可认为 LS 耦合即轨道-自旋耦合被破坏. 与前面做类似的讨论可知,在强磁场下,原子受磁场作用的附加能量为

$$\Delta E = (m_L + 2m_S)\mu_B B, \qquad (3-44-10)$$

式中 m_L, m_S 分别表示原子轨道角动量和自旋角动量在磁场方向投影的量子数.

在强磁场中,塞曼跃迁的选择定则为

$$\Delta m_S = 0, \quad \Delta m_L = 0, \pm 1. \qquad (3-44-11)$$

因此,新谱线的频率 ν' 满足

$$h\nu' = h\nu + \mu_B B(m_{L2} - m_{L1}) = h\nu + \mu_B B \Delta m_L, \qquad (3-44-12)$$

即

$$\Delta \tilde{\nu} = \Delta m_L L. \qquad (3-44-13)$$

由于

$$\Delta m_L = 0, \pm 1, \qquad (3-44-14)$$

所以无磁场时的一条谱线在强磁场中总是分裂成 3 条谱线,$\Delta m_L = \pm 1$ 对应的是 σ 偏振态,$\Delta m_L = 0$ 对应的是 π 偏振态. 由于历史原因,我们称这种现象为正常塞曼效应,而前面介绍的称为反常塞曼效应.

4. 观察塞曼分裂的方法

塞曼分裂的波长差很小,以 $\mathrm{Hg}(546.1\ \mathrm{nm})$ 谱线为例,当处于 $B=1\ \mathrm{T}$ 的磁场中时,

$$\Delta \tilde{\nu} = \frac{L}{2} = \frac{1}{2} \times 46.7 \times 1\ \mathrm{m}^{-1} = 23.35\ \mathrm{m}^{-1},$$

$$\Delta \lambda = \lambda^2 \Delta \tilde{\nu} = 10^{-11}\ \mathrm{m} = 0.1\ \text{Å}.$$

要观察如此小的波长差,用一般的棱镜摄谱仪是不可能的,需要用到高分辨率的仪器,如法布里-珀罗(F-P)标准具.

F-P 标准具由平行放置的两块平板玻璃或石英板组成,在两板相对的平面上镀以银的薄膜或其他反射系数较高的薄膜. 平板玻璃上带有三个螺钉,可以精确调节两板内表面的平行度.

F-P 标准具的光路如图 3-44-4 所示,从扩展光源 S 上发出的单色光,射到 F-P 标准具的平行平面上,经 M_1 和 M_2 表面的多次反射和透射,分别形成一系列相互平行的反射光束 $1, 2, \cdots$ 和透射光束 $1', 2', \cdots$. 在透射光束中,相邻光束的光程差为

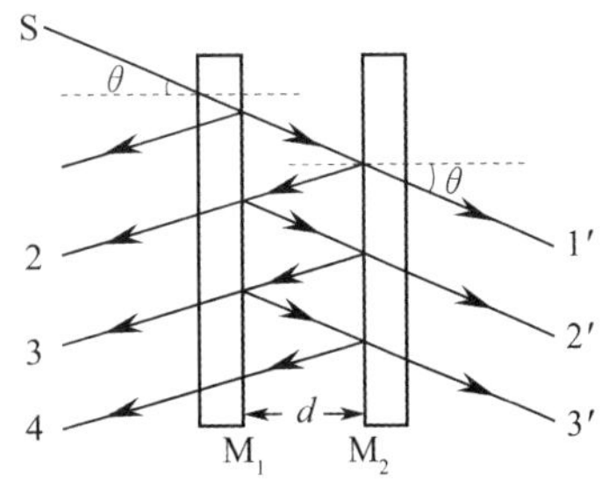

图 3-44-4　F-P 标准具光路图

$$\delta = 2d\cos\theta.$$

这一系列平行光在无穷远处或透镜的焦平面上发生干涉,干涉极大的条件为

$$2d\cos\theta = K\lambda, \qquad (3-44-15)$$

式中 K 为整数,称为干涉级次.

F-P 标准具有两个特征参量:自由光谱范围和分辨本领.

自由光谱范围:同一光源发出具有微小波长差的单色光(设波长分别为 λ_1 和 λ_2,$\lambda_1 < \lambda_2$)入射 F-P 标准具后,将形成各自的干涉圆环. 如果两单色光的波长差逐渐增大,使得波长为 λ_1 的单色光的第 K 级亮环和波长为 λ_2 的单色光的第 $K-1$ 级亮环重叠,则有

$$2d\cos\theta = K\lambda_1 = (K-1)\lambda_2.$$

由于使用 F-P 标准具时,光近似正入射,有 $\cos\theta \approx 1, K \approx \dfrac{2d}{\lambda_1}$,因此

$$\Delta\lambda = \lambda_2 - \lambda_1 = \frac{\lambda_1\lambda_2}{2d}.$$

由于可近似认为 $\lambda_1\lambda_2 = \lambda_1^2 = \lambda^2$,则 $\Delta\lambda = \dfrac{\lambda^2}{2d}$,用波数差表示,有

$$\Delta\tilde{\nu} = \frac{1}{2d}. \qquad (3-44-16)$$

$\Delta\lambda$ 或者 $\Delta\tilde{\nu}$ 定义为 F-P 标准具的自由光谱范围,表明在给定间隔圈厚度为 d 的 F-P 标准具中,若入射光的波长在 $\lambda \sim \lambda + \Delta\lambda$ 之间(或波数在 $\tilde{\nu} \sim \tilde{\nu} + \Delta\tilde{\nu}$ 之间),则产生的干涉圆环不重叠. 若被研究的谱线波长差大于自由光谱范围,两套干涉圆环就要发生重叠或错级,给分析带来困难. 因此,在使用 F-P 标准具时,应根据被研究对象的光谱波长范围来确定间隔圈厚度.

分辨本领 $\left(\dfrac{\lambda}{\Delta\lambda}\right)$:对于 F-P 标准具,有

$$\frac{\lambda}{\Delta\lambda} = KN,$$

式中 N 为精细度,两相邻干涉明环之间能够分辨的条纹数最大为

$$N = \frac{\pi\sqrt{R}}{1-R}, \qquad (3-44-17)$$

式中 R 为反射率,其值一般为 90%.

5.测量塞曼分裂谱线波长差的方法

应用 F-P 标准具测量各分裂谱线的波长或者波长差是通过测量干涉圆环的直径来实现的. 如图 3-44-4 所示,用透镜把 F-P 标准具的干涉圆环成像在其焦平面上,出射角为 θ 的干涉圆环的直径 D 与透镜焦距 f 的关系为

$$\tan\theta = \frac{D}{2f}. \qquad (3-44-18)$$

对于近中心处的圆环,θ 很小,可以认为

$$\theta = \sin\theta = \tan\theta, \quad \cos\theta = 1 - \frac{\theta^2}{2}. \qquad (3-44-19)$$

由式(3-44-18)和式(3-44-19)整理可得

$$\cos\theta = 1 - \frac{\theta^2}{2} = 1 - \frac{D^2}{8f^2}. \qquad (3-44-20)$$

由式(3-44-15)可得

$$2d\cos\theta = 2d\left(1 - \frac{D^2}{8f^2}\right) = K\lambda, \qquad (3-44-21)$$

于是由式(3-44-21)可推得同一波长 λ 相邻两级的干涉圆环直径的平方差为

$$\Delta D^2 = D_{K-1}^2 - D_K^2 = \frac{4f^2\lambda}{d}. \qquad (3-44-22)$$

可见,ΔD^2 是与干涉级无关的常数.

设波长为 λ_a 和 λ_b 的第 K 级干涉圆环直径分别为 D_a 和 D_b,由式(3-44-22)可得

$$\lambda_a - \lambda_b = \frac{d}{4f^2K}(D_b^2 - D_a^2) = \left(\frac{D_b^2 - D_a^2}{D_{K-1}^2 - D_K^2}\right)\frac{\lambda}{K}. \tag{3-44-23}$$

将 $K = \dfrac{2d}{\lambda}$ 代入,得波长差

$$\Delta\lambda = \frac{\lambda^2}{2d}\left(\frac{D_b^2 - D_a^2}{D_{K-1}^2 - D_K^2}\right), \tag{3-44-24}$$

波数差

$$\Delta\tilde{\nu} \approx \frac{1}{2d}\left(\frac{D_b^2 - D_a^2}{D_{K-1}^2 - D_K^2}\right). \tag{3-44-25}$$

【实验内容】

1. 调整实验仪器.实验光路如图3-44-5所示,其中 N,S 为电磁铁的磁极,O 为 546.1 nm 的汞光源,P 为偏振片,F-P 为 F-P 标准具,L_1 为成像透镜,D 为观察镜,K 为 $\frac{1}{4}$ 波片.

调节实验仪器在实验台上的位置及高低,使观察到的干涉圆环清晰、明亮.仔细调节 F-P 标准具到最佳状态,即要求两个镀膜面完全平行.

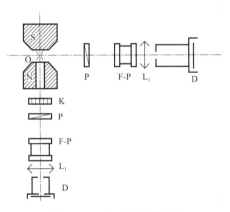

图 3-44-5　实验光路图

2. 观察塞曼分裂.

(1) 在垂直于磁场方向观察 Hg(546.1 nm)谱线在磁场中的分裂,用偏振片区分谱线中的 π 成分和 σ 成分.

(2) 在平行于磁场方向观察 Hg(546.1 nm)谱线在磁场中的分裂,用偏振片和 $\frac{1}{4}$ 波片区分谱线中的 σ^+ 成分和 σ^- 成分.

3. 利用塞曼分裂计算电子荷质比 $\dfrac{e}{m}$.选择合适的磁感应强度,测量观察到的相邻两级干涉圆环的直径 D_K 和 D_{K-1} 以及波长为 λ_a 和 λ_b 的第 K 级干涉圆环的直径 D_a 和 D_b,并将数据填入表 3-44-1 中.由实验原理可知,波数差为

$$\Delta\tilde{\nu} = \frac{1}{2d}\left(\frac{D_b^2 - D_a^2}{D_{K-1}^2 - D_K^2}\right).$$

当波数差 $\Delta\bar{\nu} = L = \dfrac{eB}{4\pi mc}$ 时,可得

$$\frac{e}{m} = \frac{2\pi c}{dB}\left(\frac{D_b^2 - D_a^2}{D_{K-1}^2 - D_K^2}\right).$$

表 3-44-1　干涉圆环直径数据表　　　　　　　　单位:mm

直径	1	2	3	4	5	6
D_K						
D_{K-1}						
D_a						
D_b						

4. 验证塞曼分裂与磁感应强度的关系. 缓慢增加磁感应强度,观察第 K 级和第 $K-1$ 级干涉圆环的重叠现象. Hg(546.1 nm) 谱线在磁场作用下分裂为 9 条谱线,总裂距为 $4L$,要使相邻两级不发生重叠,磁感应强度 B 必须满足 $4L < \dfrac{1}{2d}$,即

$$B < \frac{1}{2d \times 4 \times 46.7} \text{ T} \cdot \text{m}.$$

当 B 不满足上式时,相邻两级 σ 成分将增大,将观察到不同谱线的重叠.

5. 设计其他方法测量电子荷质比. 例如,利用观察相邻两级 σ 成分重叠的方法测量电子荷质比. 第 K 级 σ 成分的谱线 i 与原谱线的波数差为

$$\Delta\bar{\nu}_i = (M_i g_i - M_1 g_1)\frac{eB}{4\pi m},$$

第 $K-1$ 级 σ 成分的谱线 j 与原谱线的波数差为

$$\Delta\bar{\nu}_j = (M_j g_j - M_1 g_1)\frac{eB}{4\pi m}.$$

由实验原理中的 F-P 标准具自由光谱意义可知,当 $|\Delta\bar{\nu}_i - \Delta\bar{\nu}_j| = \dfrac{1}{2d}$ 时,上述的两条谱线恰好重合. 此时,可由测得的磁感应强度 B 计算电子荷质比.

6. 模拟软件操作.

(1) 在系统主界面上单击"塞曼效应实验",即可进入实验场景的主窗口(见图 3-44-6).

(2) 将汞灯与相应电源连接,如图 3-44-7 所示. 将汞灯放置于电磁铁中央并打开汞灯电源,如图 3-44-8 所示.

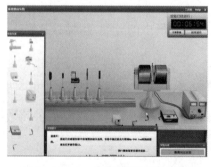

图 3-44-6　塞曼效应实验主窗口

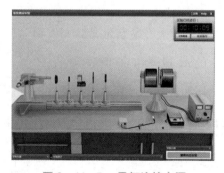

图 3-44-7　汞灯连接电源

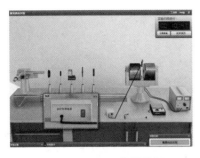

图 3 - 44 - 8　放置汞灯　　　　　　图 3 - 44 - 9　调整电磁铁

（3）在主窗口双击"桌面"上的"电磁铁"，打开电磁铁调节窗口. 在调节窗口中选择电磁铁方向为"垂直于光路"方向，如图 3 - 44 - 9 所示.

（4）调整光路，使各个仪器光心同轴.

① 将 F-P 标准具、会聚透镜、成像透镜等实验仪器参照图 3 - 44 - 5 放置.

② 双击"桌面"上的"望远镜"，打开望远镜窗口查看实验现象.

③ 调节光路中各个仪器的位置和高低，使观察到的干涉圆环清晰、明亮. 用鼠标选中主窗口中的仪器并拖动可以改变仪器位置，双击仪器打开仪器调节窗口后，可以调节仪器光心的高低，如图 3 - 44 - 10 所示.

（5）调节 F-P 标准具的平行度，如图 3 - 44 - 11 所示.

① 双击光路中的"F-P 标准具"，打开 F-P 标准具调节窗口.

② 仔细调节 F-P 标准具面板上的三个调平螺钉，使两个镀膜面完全平行. 调平过程中，在望远镜窗口中选择"观察不同方向的干涉环"来观察干涉圆环，点击不同方向的箭头移动视线时，如果 F-P 标准具两个镀膜面完全平行，则干涉圆环中心没有吞吐现象.

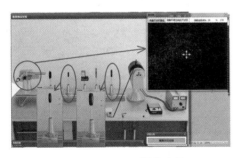
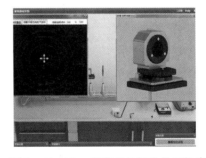

图 3 - 44 - 10　调整光路　　　　　图 3 - 44 - 11　调节 F-P 标准具平行度

（6）打开稳压电源，观察塞曼分裂现象，如图 3 - 44 - 12 所示. 双击主窗口的"稳压电源"，打开稳压电源调节窗口. 开启电源，调节输出电压挡和微调旋钮，使电磁铁产生合适的磁场. 通过望远镜窗口观察汞灯的塞曼分裂现象.

（7）沿垂直于磁场方向观察 Hg(546.1 nm) 谱线在磁场中的分裂，用偏振片区分谱线中的 π 成分和 σ 成分. 将偏振片、F-P 标准具、成像透镜放置在光路中，调节偏振片的偏振化方向并观察干涉圆环的变化，区分谱线中的 π 成分和 σ 成分，如图 3 - 44 - 13 所示.

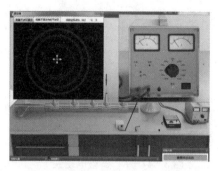

图 3 - 44 - 12　观察塞曼分裂现象　　　　图 3 - 44 - 13　区分 π 成分和 σ 成分

(8) 沿平行于磁场方向观察 Hg(546.1 nm) 谱线在磁场中的分裂,用偏振片和 $\frac{1}{4}$ 波片区分谱线中的 σ^+ 成分和 σ^- 成分.

① 调节电磁铁的转动方向,使电磁铁与光路方向平行. 双击主窗口的"电磁铁",打开电磁铁调节窗口,选择电磁铁方向为"与光路平行"方向,此时磁场方向指向观察者,如图 3 - 44 - 14 所示.

② 将 $\frac{1}{4}$ 波片放置在电磁铁侧面对应位置. 选中"实验台"上的"$\frac{1}{4}$ 波片"并拖动到电磁铁侧面对应处放置,如图 3 - 44 - 15 所示.

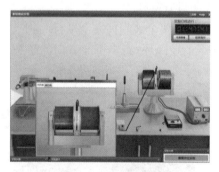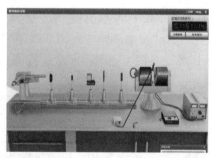

图 3 - 44 - 14　调整电磁铁转动方向　　　图 3 - 44 - 15　放置 $\frac{1}{4}$ 波片

③ 调节偏振片的偏振化方向和 $\frac{1}{4}$ 波片的晶轴,观察干涉圆环的变化,区分谱线中的 σ^+ 成分和 σ^- 成分. 双击主窗口中的"望远镜""偏振片" 和 "$\frac{1}{4}$ 波片",打开对应的观察窗口和调节窗口. 调节偏振片的偏振化方向和 $\frac{1}{4}$ 波片的晶轴,观察干涉圆环的变化,区分谱线中的 σ^+ 成分和 σ^- 成分,如图 3 - 44 - 16 所示.

(9) 沿垂直于磁场方向观察,利用塞曼分裂计算电子荷质比 $\frac{e}{m}$.

① 调节电磁铁的转动方向,使电磁铁与光路方向垂直. 将偏振片、F-P 标准具、成像透镜放置在实验台上.

② 调节稳压电源输出电压使电磁铁产生合适的磁感应强度.

③ 调整偏振片的偏振化方向,使在望远镜的"测量干涉环直径"界面只能看到 π 成分对应

的干涉圆环.鼠标在干涉圆环上移动,通过记录鼠标对应的坐标,测量观察到的相邻两级干涉圆环的直径,如图 3-44-17 所示.

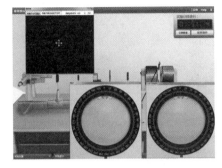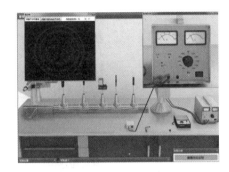

图 3-44-16　观察干涉圆环变化　　　图 3-44-17　测量干涉圆环直径

④ 将汞灯从电磁铁架上用鼠标拖动到实验台面放置.

⑤ 通过鼠标连线,将高斯计和探测笔连接好.

⑥ 双击"桌面"上的"高斯计",打开高斯计调节窗口,在调节窗口中选择合适的测量挡并调零,如图 3-44-18 所示.

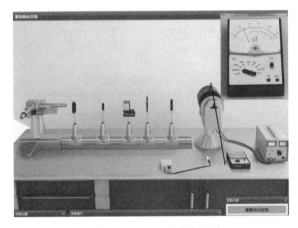

图 3-44-18　调节高斯计

⑦ 用鼠标将探测笔拖动到电磁铁中央放置后,读取高斯计显示的磁感应强度,并计算电子荷质比 $\dfrac{e}{m}$.

【思考题】

1. 如何鉴别 F-P 标准具的两个镀膜面是否严格平行,如发现不平行应该如何调节?

2. 已知 F-P 标准具的间隔圈厚度为 $d = 5$ mm,该标准具的自由光谱范围是多大? 根据 F-P 标准具自由光谱范围及 Hg(546.1 nm) 谱线在磁场中的分裂情况,对磁感应强度有何要求? 若 $B = 0.62$ T,分裂谱线中哪几条将会发生重叠?

3. 沿平行于磁场方向观察,$\Delta M = 1$ 和 $\Delta M = -1$ 的跃迁各产生哪种圆偏振光? 用实验现象说明.

第四章 研究设计性实验

第一节 力学实验

实验四十五　速度和加速度的测量

【实验目的】

借助气垫导轨测量物体的速度和加速度.

【实验要求】

1.将气垫导轨调至倾斜,研究物体在给定位置处的速度和加速度.

2.查资料,写出实验原理和实验设计思想.

3.拟定实验步骤.

4.列出实验仪器清单,并说明各仪器在实验中的用途.

5.写出实验报告,并给出实验结论和分析.

【实验引导】

1.气垫导轨是一种低摩擦实验装置,它利用气垫技术来减少运动物体受到的摩擦阻力.气垫导轨的有关介绍参见基础篇实验二.本实验利用气垫导轨研究物体在光滑斜坡上的运动,测量物体在给定位置处的速度和加速度.

2.测量加速度有两种方法,第一种方法是按照加速度的定义进行测量与计算,第二种方法是利用运动学关系进行测量与计算.

实验四十六　重力加速度的测定

【实验目的】

测定当地的重力加速度.

【实验要求】

1. 写出测定重力加速度的实验原理.

2. 写出测定重力加速度的方法,并制定实验方案.

3. 列出实验仪器清单,并说明各仪器在实验中的用途.

4. 写出实验报告,并给出实验结论和分析.

【实验引导】

在重力场中发生的物理现象,只要重力的影响足够大,且物理现象中的其他物理量是可测量的,那么这一物理现象就能用于测定重力加速度. 我们可以利用物理摆来测定重力加速度,也可以利用倾斜的气垫导轨测定重力加速度,还可以利用自由落体测定重力加速度.

在测定重力加速度时,均采用间接测量法.

实验四十七　　用压力传感器研究碰撞过程

【实验目的】

设计并组装一套实验装置,测量气垫导轨上的滑块在弹性碰撞过程中,滑块所受冲力随时间的变化.

【实验要求】

1. 根据实验目的,写出实验设计思想.

2. 查资料,写出实验原理.

3. 画出实验装置框图,拟定实验步骤,并列出实验仪器清单.

4. 选定压力传感器及数据采集方案,说明所用压力传感器的标定方法.

5. 实验中的数据实时采集要求:两个数据的时间间隔为 0.1 ms,数据量大于 100 个. 用计算机实时显示滑块所受冲力随时间变化的物理过程.

6. 写出实验报告,并给出实验结论和分析.

【实验引导】

本实验的限定条件是在气垫导轨上研究碰撞过程中的冲力问题. 由于碰撞过程比较短暂,因此需要灵敏度较高的压力传感器. 可使用的压力传感器较多,本实验可用的有应变片式压力传感器、霍尔压力传感器等,应变片式压力传感器属于电阻式传感器. 本实验需要对电阻测量的相关电路及仪器有所了解,电阻的测量可参见第三章第一节.

建议选用仪器:计算机,应变片式压力传感器,直流电桥,A/D 采集卡等.

实验四十八　　测定偏心轮绕定轴的转动惯量

【实验目的】

用三线摆测定偏心轮绕定轴的转动惯量.

【实验要求】

1. 采用传统法和比较法测定偏心轮绕定轴的转动惯量,并写出实验原理.
2. 根据测量结果的相对不确定度 $E \leqslant 3\%$ 的要求,列出实验仪器清单.
3. 拟定实验步骤.
4. 给出实验结论,分析误差产生的原因,并比较两种测量方法的优劣.

【实验引导】

由于偏心轮的转轴不通过其质量中心,当把偏心轮放在三线摆的下圆盘上,且偏心轮的定轴与下圆盘的转轴重合时,会引起下圆盘的倾斜.为保证下圆盘水平,可视具体情况进行配重.

建议选用仪器:三线摆,气泡水准器,待测偏心轮,砝码,卷尺,秒表等.

实验四十九　　压阻式压力传感器的压力测量

【实验目的】

了解压阻式压力传感器测量压力的原理和方法.

【实验要求】

1. 根据实验目的,写出实验设计思想.
2. 查资料,写出实验原理.
3. 画出实验装置框图,拟定实验步骤,并列出实验仪器清单.
4. 说明所用压阻式压力传感器的标定方法.
5. 画出实验曲线,计算压阻式压力传感器的灵敏度和非线性误差.
6. 构造一个压力计,并对电路进行标定.
7. 写出实验报告,并给出实验结论和分析.

【实验引导】

压阻式压力传感器是在单晶硅的基片上扩散出 p 型或 n 型电阻条,接成电桥.在压力作用下基片产生应力,根据半导体的压阻效应,电阻条的电阻率产生变化,引起电阻的变化.把这一变化引入测量电路,则其输出电压的变化反映了基片所受到的压力变化.

本实验所选用的实验系统,其参考实验步骤如下:

1. 将压阻式压力传感器安装在压力传感器实验模板的支架上,根据图 4-49-1 所示连接管路和电路(主机箱内的气源部分、压缩泵、储气箱、流量计已接好).引压胶管的一端插入主机箱面板上的气源快速接口中(注意胶管拆卸时要用双指按住气源快速接口边缘往内压,则可轻松拉出),另一端与压阻式压力传感器相连.压阻式压力传感器引线为4芯线:1端接地线,2端为U_o^+,3端接+4V电源,4端为U_o^-.接线如图4-49-1所示.

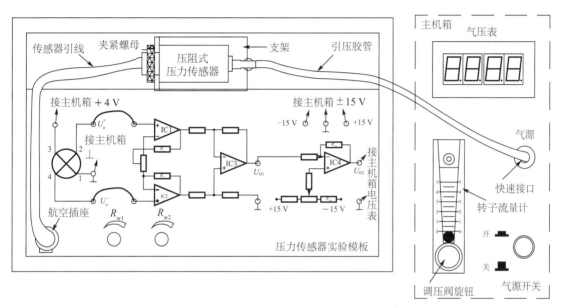

图4-49-1　压阻式压力传感器测压实验接线图

2.压力传感器实验模板上的"R_{w2}"用于调节放大器零位,"R_{w1}"用于调节放大器增益.将实验模板的放大器输出端"U_{o2}"接到主机箱电压表的"U_{in}"插孔,将主机箱电压表量程切换开关拨到2V挡,合上主机箱电源开关,"R_{w1}"调节到满度的$\frac{1}{3}$位置(逆时针旋转到底再顺时针旋转2圈),仔细调节"R_{w2}"使主机箱电压表显示为零.

3.合上主机箱上的气源开关,启动压缩泵,逆时针旋转转子流量计下端的调压阀旋钮,此时可看到转子流量计中的滚珠向上浮起悬于玻璃管中,同时观察气压表和电压表的变化.

4.调节调压阀旋钮,使气压表显示某一值,一般在2~18 kPa之间,从2 kPa开始,每上升1 kPa,记录电压表读数,将数值填入表4-49-1中.

表4-49-1　压阻式压力传感器测压实验数据

p/kPa								
U/V								

5.画出U-p曲线,并计算压阻式压力传感器的灵敏度和非线性误差.

6.如果本实验装置要作为一个压力计使用,则必须对电路进行标定,标定方法可采用逼近法.输入4 kPa气压,调节"R_{w2}"(低限调节),使电压表显示为0.25 V(有意偏小);输入16 kPa气压,调节"R_{w1}"(高限调节),使电压表显示为1.2 V(有意偏小);输入4 kPa气压,调节"R_{w2}"(低限调节),使电压表显示为0.3 V(有意偏小);输入16 kPa气压,调节"R_{w1}"(高限调节),使电压表显示为1.3 V(有意偏小).这个过程需反复调节直到接近自己的要求(4 kPa对应 0.4 V,16 kPa 对应 1.6 V) 即可.

建议选用仪器:主机箱,压阻式压力传感器,压力传感器实验模板,引压胶管等.

实验五十　　位移传感器的特性研究

【实验目的】

了解电容式位移传感器的结构及其特点,以及光纤位移传感器的工作原理和性能.

【实验要求】

1. 写出电容式位移传感器和光纤位移传感器的结构及其特点.
2. 查资料,写出实验原理.
3. 画出实验装置框图,拟定实验步骤,并列出实验仪器清单.
4. 画出实验曲线,计算电容式位移传感器和光纤位移传感器的灵敏度和非线性误差.
5. 写出实验报告,并给出实验结论和分析.

【实验引导】

电容式位移传感器以各种类型的电容器作为传感元件,可以测谷物干燥度、位移和液位等.本实验采用的传感器为圆筒式变面积差动结构的电容式位移传感器,如图 4-50-1 所示,由两个圆筒和一个圆柱组成.设圆筒的半径为 R,圆柱的半径为 r,圆柱的长为 x,则电容器的电容为 $C = \dfrac{2\pi\varepsilon x}{\ln\dfrac{R}{r}}$.图中 C_1,C_2 为差动连接,当图中的圆柱产生 Δx 位移时,电容的变化量为

$$\Delta C = C_1 - C_2 = \frac{2\pi\varepsilon\Delta x}{\ln\dfrac{R}{r}},$$

式中 $2\pi\varepsilon$,$\ln\dfrac{R}{r}$ 为常数,说明 ΔC 与 Δx 成正比,给电容器配上配套测量电路就能测量位移.

图 4-50-1　电容式位移传感器结构示意图

光纤位移传感器由两束光纤混合组成,如图 4-50-2 所示.一束光纤(光源光纤)的一端与光源相接发射光束,另一束光纤(接收光纤)的一端与光电转换器相接接收光束.两束光纤的另一端混合后构成的端部是工作端,也称为探头,它与待测体相距 x,由光源发出的光传到一束光纤的端部出射后再经待测体反射回来,另一束光纤接收光信号由光电转换器转换成电信号,而光电转换器转换的电信号的大小与间距 x 有关,因此可用于测量位移.

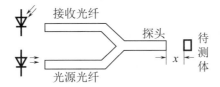

图 4 - 50 - 2　光纤位移传感器结构示意图

选用实验系统时的参考实验步骤如下.

1.电容式位移传感器的特性研究实验.

（1）按图 4 - 50 - 3 所示将电容式位移传感器装在电容传感器实验模板上,并按图示接线（实验模板的输出端"U_{o1}"接到主机箱电压表的"U_{in}"插孔）.

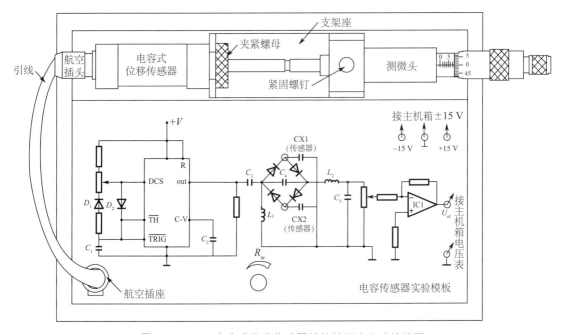

图 4 - 50 - 3　电容式位移传感器的特性研究实验接线图

（2）将电容传感器实验模板上的"R_w"调节到中间位置（逆时针旋转到底再顺时针旋转 3 圈）.

（3）将主机箱电压表量程切换开关拨到 2 V 挡,合上主机箱电源开关.旋转实验模板上的测微头,改变电容式位移传感器的动极板位置,使电压表显示为零;再旋转测微头（同一个方向）5 圈,记录此时测微头的读数和电压表显示值为实验起点值;然后反方向旋转测微头 10 圈,每转动 1 圈,Δx 增加 0.5 mm 位移,读取电压表读数.将数据填入表 4 - 50 - 1 中,并作出 U - Δx 曲线（这样单行程位移方向做实验可以消除测微头的回程差）.

（4）根据表 4 - 50 - 1 中的数据计算电容式位移传感器的灵敏度和非线性误差.

表 4 - 50 - 1　电容式位移传感器的特性研究实验数据

Δx/mm										
U/mV										

2.光纤位移传感器的特性研究实验.

（1）按图 4 - 50 - 2 所示安装光纤位移传感器和测微头,两束光纤分别插入光纤传感器实验模板上的光电座(其内部有发光管 D 和光电三极管 T)中,其他接线按图 4-50-4 所示连接.

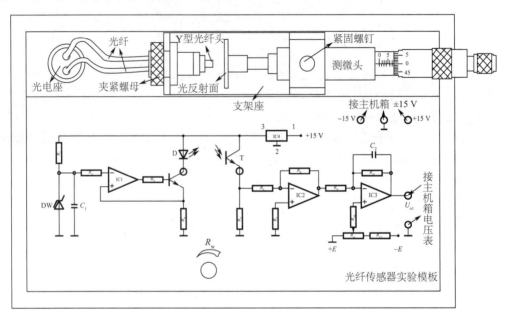

图 4-50-4　光纤位移传感器的特性研究实验接线图

(2) 检查接线无误后,合上主机箱电源开关.调节实验模板上的测微头,使光反射面与 Y 型光纤头轻触;再调节"R_w",使主机箱的电压表(量程切换开关拨到 20 V 挡)显示为零.

(3) 旋转光纤传感器实验模板上的测微头,待测体离开探头,待测体每移动 0.1 mm,读取电压表显示值,将数据填入表 4-50-2 中.根据表 4-50-2 中的数据作出 U-x 曲线,计算测量范围为 $0.1 \sim 1$ mm 时,光纤位移传感器的灵敏度和非线性误差.

表 4-50-2　光纤位移传感器的特性研究实验数据

x/mm										
U/V										

建议选用仪器:成品系统的主机箱,电容式位移传感器,电容传感器实验模板,光纤位移传感器,光纤传感器实验模板,测微头,光反射面等.

第二节　热　学　实　验

实验五十一　热电偶测温性能及标定

【实验目的】

制作一只铜-康铜温差电偶,并进行标定.

【实验要求】

1. 查资料,写出实验原理.
2. 测量所用材料的电阻率和几何尺寸.
3. 制作铜-康铜温差电偶,给出两种焊接方法.
4. 拟定标定铜-康铜温差电偶的实验步骤.
5. 列出实验仪器清单,并说明各仪器在实验中的用途.
6. 写出实验报告,并给出实验结论和分析.

【实验引导】

热电偶(又称为温差电偶)是将温度量转换为热电动势的热电式传感器,具有结构简单、使用方便、精度高、热惯性小、可测局部温度和便于远距离传送与集中检测等优点.相关介绍参见第一章.

实验五十二　　热敏电阻温度开关

【实验目的】

制作一个动作温度为 $50\ ^\circ\!C$ 的热敏电阻开关,并用发光二极管作为开关状态显示.

【实验要求】

1. 查资料,写出热敏电阻的工作原理.
2. 测量热敏电阻的电阻值与温度的关系.
3. 列出实验仪器清单,并说明各仪器在实验中的用途.
4. 写出实验报告,并给出实验结论和分析.

【实验引导】

热敏电阻是常用的温度传感器之一,利用半导体电阻随温度呈指数变化而制成的半导体热敏电阻,其优点是电阻温度系数比金属大 $10 \sim 100$ 倍、电阻值高、体积小、结构简单、响应时间短、功耗小等;缺点是电阻与温度的关系呈非线性,互换性较差等.热敏电阻按温度特性可分为三类:负温度系数热敏电阻、正温度系数热敏电阻和临界温度系数热敏电阻.热敏电阻常用于温度调节与控制、电路温度补偿等,工业上的应用尚不普遍.

半导体温度计是利用半导体热敏电阻随温度呈指数变化的特性而制成的,因而测量半导体温度计的电阻值就可以确定其温度,这种测量方法通常叫作非电学量电测法.

半导体热敏电阻的电阻值与温度的关系为 $R = A\mathrm{e}^{\frac{B}{T}}$,式中 A,B 为与半导体热敏电阻有关的常量; T 为热力学温度.半导体热敏电阻的电阻-温度特性曲线如图 $4-52-1$ 所示.

由于需要测量半导体材料的电阻值以实现非电学量的电测,因此还需要了解半导体热敏电阻的伏安特性(参见实验四十),其伏安特性曲线如图 $4-52-2$ 所示.要使热敏电阻用于温度测量,必须要求其电阻值只随外界温度的改变而改变,与通过它的电流无关,因此热敏电阻的工作区域必须在伏安特性曲线的直线部分.

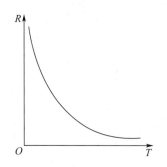

图 4-52-1 半导体热敏电阻的电阻-温度特性曲线

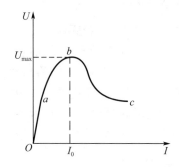

图 4-52-2 半导体热敏电阻的伏安特性曲线

半导体热敏电阻作为一个感温元件,在指示温度时还需通过电路测量.对于精密测量,常选用电桥或电势差计.对于工程测温,多用自动平衡电桥、数字式仪表或非平衡电桥.

发光二极管的工作电压为 2 ～ 3 V,工作电流一般为 10 mA,在使用发光二极管时要根据电源的供电电压,选择合适的电阻与发光二极管串联,使发光二极管工作在工作电压和工作电流之内.

建议选用仪器:半导体热敏电阻,运算放大器,直流电源,发光二极管,加热器(选用武汉工程大学制作的加热控温电炉)等.

实验五十三 半导体温度计的设计

【实验目的】

了解半导体温度计的工作原理,并设计制作半导体温度计;用非平衡电桥对半导体温度计进行标定.

【实验要求】

1. 查资料,写出半导体热敏电阻的工作原理.
2. 设计制作测温范围为 20 ～ 70 ℃ 的半导体温度计.
3. 列出实验仪器清单,并说明各仪器在实验中的用途.
4. 写出实验报告,并给出实验结论和分析.

【实验引导】

本实验的测量电路采用电桥电路(见图 4-53-1).平衡后的电桥,若其中某一臂的电阻发生变化(如 R_T),则平衡将受到破坏,微安表中将有电流通过.若电桥电压、微安表内阻 R_A、电桥各臂电阻 R_1, R_2, R_3 固定,则可以根据微安表的读数 I_A 计算出 R_T,再根据半导体热敏电阻的电阻-温度特性曲线,测出对应的温度值.

根据所设计的半导体温度计的测温范围 $20 \sim 70\ ^\circ\text{C}$，由半导体热敏电阻的电阻-温度特性曲线,查出半导体热敏电阻值的下限值 R_{20} 和上限值 R_{70}. 当半导体热敏电阻值为 R_{20} 时,电桥处于平衡状态 $(I_A = 0)$. 若取 $R_1 = R_2$, $R_3 = R_{20}$,则 R_3 就是半导体热敏电阻处在测温量程下限温度时的电阻值. 当温度增加时,半导体热敏电阻的电阻值减小,电桥出现不平衡,在微安表中就有电流通过. 当半导体热敏电阻处在测温量程上限温度的电阻值 R_{70} 时,要求微安表读数为满刻度.

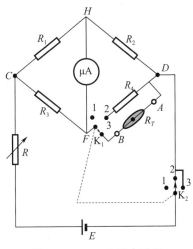

图 4 - 53 - 1　实验电路图

若流入半导体热敏电阻 R_T 中的电流 I_T 比流入微安表中的电流 I_A 大得多 $(I_T \gg I_A)$,则电桥两端电压为 $U_{CD} \approx I_T(R_3 + R_T)$. 取 $R_T = R_{20}$ 时,半导体热敏电阻的最大工作电流 I_T 即可决定 U_{CD} 和电源 E. 由电桥电路和基尔霍夫方程组,可以得到

$$I_A = \frac{U_{CD}\left(\dfrac{R_2}{R_1 + R_2} - \dfrac{R_{70}}{R_3 + R_{70}}\right)}{R_A + \dfrac{R_1 R_2}{R_1 + R_2} + \dfrac{R_3 R_{70}}{R_3 + R_{70}}}.$$

由 $R_1 = R_2$, $R_3 = R_{20}$,则

$$R_1 = R_2 = \frac{2U_{CD}}{I_A}\left(\frac{1}{2} - \frac{R_{70}}{R_{20} + R_{70}}\right) - 2\left(R_A + \frac{R_{20}R_{70}}{R_{20} + R_{70}}\right).$$

一般加在电桥两端的电压 U_{CD} 比所选定的电源电动势低,为保证电桥两端所需的电压值,通常在电源上串接一个可变电阻 R,其电阻值根据电桥中的总电流来选择.

对半导体温度计进行标定:为了对半导体温度计进行标定,首先从半导体热敏电阻的电阻-温度特性曲线上读出温度. 从 $20 \sim 70\ ^\circ\text{C}$,每隔 $5\ ^\circ\text{C}$ 读一个电阻值,用标准电阻箱 R_4 逐次选择前面所取的电阻值,读出微安表的读数 I_A,并记录数据;然后根据数据,将微安表的表盘读数改为温度计的刻度,并作出 I_A - t 曲线与表盘刻度比较;最后将实际半导体热敏电阻代替标准电阻箱,此即经过标定的半导体温度计.

实验五十四　半导体温度传感器温度特性测量

【实验目的】

组建一个数据采集系统,测量电流型集成温度传感器(AD590)和电压型集成温度传感器(LM35)的温度特性.

【实验要求】

1. 查资料了解半导体温度传感器(AD590 和 LM35)的温度特性,写出半导体器件用于温度测量的原理.

2. 选用合适的数据采集系统.

3. 测量电流型集成温度传感器（AD590）的温度特性.

4. 测量电压型集成温度传感器（LM35）的温度特性. 考虑到实验的安全性,半导体温度传感器实验设置的最高实验温度为 100 ℃.

5. 编程用最小二乘法拟合直线,得出温度系数、相关系数.

6. 写出实验报告,并给出实验结论和分析.

【实验引导】

1. pn 结温度传感器. pn 结温度传感器是利用半导体 pn 结的正向导通电压与温度之间的线性关系来实现温度检测的. 通常将硅三极管的基极和集电极短路,用基极和发射极之间的 pn 结作为温度传感器测量温度. 硅三极管基极和发射极间正向导通电压 U_{be} 与温度成反比,线性良好,电压温度系数约为 -2.3 mV/℃. pn 结温度传感器的优点是测温精度较高,测温范围可达 $-50 \sim 150$ ℃;缺点是一致性和互换性差.

通常 pn 结组成的二极管的电流 I 和电压 U 满足下式:
$$I = I_S(e^{\frac{qU}{kT}} - 1), \tag{4-54-1}$$
在常温条件下,且 $e^{\frac{qU}{kT}} \gg 1$ 时,式(4-54-1)可近似为
$$I = I_S e^{\frac{qU}{kT}}, \tag{4-54-2}$$
式中 $q = 1.602 \times 10^{-19}$ C 为元电荷,$k = 1.381 \times 10^{-23}$ J/K 为玻尔兹曼常量,T 为热力学温度,I_S 为反向饱和电流.

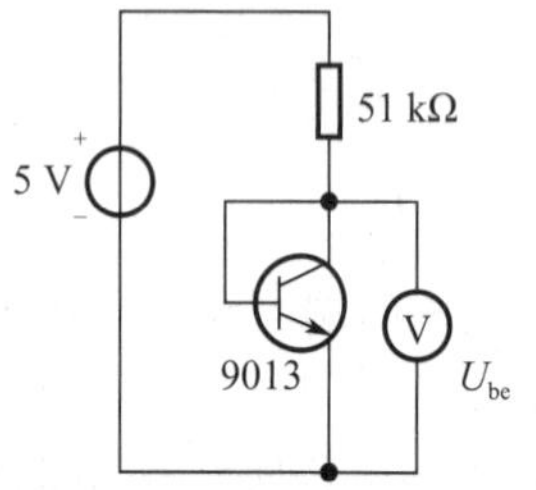

在正向电流保持恒定条件下,pn 结的正向导通电压 U 和温度 T 近似满足下列线性关系:
$$U = KT + U_{go}, \tag{4-54-3}$$
式中 U_{go} 为半导体材料参数,K 为 pn 结的电压温度系数.

pn 结温度传感器温度特性实验测量电路如图 4-54-1 所示,用恒压源串联 51 kΩ 电阻使流过 pn 结的电流近似不变.

图 4-54-1 实验测量电路图

pn 结温度传感器温度特性测量实验参考步骤如下:

将控温传感器 Pt100 铂电阻（A 级）插入干井炉中心井,pn 结温度传感器插入干井炉一个井内. 按要求插好连线. 从室温开始测量,然后开启加热器,每隔 10 ℃ 进行 pn 结正向导通电压 U_{be} 的测量,将得到的结果记入表 4-54-1 中.

表 4-54-1 pn 结正向导通电压 U_{be} 随温度变化的测量

$t/℃$	20	30	40	50	60	70	80	90	100
U_{be}/V									

注意:本实验用恒压源串联 51 kΩ 电阻近似达到恒流源效果;直接用恒流源则不用串联 51 kΩ 电阻. 试用恒压源和恒流源分别进行实验,并比较测量结果.

2. 电流型集成温度传感器(AD590). AD590 是一种电流型集成温度传感器, 它具有高准确度、动态电阻大、响应速度快、线性好、使用方便等特点. AD590 是一个二端器件, 其电路符号如图 4-54-2 所示. AD590 等效于一个高阻抗的恒流源, 其输出阻抗大于 10 MΩ, 能大大减小因电源电压变动而产生的测温

图 4-54-2　AD590 电路符号

误差. AD590 的工作电压为 +4 ~+30 V, 测温范围为 −55 ~150 ℃. 对应于热力学温度 T 每变化 1 K, 输出电流变化 1 μA. AD590 的输出电流 I_O(μA) 与热力学温度 T(K) 严格成正比, 其电流灵敏度表达式为

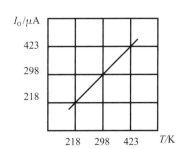

图 4-54-3　AD590 的 I_O-T 特性曲线

$$\frac{I_O}{T} = \frac{3k}{eR}\ln 8, \qquad (4-54-4)$$

式中 k, e 分别为玻尔兹曼常量和元电荷; R 为内部集成化电阻. 将 $\dfrac{k}{e} = 0.086\ 2$ mV/K, $R = 538$ Ω 代入式(4-54-4), 可得

$$\frac{I_O}{T} = 1.000\ \mu A/K. \qquad (4-54-5)$$

AD590 的电流-温度(I_O-T) 特性曲线如图 4-54-3 所示.

AD590 输出电流的表达式为

$$I_O = AT + B, \qquad (4-54-6)$$

式中 A 为灵敏度, B 为 0 ℃ 时的输出电流. 如需显示摄氏温标(℃), 则要加温标转换电路, 其关系式为

$$t = T + 273.15. \qquad (4-54-7)$$

在 AD590 温度传感器的整个测温范围内, 其准确度在 ±0.5 ℃ 之内, 且线性极好. 利用 AD590、一个电源、一个电阻、一个数字式电压表即可用于温度的测量. 实验测量电路如图 4-54-4 所示.

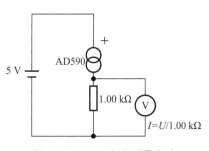

图 4-54-4　实验测量电路

AD590 温度特性测量实验参考步骤如下:

(1) 按图 4-54-4 所示连接线路, 并将温度设置为 25 ℃(25 ℃ 位置进行 PID 自适应调整, 保证达到 25 ± 0.1 ℃ 的控温精度). 将控温传感器 Pt100 铂电阻插入干井炉中心井, AD590 温度传感器插入干井炉一个井内, 升温至 25 ℃. 温度恒定后测试 1 kΩ 电阻(金属膜精密电阻) 上的电压是否为 298.15 mV.

注意: 实验室的环境温度必须低于 25 ℃. AD590 温度传感器的标定温度为 25 ℃, 输出电流为 298.15 μA; 0 ℃ 时则为 273.15 μA.

(2) 将干井炉的温度从室温升温至 100 ℃, 每隔 10 ℃(待温度稳定 2 min 后) 测量一次 1 kΩ 电阻上的电压. 将数据记录在表 4-54-2 中.

表 4 - 54 - 2 AD590 温度传感器的电压随温度变化的测量

$t/℃$	20	30	40	50	60	70	80	90	100
U/V									
$I/\mu A$									

注意:(1) 冬季温度范围设置为 20 ～ 80 ℃,夏季温度范围设置为 40 ～ 100 ℃.

(2) 如需节省时间,可每隔 5 ℃ 测量一次 1 kΩ 电阻上的电压.

(3) 电流 I 为从 1 kΩ 电阻上测得电压换算而得$\left(I = \dfrac{U}{R}\right)$.

3. 电压型集成温度传感器(LM35). LM35 温度传感器,标准 T_O-92 工业封装,其准确度一般为 ±0.5 ℃(有几种级别). 由于 LM35 温度传感器输出为电压,且线性极好,故只要配上电压源、数字式电压表就可以构成一个精密数字测温系统. LM35 温度传感器内部的激光校准保证了极高的准确度及一致性,且无须校准. 电压温度系数为 $K_V = 10.0$ mV/℃,利用下式可计算出待测温度 t(℃):

图 4 - 54 - 5 LM35 电路符号

$$t = \frac{U_O}{K_V}, \tag{4-54-8}$$

式中 U_O 为 LM35 温度传感器的输出电压.

LM35 温度传感器的电路符号如图 4 - 54 - 5 所示,实验测量时只要直接测量其输出端的电压 U_O,即可知待测温度.

LM35 温度特性测量实验参考步骤如下:

插接好电路,将控温传感器 PT100 铂电阻(A 级)插入干井炉中心井,从环境温度开始测量,然后开启加热器,每隔 10 ℃(待温度稳定 2 min 后)测量一次 LM35 温度传感器的输出电压. 将数据记录在表 4 - 54 - 3 中.

表 4 - 54 - 3 LM35 温度传感器输出电压随温度的变化

$t/℃$	20	30	40	50	60	70	80	90	100
U_O/V									

注意:(1) 冬季温度范围设置为 20 ～ 80 ℃,夏季温度范围设置为 40 ～ 100 ℃.

(2) 如需节省时间,可每隔 5 ℃ 测量一次 LM35 温度传感器的输出电压.

考虑到实验的安全性,温度传感器实验设置的最高实验温度为 100 ℃. 实验时可根据实验时间、季节情况选择 6 ～ 8 个温度点做测试实验. 仪器的加热装置采用了温度传感器测量技术中较准确的干井式恒温加热炉,其控温准确度由控温系统 PID 控制保证,在设定温度值时控温精确度达 ±0.1 ℃,在全温度范围内控温精确度达 ±0.3 ℃. 干井式恒温加热炉的恒温块选用纯度为 99.99% 的纯铜,可使恒温块中围绕中心干井的四个干井与中心井温度一致. 仪器加热器电源为直流 24 V 安全电压,总电流为 2 A,总功率为 48 W. 干井式恒温加热炉从室温升至 100 ℃ 约需 10 min. 同时为了快速重复实验,仪器内另装有风扇,可快速降低干井的温度.

实验五十五　　金属线膨胀率的测定

【实验目的】

组装一套测量金属线膨胀率的装置,并测量铜杆和铝杆的线膨胀率.

【实验要求】

1. 查资料,写出实验原理.
2. 设计实验装置,并列出实验仪器清单.
3. 测量铜杆和铝杆在室温至 100 ℃ 温区范围内的线膨胀率 α.
4. 写出实验报告,并给出实验结论和分析.

【实验引导】

固体的体积随温度的升高而增大的现象称为热膨胀.固体受热后其长度增加的现象称为线膨胀.实验表明,在一定的温度范围内,当温度改变 Δt 时,会使固体的长度改变 ΔL.定义线膨胀率 α 为固体在温度每升高 1 ℃ 时长度发生的相对变化量.

实际上,线膨胀率 α 随温度略有变化,但对大多数固体来说,在温度变化不太大的情况下,α 可以看成常量.固体的线膨胀率很小,其数量级为 $10^{-5} \sim 10^{-6}$ ℃$^{-1}$.

为了测量金属的线膨胀率,可将金属材料做成条状或杆状,在温度为 T_0 时,测得金属条或金属杆的长度为 L_0,受热后测得温度为 T 时的长度为 L,即得到绝对伸长量 $\Delta L = L - L_0$,线膨胀率可由下式求得:

$$\alpha = \frac{\Delta L}{L_0(T - T_0)}.$$

对线膨胀率的测量,归结为对温度 T_0,T 和绝对伸长量 ΔL 的测量.绝对伸长量是一个微小量,本实验的关键是微小长度的测量.微小长度的测量可以采用光杠杆原理,也可用干涉法,具体采用什么方法应与金属样品形态和装置相配合.

实验五十六　　金属箔式应变片的温度影响

【实验目的】

了解温度对金属箔式应变片的影响.

【实验要求】

1. 查资料,写出实验原理.
2. 设计实验装置,并列出实验仪器清单.
3. 测量金属箔式应变片随温度变化的规律.
4. 写出实验报告,并给出实验结论和分析.

【实验引导】

温度对金属箔式应变片的影响主要来自两个方面,一是应变栅在通电过程中会产生热量,因此应变栅会产生形变,从而产生电阻值变化;二是应变栅的线膨胀率与弹性体(或待测试件)的线膨胀率不一致会产生附加应变,从而导致电阻值改变.因此,当温度变化时,在待测试件受力状态不变时,输出电阻会有变化.

建议选用仪器:主机箱,应变传感器实验模板(实验模板上已粘贴应变传感器),托盘,砝码,加热器等.

第三节　电磁学实验

实验五十七　简易多用表的设计及校准

【实验目的】

将量程为 $50\ \mu A$(或 $100\ \mu A$)、准确度等级为 1.5 级的微安表,改装成量程为 $500\ \mu A$,5 mA 的双量程电流表.

【实验要求】

1. 根据实验目的画出改装电路图.
2. 以准确度等级为 0.5 级的电流表为标准表,拟定校准电路图,校正改装好的电流表.对改装表的要求:两个量程中各点的相对误差(不确定度) 均不超过 1.5%(每个量程校 5 个点).
3. 写出实验报告,并给出实验分析.

【实验引导】

将量程为 $50\ \mu A$、准确度等级为 1.5 级的微安表改装成量程为 $500\ \mu A$,5 mA 的双量程电流表的电路如图 4-57-1 所示,需要先测量微安表的内阻 R_A 和满刻度时电流的实际值 I_m.用实际测出的 R_A 和 I_m 算出 R_1 和 R_2 的数值.实验前应推导出计算 R_1,R_2 的公式,画出测量 R_A,I_m 的电路图.

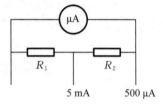

图 4-57-1　双量程电流表

实验五十八　测定电阻丝的电阻率

【实验目的】

测定一段电阻丝的电阻率.

【实验要求】

1. 用两种以上的方法测定电阻丝的电阻率(不可用欧姆表).
2. 写出每一种测定方法的原理.
3. 测定电阻丝的电阻率.
4. 比较几种方法的结果并分析测量误差.

【实验引导】

建议选用仪器:箱式电桥,螺旋测微器,米尺,待测电阻丝等.

实验五十九　RLC 电路测电容

【实验目的】

研究 RLC 电路的谐振特性,测量电容.

【实验要求】

1. 查资料,写出实验原理,并拟定实验步骤.
2. 选用两种方法测量电容.
3. 写出实验报告,并给出实验结论和分析.

【实验引导】

电容的测量有下列四种方法.
1. RC 电路法. 将电阻和待测电容器串联接入交流电路中时,有

$$Z_C = \frac{1}{2\pi f C_x},$$

式中 Z_C 为待测电容器的容抗,f 为电源频率,C_x 为待测电容器的电容. 如果已知电阻的电阻值 R,测量 u_C 和 u_R,即有

$$Z_C = \frac{U_C R}{U_R},$$

式中 U_C,U_R 表示 u_C 和 u_R 的有效值,因此可得

$$C_x = \frac{U_R}{2\pi f R U_C}. \tag{4-59-1}$$

实验步骤如下:
(1) 将电阻、待测电容器和信号源串联,选择适当的信号发生器输出频率.
(2) 将双踪示波器的 Y_1 输入端和接地端分别与待测电容器和电阻两端相连.
(3) 应用双踪示波器读出 U_R,U_C,代入式(4-59-1)求出 C_x.
2. RLC 串联谐振法. 基于 RLC 串联谐振电路,有

$$f = \frac{1}{2\pi \sqrt{LC_x}}, \tag{4-59-2}$$

式中 f 为谐振频率. 根据式(4-59-2)可得

$$C_x = \frac{1}{(2\pi f)^2 L}.\qquad(4-59-3)$$

实验步骤如下:

(1) 将电阻、电感、待测电容器和信号源串联,信号发生器输出频率置于 $10 \sim 200$ kHz 范围内.

(2) 将双踪示波器的 Y_1 输入端和接地端与电阻两端相连,观察双踪示波器上轨迹的振幅随频率变化的情况,当信号源频率等于谐振频率时,轨迹的振幅达到最大值,记下此时的频率代入式(4-59-3),即可求出待测电容器的电容 C_x. 测量结果填入表 4-59-1 中.

表 4-59-1 RLC 串联谐振法测电容实验数据记录与处理结果

L/mH	10	12	20	30	40	50	60
f/Hz							
$C_x/\mu\text{F}$							
平均值 $/\mu\text{F}$							

3. 比较法. 实验步骤如下:

(1) 将电阻、待测电容器和信号源串联,选择适当的信号发生器输出频率.

(2) 将双踪示波器的 Y_1 输入端和接地端与待测电容器两端相连,调整双踪示波器,选择适当的电阻值 R,得出如图 4-59-1 所示的图形,读出此时的 U_{Cm}.

(3) 将双踪示波器的 Y_1 输入端和接地端与已知可调电容器两端相连,调整双踪示波器和可调电容器的电容,使所得到的图形与图 4-59-1 完全重合,即 $U'_{Cm} = U_{Cm}$. 因此,此时的可调电容器的电容大小就是待测电容器的电容大小. 测量结果填入表 4-59-2 中.

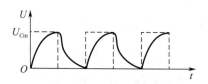

图 4-59-1 RC 电路实验结果图

表 4-59-2   比较法测电容实验数据记录与处理结果

$C_x/\mu\text{F}$						
平均值 $/\mu\text{F}$						

4. 相位法. 相位法测量电路如图 4-59-2 所示,图中 C_x 为待测电容器的电容,f 为低频信号发生器产生的正弦信号的频率,R 为可变电阻的电阻值. U_{01} 接双踪示波器的 Y_1 输入端,U_{02} 接 Y_2 输入端. 由电学理论可知,U_{01} 和 U_{02} 的矢量图如图 4-59-3 所示,波形图如图 4-59-4 所示. 由图 4-59-4 可知

$$\tan\Delta\varphi = \frac{U_C}{U_R} = \frac{1}{\omega C_x R} = \frac{1}{2\pi f C_x R},$$

于是

$$C_x = \frac{1}{2\pi f R \tan \Delta\varphi}. \tag{4-59-4}$$

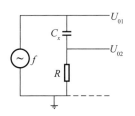

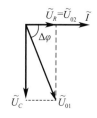

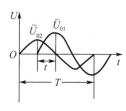

图 4-59-2 相位法测量电路图   图 4-59-3 矢量图   图 4-59-4 波形图

因为 R 和频率 f 都为已知,所以只要测出 $\tilde{U}_{01}$ 和 $\tilde{U}_{02}$ 的相位差,就可求出 C_x.

双踪示波器测量两列波的相位差的方法如下:当示波器显示两列波时,先测出这两列波的周期 T,再测出这两列波同在波峰或波谷时的时间差 t,再应用下式求出相位差:

$$\Delta\varphi = 2\pi \frac{t}{T}.$$

在测量中,为减小误差,应使 $\tilde{U}_{01}$ 和 $\tilde{U}_{02}$ 两波形相位差时间 t 尽量大,一般应使相位差 $\Delta\varphi$ 在 $30° \sim 80°$ 之间. 这就需要灵活改变信号发生器的频率 f 和电阻 R 来实现. 待测电容器的电容越大,f 和 R 取值应越小. 根据电容器的电容 C 的不同,f 和 R 经验取值如表 4-59-3 所示. 测量结果填入表 4-59-4 中.

表 4-59-3 f,R 的经验取值

$C/\mu F$	f/Hz	R/Ω
$0.1 \sim 1$	1 000	500
$1 \sim 10$	1 000	100
$10 \sim 100$	100	100
$100 \sim 1\,000$	100	10

表 4-59-4 相位法测电容实验数据记录与处理结果

f/Hz		400	500	600	700	800	900	1 000
$\Delta\varphi/(°)$								
$\tan \Delta\varphi$								
$C_x/\mu F$	计算值							
	平均值							

建议选用仪器:RLC 电路实验仪(由电阻箱、电容器、电感、信号发生器等集成),双踪示波器,待测组件(电容、电感和电阻)等.

实验六十　　测量地磁场的水平分量

【实验目的】

自组正切电流计测量地磁场的水平分量.

【实验要求】

1. 查阅资料,学习测量地磁场水平分量的方法.

2. 写出测量原理,画出磁场矢量合成图.

3. 利用亥姆霍兹线圈和罗盘针等仪器,用两种方法测量地磁场的水平分量 $B_{/\!/}$,写出测量步骤.

4. 用作图法或最小二乘法得出地磁场水平分量.

5. 写出实验报告,比较两种方法的结果,分析实验误差,简述实验体会.

【实验引导】

地球本身及其周围空间存在着磁场,称为地球磁场,简称地磁场,其主要部分是一个偶极场. 地心偶极子轴线与地球表面的两个交点称为磁极,通过这两个磁极的假想直线(磁轴)与地球的自转轴成 11.3° 角,如图 4-60-1 所示. 地球表面任何一点处的磁感应强度 $\boldsymbol{B}$ 均具有一定的大小和方向. 如图 4-60-2 所示,在地理坐标系中,O 点表示测量点,x 轴指向北,即为地理子午线(经线)方向;y 轴指向东,即为地理纬线方向;z 轴垂直于地平面而指向地下;Oxy 平面代表地平面. $\boldsymbol{B}$ 在 Oxy 平面上的投影 $\boldsymbol{B}_{/\!/}$ 称为水平分量,水平分量所指的方向是磁子午线的方向;水平分量偏离地理子午线的角度 D 称为磁偏角. 以地理子午线为起始边,磁偏角东偏为正,西偏为负. $\boldsymbol{B}$ 偏离水平面的角度 I 称为磁倾角. 在北半球的大部分地区磁针 N 极下倾,而在南半球的大部分地区磁针 N 极上仰. 规定磁针 N 极下倾为正,上仰为负. $\boldsymbol{B}$ 在 x 轴上的投影 $\boldsymbol{B}_x$ 称为北向分量;$\boldsymbol{B}$ 在 y 轴上的投影 $\boldsymbol{B}_y$ 称为东向分量 $\boldsymbol{B}_y$;$\boldsymbol{B}$ 在 z 轴上的投影 $\boldsymbol{B}_z$ 称为垂直分量. 确定某一点的地磁场通常需要用到磁偏角、磁倾角和水平分量 $B_{/\!/}$.

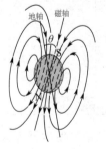

图 4-60-1　地磁场

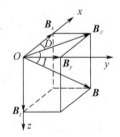

图 4-60-2　地理坐标系

亥姆霍兹线圈是一对相同的圆形线圈,彼此平行而且共轴,两线圈绕行方向一致,相互串联,且线圈的间距等于线圈的半径. 亥姆霍兹线圈轴线中心处的磁感应强度的大小为

$$B_0 = \frac{8}{5\sqrt{5}} \frac{\mu_0 nI}{R}, \qquad (4-60-1)$$

式中 n 为线圈的匝数,R 为线圈的平均半径,I 为线圈的电流,μ_0 为真空磁导率.亥姆霍兹线圈的磁场分布如图 4-60-3 所示.在中心点附近较大范围内的磁感应强度是相当均匀的,在亥姆霍兹线圈轴线中心处,水平放置一个罗盘,就构成了正切电流计.

在通电前,先使线圈平面与罗盘指针相平行,即线圈平面与磁子午面一致.然后在线圈中通以直流电流,亥姆霍兹线圈产生的 $\boldsymbol{B}_0$ 必和地磁场的水平分量 $\boldsymbol{B}_{/\!/}$ 相垂直,罗盘中的磁针就在 $\boldsymbol{B}_0$,$\boldsymbol{B}_{/\!/}$ 两磁场所产生的磁力同时作用下偏离磁子午线,与磁子午线成一定的角度 θ,如图 4-60-4 所示.由图 4-60-4 可知

$$\frac{B_0}{B_{/\!/}} = \tan \theta, \tag{4-60-2}$$

将式(4-60-2)代入式(4-60-1)可得

$$I = \frac{5\sqrt{5}\,RB_{/\!/}}{8\mu_0 n}\tan \theta. \tag{4-60-3}$$

测量流过正切电流计的电流 I 和罗盘指针的偏转角 θ,即能测得地磁场的水平分量 $B_{/\!/}$ 的大小.

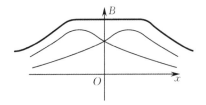

图 4-60-3　亥姆霍兹线圈的磁场分布

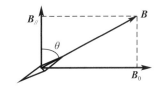

图 4-60-4　罗盘指针受磁力

建议选用仪器:亥姆霍兹线圈,地质罗盘,直流稳压电源,电阻箱,直流电流表,换向开关,水准器等.

实验六十一　　周期函数的傅里叶分解

【实验目的】

自组电路对方波进行傅里叶分解.

【实验要求】

周期函数的傅里叶分解

1.自组 RLC 电路将方波和三角波分解成基波和各次谐波,并测量它们的振幅与相位关系.

2.写出傅里叶分解的物理含义和分析方法.

3.写出实验报告,并给出实验结论和分析,指出三个应用例子.

【实验引导】

周期为 T 的函数 $f(t)$ 都可以表示为三角函数所构成的傅里叶级数,即

$$f(t) = \frac{a_0}{2} + \sum_{n=1}^{\infty}(a_n\cos n\omega t + b_n\sin n\omega t), \tag{4-61-1}$$

式中 a_n, b_n 为傅里叶系数；$\omega = \dfrac{2\pi}{T}$ 为基波频率，$n\omega$ 为 n 次谐波频率；$\dfrac{a_0}{2}$ 为直流分量.

若周期为 T 的方波的函数形式为

$$f(t) = \begin{cases} h & \left(0 \leqslant t < \dfrac{T}{2}\right), \\ -h & \left(-\dfrac{T}{2} \leqslant t < 0\right), \end{cases}$$

可将此方波展开为傅里叶级数

$$f(t) = \frac{4h}{\pi}\left(\sin \omega t + \frac{1}{3}\sin 3\omega t + \frac{1}{5}\sin 5\omega t + \frac{1}{7}\sin 7\omega t + \cdots\right)$$

$$= \frac{4h}{\pi}\sum_{n=1}^{\infty}\left(\frac{1}{2n-1}\right)\sin(2n-1)\omega t. \tag{4-61-2}$$

同样，对于三角波

$$f(t) = \begin{cases} \dfrac{4h}{T}t & \left(-\dfrac{T}{4} \leqslant t < \dfrac{T}{4}\right), \\ 2h\left(1 - \dfrac{2t}{T}\right) & \left(\dfrac{T}{4} \leqslant t < \dfrac{3T}{4}\right), \end{cases}$$

可以分解为

$$f(t) = \frac{8h}{\pi^2}\left(\sin \omega t - \frac{1}{3^2}\sin 3\omega t + \frac{1}{5^2}\sin 5\omega t - \frac{1}{7^2}\sin 7\omega t + \cdots\right)$$

$$= \frac{8h}{\pi^2}\sum_{n=1}^{\infty}(-1)^{n-1}\frac{1}{(2n-1)^2}\sin(2n-1)\omega t. \tag{4-61-3}$$

可采用 RLC 串联谐振电路作为选频电路，对方波或三角波进行频谱分解.在示波器上显示这些被分解的波形，测量它们的相对振幅.还可以用一参考正弦波与被分解出的波形构成李萨如图形，确定基波与各次谐波的相位差.

1. 周期性波形傅里叶分解的选频电路

实验电路如图 4-61-1 所示，其中电阻 R、电容 C 是可变的，电感 L 一般取 $0.1 \sim 1\,\mathrm{H}$ 之间.当输入信号的频率与电路的谐振频率 $\omega_0 = \dfrac{1}{\sqrt{LC}}$ 相匹配时，此电路将有最大响应，这个响应的频带宽度以 Q 值来表示：$Q = \dfrac{\omega_0 L}{R}$. 当 Q 值较大时，在 ω_0 附近的频带宽度较狭窄，所以实验中应该选择较大的 Q 值使基波与各次谐波分离出来.

如果调节可变电容 C，信号在 $n\omega_0$ 频率发生谐振，我们将从此周期性波形中选择出这个单元，其值为

$$U(t) = b_n \sin n\omega_0 t,$$

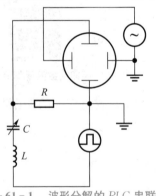

图 4-61-1 波形分解的 RLC 串联电路

这时电阻 R 两端的电压为

$$U_R(t) = I_0 R \sin(n\omega_0 t + \varphi),$$

式中 $\varphi = \arctan\dfrac{X}{R}$，这里 X 为 RLC 串联电路感抗和容抗之和；$I_0 = \dfrac{b_n}{Z}$，这里 Z 为电路的总阻

抗. 在谐振状态 $X = 0$ 时,总阻抗为

$$Z = r + R + R_L + R_C \approx r + R + R_L,$$

式中 r 为方波(或三角波)电源的内阻,R 为取样电阻,R_L 为电感的损耗电阻,R_C 为标准电容的损耗电阻(R_C 常因较小而忽略).

2. 方波的傅里叶分解

(1) 求 RLC 串联电路对 1 000 Hz, 3 000 Hz, 5 000 Hz 正弦波谐振时的电容值 C_1, C_3, C_5, 并与理论值进行比较. 实验所用电感 $L = 0.1$ H, 电容理论值 $C_i = \dfrac{1}{\omega_i^2 L}$.

表 4 - 61 - 1 所示为 1 000 Hz, 3 000 Hz, 5 000 Hz 正弦波谐振时测得的电容值.

表 4 - 61 - 1　电容实验值与理论值

谐振频率 f_i/Hz	1 000	3 000	5 000
实验值 /μF	0.247	0.028	0.010
理论值 /μF	0.247	0.028	0.010

(2) 将 1 000 Hz 方波进行频谱分解,测量基波和 n 次谐波的相对振幅和相对相位. 将 1 000 Hz 方波输入 RLC 串联电路,如图 4 - 61 - 1 所示. 然后按表 4 - 61 - 1 调节电容值至 C_1, C_3, C_5 附近,可以从示波器上读出当电容值调到 C_1, C_3, C_5 时产生谐振,且可测得振幅分别为 b_1, b_3, b_5,而调节到其他电容值时,没有谐振产生. 实验参数如下:

① 方波频率为 $f = 1\,000$ Hz,取样电阻为 $R = 22$ Ω,信号源内阻为 $r = 6.0$ Ω,电感为 $L = 0.1$ H.

② 方波频率为 $f = 1\,000$ Hz,取样电阻为 $R = 500$ Ω,信号源内阻为 $r = 6.0$ Ω,电感为 $L = 1.0$ H.

由 ① 和 ② 得到的实验数据如表 4 - 61 - 2 和表 4 - 61 - 3 表示.

表 4 - 61 - 2　实验数据 1

谐振时的电容值 C_i/μF	0.247	C_1 和 C_3 之间	0.028	C_3 和 C_5 之间	0.010
谐振频率 /Hz	1 000	无谐振	3 000	无谐振	5 000
相对振幅 /cm	6.00	—	1.80	—	0.90
李萨如图形	\		∧∨		∧∨∧∨
与参考正弦波相位差	π		π		π

表 4 - 61 - 3　实验数据 2

谐振时的电容值 C_i/μF	0.247	C_1 和 C_3 之间	0.028	C_3 和 C_5 之间	0.010
谐振频率 /Hz	1 000	无谐振	3 000	无谐振	5 000
相对振幅 /cm	6.00	—	1.60	—	0.50
李萨如图形	\		∧∨		∧∨∧∨
与参考正弦波相位差	π		π		π

从上述数据中可以看出：

a. 方波进行傅里叶分解时，只能得到 1 000 Hz, 3 000 Hz, 5 000 Hz 正弦波，而 2 000 Hz, 4 000 Hz, 6 000 Hz 等正弦波是不存在的.

b. 电感用铜线缠绕，存在趋肤效应，其损耗电阻 R_L 随频率升高而增加，因此 3 000 Hz, 5 000 Hz 谐波的振幅数值比理论值偏小，此系统误差应进行校正.

c. 基波和各次谐波与同一参考正弦波（1 000 Hz）的相位差均为 π，说明基波和各次谐波的初相位相同.

（3）电感损耗电阻的测定. 对于 1.0 H 电感的损耗电阻可采用 Q5 型品质因数测量仪测量. 测量结果如表 4 - 61 - 4 所示.

表 4 - 61 - 4   电感（1.0 H）损耗电阻和使用频率的关系

使用频率 f/Hz	损耗电阻 R_L/Ω
1 000	307
3 000	362
5 000	602

对于 0.1 H 电感的损耗电阻可用下述方法测定：接一个如图 4 - 61 - 2 所示的串联谐振电路，测量在谐振状态时，信号源的输出电压 U_{AB} 和取样电阻 R 两端的电压 U_R，可计算出 $R_L + R_C$ 的值. R_C 为标准电容的损耗电阻，一般较小可忽略. 测量结果如表 4 - 61 - 5 所示.

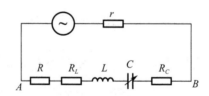

图 4 - 61 - 2   串联谐振电路

表 4 - 61 - 5   电感（0.1 H）损耗电阻和使用频率的关系

使用频率 f/Hz	损耗电阻 R_L/Ω
1 000	26
3 000	34
5 000	53

（4）测量相对振幅时，系统误差的校正. 若 b_3 为 3 000 Hz 谐波校正后的振幅，b_3' 为 3 000 Hz 谐波未被校正时的振幅，R_{L1} 为 1 000 Hz 使用频率时的损耗电阻，R_{L3} 为 3 000 Hz 使用频率时的损耗电阻，则

$$b_3 : b_3' = \frac{R}{R_{L1} + R + r} : \frac{R}{R_{L3} + R + r},$$

于是

$$b_3 = b_3' \frac{R_{L3} + R + r}{R_{L1} + R + r}.$$

对 5 000 Hz 谐波也可做类似的校正.

实验六十二　　应变交（直）流全桥的应用

【实验目的】

自组应变直流全桥并对电路进行标定,应用应变交流全桥测量振动.

【实验要求】

1. 自组应变直流全桥并给出电路的标定方法.

2. 写出全桥测量原理.

3. 应用应变直流全桥设计电子秤,并画出实验曲线,计算误差与线性度.

4. 组建振动梁式应变传感器,给出振动梁的自振频率.

5. 写出实验报告,并给出实验结论和分析.

【实验引导】

1. 应变直流全桥的应用 —— 电子秤实验

数字电子秤实验原理如图 4-62-1 所示,利用全桥测量原理,通过对电路进行标定使电路输出的电压值为质量对应值.

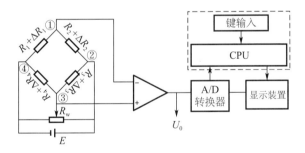

图 4-62-1　数字电子秤原理框图

(1) 将应变传感器实验模板(见图 4-62-2)上的 ±15 V、"⊥" 插口分别与主机箱电源 ±15 V、"⊥" 相连.用导线将实验模板中的放大器两输入口短接($U_i = 0$),调节 "R_{w3}" 到中间位置(先逆时针旋转到底,再顺时针旋转 2 圈).将主机箱电压表的量程切换开关拨到 2 V 挡,合上主机箱电源开关.调节实验模板放大器的 "R_{w4}" 使主机箱电压表显示为零.

(2) 将托盘安装到应变传感器的托盘支点上,将 10 只砝码全部置于托盘上,调节 "R_{w3}" 使电压表显示为 0.200 V 或 -0.200 V.

(3) 拿去托盘上的所有砝码,调节 "R_{w4}" 使电压表显示为零.

(4) 重复步骤(2),(3)的标定过程直到精确为止. 标定完成后,该系统成为一台原始的电子秤.

(5) 把砝码依次放在托盘上,并依次将质量和电压数据填入表 4-62-1 中.

(6) 根据数据画出实验曲线,计算误差与线性度.

表 4-62-1　电子秤实验数据

质量 /g											
电压 /mV											

2. 应变交流全桥的应用(应变仪)—— 振动测量实验

应用应变交流全桥可以测振动,当振动梁的振动台受力的作用而振动时,会使振动梁上的应变片产生应变信号. 用交流电桥测量动态应变信号时,交流电桥为调制电路,输出的波形为一调制波,通过相敏检波器和低通滤波器后才能得到变化的应变信号,此信号可以从示波器或用交流电压表读得.

(1) 将应变传感器实验模板上的传感器改为振动梁的应变片.

(2) 按图 4-62-2 所示接线,将振动源上的应变输出与应变传感器实验模板上的振动梁应变插座相连(因振动梁上的四片应变片已组成全桥,引出线为四芯线,直接接入实验模板上已与电桥模型相连的应变插座上. 电桥模型两组对角线阻值均为 $350\ \Omega$,可用多用表测量).

注意传感器专用插头(黑色航空插头)的插法和拔法:插头插入插座时,只要将插头上的凸锁对准插座的平缺口稍用力自然往下插;插头拔出插座时,必须用大拇指用力往内按住插头上的凸锁同时往上拔.

(3) 按图 4-62-2 所示接好交流电桥调平衡电路及系统(应变传感器实验模板中的 R_8,R_{w1},C,R_{w2} 为交流电桥调平衡网络). 检查接线无误后,合上主机箱电源开关,将音频振荡器的频率调节到 1 000 Hz 左右,幅度调节到 10 V(峰-峰值)(用频率表监测频率,用示波器监测幅度). 用示波器观察相敏检波器输出(图中低通滤波器输出接的示波器改接到相敏检波器输出),仔细调节实验模板的 R_{w1} 和 R_{w2}(交替调节)使示波器(相敏检波器输出)显示的波形幅值最小,基本为零. 用手按住振动台使传感器产生一个大位移,仔细调节移相器和相敏检波器的旋钮,使示波器显示的波形为一个全波整流波形. 然后松手,整流波形消失变为一条接近零的线(如果不是,应再调节 R_{w1} 和 R_{w2}). 振动源的低频输入接主机箱的低频振荡器,调节低频振荡器的幅度旋钮和频率旋钮,使振动台的振荡较为明显. 用示波器观察相敏检波器和低通滤波器的输出波形.

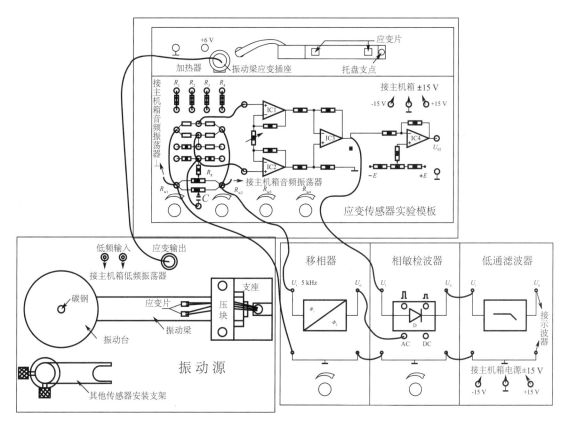

图 4 - 62 - 2　应变交流全桥振动测量实验接线图

(4) 保持低频振荡器的幅度不变,调节低频振荡器的频率(3 ～ 25 Hz),每增加 2 Hz 用示波器读出低通滤波器输出电压峰-峰值,填入表 4 - 62 - 2 中,并根据数据画出实验曲线,从实验数据得出振动梁的自振频率为_____. 实验完毕,关闭电源.

表 4 - 62 - 2　应变交流全桥振动测量实验数据

f/Hz										
$U_{o_{p-p}}/V$										

建议选用仪器:CSY - 2000G 型光电传感器实验台,应变传感器实验模板,移相器 / 相敏检波器 / 低通滤波器模板,砝码,双踪示波器,振动源,多用表等.

实验六十三　　用霍尔位置传感器测定弹性模量

【实验目的】

对霍尔位置传感器进行标定,用弯曲法测定黄铜和铸铁的弹性模量.

【实验要求】

1. 列出实验仪器清单,并根据弹性模量的测量精度要求指出选择仪器的理由.
2. 对霍尔位置传感器进行标定,并写出标定报告.
3. 用弯曲法测定黄铜和铸铁的弹性模量,并写出实验报告.

【实验引导】

1. 霍尔位置传感器

霍尔元件置于磁感应强度为 $\boldsymbol{B}$ 的磁场中,在垂直于磁场方向通以电流 I,则在与这两者相垂直的方向上将产生霍尔电势差

$$U_{\mathrm{H}} = KIB, \tag{4-63-1}$$

式中 K 为霍尔元件的霍尔灵敏度. 如果保持电流 I 不变,而使霍尔元件在一个均匀梯度的磁场中移动,则输出的霍尔电势差变化量为

$$\Delta U_{\mathrm{H}} = KI \frac{\mathrm{d}B}{\mathrm{d}Z} \Delta Z, \tag{4-63-2}$$

式中 ΔZ 为位移量. 式 $(4-63-2)$ 说明,若 $\dfrac{\mathrm{d}B}{\mathrm{d}Z}$ 为常量,则 ΔU_{H} 与 ΔZ 成正比.

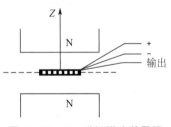

图 4-63-1　磁场梯度装置图

如图 4-63-1 所示,可将两块相同的磁铁同极相对放置实现均匀梯度的磁场. 两磁铁之间留一定间隙,霍尔元件平行于磁铁放在间隙的中轴上. 间隙宽度要根据测量范围和测量灵敏度要求而定,间隙越小,磁场梯度就越大,灵敏度就越高. 磁铁的尺寸要远大于霍尔元件的尺寸,以减小边缘效应的影响,提高测量精确度.

若磁铁间隙中心截面处的磁感应强度为零,则霍尔元件处于该平面时,输出的霍尔电势差为零. 当霍尔元件偏离中心沿 Z 轴发生位移时,由于磁感应强度不再为零,霍尔元件产生相应的电势差输出,其大小可以用电压表测量. 因此,可将霍尔电势差为零时元件所处的位置作为位移参考零点.

霍尔电势差与位移量之间存在一一对应关系,当位移量较小($<2\,\mathrm{mm}$)时,霍尔电势差与位移量为线性对应关系.

2. 弹性模量

一长为 l、横截面积为 S 的铜丝,在其两端沿轴向施加大小相等、方向相反的外力 F,其长度改变 Δl. 将 $\dfrac{F}{S}$ 称为应力,相对长度改变 $\dfrac{\Delta l}{l}$ 称为应变. 在弹性限度内,根据胡克定律,有

$$\frac{F}{S} = Y \frac{\Delta l}{l},$$

式中 Y 称为弹性模量,其数值与材料性质有关.

将厚度为 a、宽度为 b 的横梁放在间隔为 d 的二刀刃上,在横梁发生微小弯曲时,横梁中间存在一个中性面,此面以上部分发生压缩,以下部分发生拉伸,所以整体来说,可以理解为横梁发生长度改变,即可以用弹性模量来描写材料的性质.

如图 4-63-2 所示,虚线表示弯曲梁的中性面,取弯曲梁长为 $\mathrm{d}x$ 的一小段,设其曲率半径为 $R(x)$,对应的张角为 $\mathrm{d}\theta$,再取距中性面为 y,厚为 $\mathrm{d}y$,原长为 $\mathrm{d}x$ 的一层作为研究对象,那么横梁弯曲后其长度变为 $[R(x)-y]\mathrm{d}\theta$,所以长度变化量为

$$[R(x)-y]\mathrm{d}\theta - \mathrm{d}x.$$

由于 $\mathrm{d}\theta = \dfrac{\mathrm{d}x}{R(x)}$,所以

$$[R(x)-y]\mathrm{d}\theta - \mathrm{d}x = [R(x)-y]\frac{\mathrm{d}x}{R(x)} - \mathrm{d}x = -\frac{y}{R(x)}\mathrm{d}x.$$

$$(4-63-3)$$

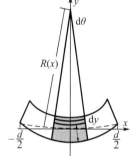

图 4-63-2　横梁发生微小弯曲

由式 $(4-63-3)$ 可得应变为 $-\dfrac{y}{R(x)}$,根据胡克定律有

$$\frac{\mathrm{d}F}{\mathrm{d}S} = -Y\frac{y}{R(x)}.$$

$$(4-63-4)$$

由于 $\mathrm{d}S = b\mathrm{d}y$,所以式 $(4-63-4)$ 可写为

$$\mathrm{d}F = -\frac{Yby}{R(x)}\mathrm{d}y.$$

对中性面的转矩为

$$\mathrm{d}\mu(x) = |\mathrm{d}F|y = \frac{Yb}{R(x)}y^2\mathrm{d}y,$$

对上式进行积分,可得

$$\mu(x) = \int_{-\frac{a}{2}}^{\frac{a}{2}} \frac{Yb}{R(x)}y^2\mathrm{d}y = \frac{Yba^3}{12R(x)}.$$

$$(4-63-5)$$

对横梁上的各点,有

$$\frac{1}{R(x)} = \frac{y''(x)}{[1+y'(x)^2]^{\frac{3}{2}}}.$$

由于梁的弯曲微小,$y'(x) = 0$,所以有

$$R(x) = \frac{1}{y''(x)}.$$

$$(4-63-6)$$

当横梁平衡时,横梁在 x 处的转矩应与横梁右端支撑力 $\dfrac{Mg}{2}$ 对 x 处的力矩平衡,所以有

$$\mu(x) = \frac{Mg}{2}\left(\frac{d}{2}-x\right).$$

$$(4-63-7)$$

根据式 $(4-63-5)$、式 $(4-63-6)$ 和式 $(4-63-7)$ 可得

$$y''(x) = \frac{6Mg}{Yba^3}\left(\frac{d}{2}-x\right).$$

根据边界条件 $y(0)=0$,$y'(0)=0$,解上面的微分方程可得

$$y(x) = \frac{3Mg}{Yba^3}\left(\frac{d}{2}x^2 - \frac{1}{3}x^3\right).$$

将 $x = \dfrac{d}{2}$ 代入上式,得右端点的 y 值为

$$y = \frac{Mgd^3}{4Yba^3}.$$

又 $y = \Delta Z$,所以弹性模量为

$$Y = \frac{d^3 Mg}{4a^3 b \Delta Z}. \tag{4-63-8}$$

实验参考步骤如下(实验仪器如图 4-63-3 所示),在进行测量之前,要求仪器(供选用的仪器型号见下)符合安装要求,并且检查杠杆是否水平、刀口是否垂直、挂砝码的刀口是否处于黄铜样品中间.杠杆应安放在磁铁的中间,注意不要与金属外壳接触.一切正常后才能加砝码):

(1)调节三维调节架的调节螺钉,使霍尔位置传感器探测元件处于磁铁中间.

(2)用水准器观察霍尔位置传感器探测元件是否在平衡位置,若偏离可以用底座螺钉调节.

(3)调节霍尔位置传感器的毫伏表.磁铁盒下的调节螺钉可以使磁铁上下移动,当毫伏表数值很小时,停止调节,最后调节调零电位器使毫伏表读数为零.

(4)调节读数显微镜,使十字线及分划板刻度线和数值清晰.然后移动读数显微镜的前后距离,使刀口上的基线清晰.转动读数显微镜的鼓轮使刀口上的基线与读数显微镜内十字线吻合,记下初始读数值.

(5)逐次增加砝码(每次增加 10 g 砝码,记砝码的总质量为 M_i),从读数显微镜上读出黄铜样品的弯曲位移 ΔZ_i 及毫伏表的读数值 U_i.测量数据填入表 4-63-1 中.

(6)测量两刀口之间的长度 d(用直尺),测量不同位置处黄铜样品的宽度 b(用游标卡尺)和厚度 a(用千分尺).

(7)用逐差法按照式(4-63-8)计算黄铜的弹性模量,求出霍尔位置传感器的灵敏度 $\dfrac{\Delta U_i}{\Delta Z_i}$,并把弹性模量测量值与公认值进行比较(黄铜的标准弹性模量为 $E_0 = 10.55 \times 10^{10}$ N/m^2).

(8)将黄铜样品换成可锻铸铁材料,重复上述步骤测量可锻铸铁的弹性模量.

表 4-63-1　霍尔位置传感器测定弹性模量实验数据

测量次数 i	1	2	3	4	5	6	7	8
M_i/g								
ΔZ_i/mm								
U_i/mV								

建议选用仪器:95A 型集成霍尔传感器,读数显微镜,霍尔位置传感器输出信号测量仪等.基本结构如图 4-63-3 所示.

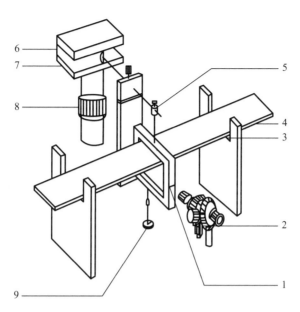

1—刀口上的基线；2—读数显微镜；3—刀口；4—黄铜样品；5—铜杠杆(顶端装有95A型集成霍
尔传感器)；6—磁铁盒；7—磁铁(N极相对放置)；8—调节架；9—砝码

图 4-63-3   霍尔位置传感器测定弹性模量结构图

第四节   光 学 实 验

实验六十四   显微镜、望远镜的组装及放大率的测量

【实验目的】

组装望远镜和显微镜，并测量望远镜的视角放大率.

【实验要求】

显微镜、望远镜的组
装及放大率的测量

1. 装配一台视角放大率为 20 倍的显微镜.
2. 写出自组望远镜的设计方案.
3. 根据望远镜光学结构原理，画出基本结构光路图.
4. 确定光学元件的具体参数(提供的透镜的焦距大小)，给出选择各光学元件的理由.
5. 自组望远镜光学系统，测量其视角放大率.

【实验引导】

成像的光学仪器基本上可以分为成实像或成虚像两大类. 成实像的光学仪器有照相机、幻
灯机、电影放映机、投影仪等；成虚像的光学仪器有放大镜、显微镜、望远镜等. 由于所成的虚像

都是直接用眼睛来观察的,因此成虚像的光学仪器也被称为助视仪器.本实验主要研究助视仪器.

1. 放大镜

为了观察微小物体,常使用放大镜.最简单的放大镜就是一个焦距 f 比明视距离(亦即在合适的照明条件下,眼睛最方便、最习惯的工作距离,人的明视距离为 25 cm)$s_0 = 25$ cm 小得多的凸透镜.凸透镜所成的像对眼睛所张的视角 α' 大于物体在明视距离 s_0 对眼睛所张的视角 α.在傍轴条件下,放大镜的视角放大率为

$$M = \frac{\alpha'}{\alpha} \approx \frac{s_0}{f}. \tag{4-64-1}$$

2. 显微镜

为了观察更加微小的物体,可在放大镜 L_E 之前再加一凸透镜 L_0,使物体先经过 L_0 放大后,再通过 L_E 来观察,这就是显微镜的基本原理.在显微镜里,L_E 称为目镜,L_0 称为物镜,目镜 L_E 的焦距 f_E 较长,而物镜 L_0 的焦距 f_0 很短.使用时,镜筒的长度不变,调节被观测的物体 AB 到物镜 L_0 的距离,使其略大于 f_0,从而在 L_0 后方生成一放大实像 $A'B'$.目镜 L_E 将中间像 $A'B'$ 在其明视距离 s_0 附近生成一放大虚像 $A''B''$,为此 $A'B'$ 应成在 L_E 的焦点以内距焦点极近处.由于虚像 $A''B''$ 的视角比物体 AB 位于明视距离的视角大得多,因而能看得更清楚,如图 4-64-1 所示.显微镜的视角放大率的定义与放大镜相同,即

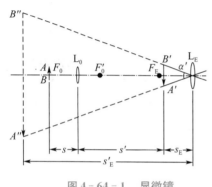

图 4-64-1 显微镜

虚像 $A''B''$ 的视角 α' 与物体在明视距离 s_0 时的视角 α 之比.在傍轴条件下,并考虑到 $A''B''$ 与 $A'B'$ 的视角相同,均为 α',可得显微镜的视角放大率为

$$M = \frac{\alpha'}{\alpha} = \frac{\overline{A'B'}/f_E}{\overline{AB}/s_0} = \frac{\overline{A'B'}}{\overline{AB}} \frac{s_0}{f_E}, \tag{4-64-2}$$

式中 $\dfrac{\overline{A'B'}}{\overline{AB}}$ 为物镜 L_0 的横向放大率 V_0,$\dfrac{s_0}{f_E}$ 为目镜 L_E 的视角放大率 M_E,因此式(4-64-2)可改写为

$$M = V_0 M_E. \tag{4-64-3}$$

式(4-64-3)表明,显微镜的视角放大率 M 等于物镜的横向放大率 V_0 与目镜的视角放大率 M_E 的乘积.

3. 望远镜

望远镜是用来观察、瞄准和测量远处物体的助视仪器.本实验讨论的是被称为天文望远镜的开普勒望远镜.

如图 4-64-2 所示为由两个凸透镜组成的望远镜的原理图,其中 L_0 为物镜,其焦距为 f_0,L_E 为目镜,其焦距为 f_E.通常 f_0 比 f_E 大得多,远处的物体 AB 经物镜 L_0 在其焦点 F'_0 以外焦点极近处生成一缩小的实像 $A'B'$,由于物镜焦点 F'_0 与目镜焦点 F_E 几乎重合,作为放大镜的目镜将中间像 $A'B'$ 放大成一虚像 $A''B''$.

望远镜的作用是观察远方的物体,所以在计算望远镜的视角放大率时,再把 α 取为物体位于明视距离 s_0 处对眼睛所张的视角就没有意义了. 因此,望远镜的视角放大率定义为像的视角 α' 与物体在被观测距离上的视角 α 之比. 由图 $4-64-2$ 可知,$A''B''$ 与 $A'B'$ 的视角相同,均为 α',在傍轴条件下可得望远镜的视角放大率为

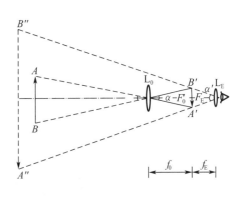

$$M = \frac{\alpha'}{\alpha} \approx \frac{f_0}{f_E}. \qquad (4-64-4)$$

图 $4-64-2$ 望远镜

望远镜视角放大率的测量方法有以下两种.

① 比较法. 最简单的方法是把物和像的长度直接对比. 如图 $4-64-3$ 所示,远处放置长度为 y 的标尺 AB,对人眼的视角为 α,将望远镜对准 AB,调节望远镜目镜与物镜之间的距离,使人眼从望远镜中看到清晰的像 $A'B'$,其长度为 y',视角为 α'. 现将像 $A'B'$ 投影到物 AB 所在的平面上为 $A''B''$,其长度为 y'',则望远镜的视角放大率为

$$M = \frac{\alpha'}{\alpha} \approx \frac{\tan \alpha'}{\tan \alpha} = \frac{y''}{y}. \qquad (4-64-5)$$

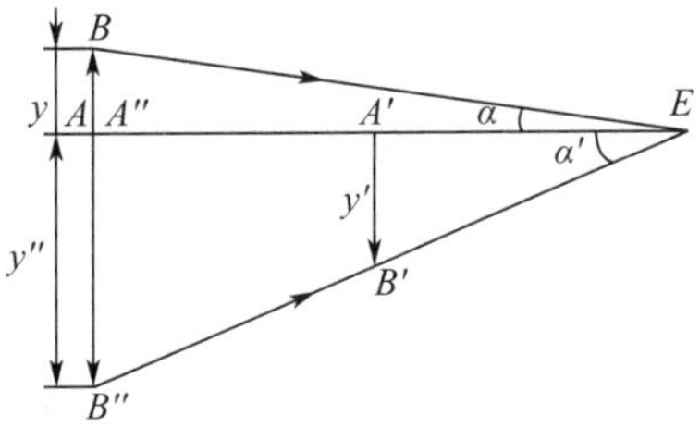

图 $4-64-3$ 比较法原理

② 公式法. 将望远镜聚焦无穷远,此时目镜和物镜的距离等于 $f_0 + f_E$,取下物镜,在物镜处放一长度为 y_1 的物,该物通过目镜成一缩小的实像,长度为 y_2. 由透镜成像公式 $\left(\dfrac{1}{s} + \dfrac{1}{s'} = \dfrac{1}{f},这里 s, s', f 均取正值\right)$ 和式($4-64-4$)可求出望远镜的视角放大率为

$$M = \frac{f_0}{f_E} = \frac{y_1}{y_2}. \qquad (4-64-6)$$

实验参考步骤如下:

(1) 设计实验方法,测量所给凸透镜的焦距并加以记录.

(2) 在光具座上组装简易显微镜.

① 将扩展光源、有细微特征的物屏、物镜和目镜按顺序装在光具座上,并进行共轴调节.

② 在物镜和目镜之间加入毛玻璃屏,调节物镜及毛玻璃屏的位置,使毛玻璃屏上成一清晰放大的实像(此实像不宜过大).

③ 移动目镜,眼睛紧贴目镜进行观察,直到看清放大的虚像为止(无严重色散).

④ 拿掉毛玻璃屏,移动眼睛的位置到主光轴上,依然能看到这一虚像.

(3) 在光具座上组装简易望远镜.

① 在光具座上装上物镜和目镜,按共轴要求调好.

② 在物镜和目镜之间加入毛玻璃屏,并使目镜远离物镜. 将物镜对准远方的景物,调节毛玻璃屏使其生成清晰的倒立实像,然后将毛玻璃屏固定,调节目镜与毛玻璃屏之间的距离,同时眼睛紧贴目镜进行观察,直到看清景物的虚像为止.

③ 固定目镜,撤除毛玻璃屏,眼睛沿主光轴仍然可看到景物的虚像.

(4) 用比较法测量自组望远镜的视角放大率.

① 将大标尺置于距物镜 5 m 处,并使尺面垂直于望远镜的光轴,用一只眼睛直接看标尺,另一只眼睛通过望远镜看标尺,调节目镜至物镜的距离,使成像清晰.双眼经过一段时间的自然调节,就能同时看清标尺和望远镜中标尺的虚像.

② 微调望远镜的指向,使视野中两列刻度线对齐并分别在左右两侧.数出望远镜中看到的一格相当于标尺的几格,代入式(4 - 64 - 5)可求得望远镜的视角放大率,并与理论结果 $(M = f_0/f_E)$ 进行比较和讨论.

建议选用仪器:光源,光具座,不同焦距的凸透镜,透明标尺,毫米刻度尺,半反半透镜等.

实验六十五　　光敏传感器光电特性研究

【实验目的】

研究光敏电阻、硅光电池、光电二极管和光电三极管的基本特性,测出它们的伏安特性曲线和光照特性曲线.

【实验要求】

1.搜集、查阅有关光敏元件的资料,了解常用光敏元件的应用范围、主要参数、选用原则.

2.写出四种光敏传感器的工作原理,以及这四种元件的伏安特性和光照特性,画出测量电路图,标明图中各元件参量.

3.拟定实验步骤.

4.写出实验报告,并给出误差分析.

【实验引导】

光敏传感器是将光信号转换为电信号的传感器,也称为光电式传感器.它可用于检测直接与光强变化相关联的非电学量,也可用来检测能转换成光学量变化的其他非电学量.光敏传感器具有非接触、响应快、性能可靠等特点,因而在工业自动控制及智能机器人中得到广泛应用.

光敏传感器的物理基础是光电效应.在光辐射作用下,电子逸出材料表面的现象称为外光电效应或光电子发射效应.基于这种效应的光电元件有光电管、光电倍增管等.电子并不逸出材料表面的则是内光电效应,也称为光电导效应.光生伏打效应属于内光电效应.大多数光电控制应用的传感器都是基于内光电效应而进行工作的.

若光照射某些半导体材料,当透射到材料内部的光子能量足够大时,某些电子吸收光子的能量,从原来的束缚态变成自由态,这时在外电场的作用下,通过半导体的电流会增大,即半导体的电导率会增大,此即内光电效应.

内光电效应可分为本征型和杂质型两类.本征型是指能量足够大的光子使电子离开价带跃迁到导带,价带中由于电子离开而产生空穴.在外电场作用下,电子和空穴参与导电,使半导体材料的电导率增大.杂质型是指能量足够大的光子使施主能级中的电子或受主能级中的空穴跃迁到导带或价带,从而使半导体材料的电导率增大.

在无光照时,半导体 pn 结内部自建电场.当光照射在 pn 结及其附近,在能量足够大的光子作用下,结区及其附近产生少数载流子(电子、空穴).载流子在结区外时,靠扩散进入结区;

在结区内时,因电场的作用,电子漂移到 n 区,空穴漂移到 p 区,使 n 区带负电荷,p 区带正电荷,产生附加电动势,此电动势即为光生电动势,此现象即为光生伏打效应.

本实验主要是研究光敏电阻、硅光电池、光电二极管、光电三极管四种光敏传感器的基本特性. 光敏传感器的基本特性包括伏安特性、光照特性等. 在一定的入射照度下,光敏元件的电流 I 与所加电压 U 之间的关系称为光敏传感器的伏安特性. 改变照度则可以得到一簇伏安特性曲线. 伏安特性是传感器应用设计时选择电参数的重要依据. 光敏传感器的光谱灵敏度与入射照度之间的关系称为光照特性,有时也将光敏传感器的输出电压或电流与入射照度之间的关系称为光照特性. 光照特性也是光敏传感器应用设计时选择电参数的重要依据之一.

1. 光敏电阻

光敏电阻由具有内光电效应的半导体材料制成. 目前,光敏电阻的应用极为广泛,可见光波段和大气透射窗口都有适用的光敏电阻. 利用光敏电阻制成的光控开关在日常生活中随处可见.

当内光电效应发生时,光敏电阻电导率的改变量为

$$\Delta\sigma = \Delta pe\mu_{p} + \Delta ne\mu_{n}, \tag{4-65-1}$$

式中 e 为元电荷,Δp 为空穴浓度的改变量,Δn 为电子浓度的改变量,μ_{p} 表示空穴的迁移率,μ_{n} 表示电子的迁移率.

当光敏电阻两端加上电压 U_R 后,光电流为

$$I_{ph} = \frac{A}{d}\Delta\sigma U_R, \tag{4-65-2}$$

式中 A 为与电流垂直的截面面积,d 为电极之间的间距. 在一定的照度下,$\Delta\sigma$ 为恒定的值,因而光电流和电压呈线性关系.

光敏电阻的伏安特性曲线如图 4-65-1(a) 所示,不同的照度可以得到不同的伏安特性曲线,表明电阻值随照度发生变化. 在照度不变的情况下,电压越高,光电流越大,而且没有饱和现象. 与一般电阻一样,光敏电阻的工作电压和工作电流都不能超过规定的最高额定值.

光敏电阻的光照特性曲线如图 4-65-1(b) 所示. 不同的光敏电阻的光照特性曲线是不同的,但是在大多数的情况下,曲线的形状都与图 4-65-1(b) 所示的结果类似. 由于光敏电阻的光照特性曲线是非线性的,因此不适宜作为线性敏感元件,这是光敏电阻的缺点之一. 所以在自动控制中,光敏电阻常用作开关量传感器.

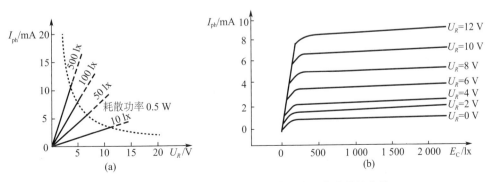

图 4-65-1　光敏电阻的伏安特性曲线和光照特性曲线

2.硅光电池

硅光电池是目前使用最为广泛的光伏探测器之一. 它的优点是工作时不需要外加偏压,接收面积小,使用方便;缺点是响应时间长.

如图 4 - 65 - 2(a) 所示为硅光电池的伏安特性曲线. 在一定的照度下,硅光电池的伏安特性曲线呈非线性.

当光照射硅光电池时,将产生一个由 n 区流向 p 区的光生电流 I_{ph},同时由于 pn 结二极管的特性,存在正向电流 I_D,此电流方向与光生电流方向相反,所以实际获得的电流为

$$I = I_{ph} - I_D = I_{ph} - I_0(e^{\frac{eU}{nkT}} - 1),\tag{4 - 65 - 3}$$

式中 U 为结电压;I_0 为二极管反向饱和电流;n 为理想系数,表示 pn 结的特性,通常在 1 和 2 之间;k 为玻尔兹曼常量;T 为热力学温度. 在一定的照度下,将硅光电池短路,测得的电流为短路电流 I_{SC},此时结电压 U 为 0,从而有

$$I_{SC} = I_{ph}.\tag{4 - 65 - 4}$$

负载电阻在 20 Ω 以下时,短路电流与照度有比较好的线性关系.

开路电压是指负载电阻远大于硅光电池的内阻时,硅光电池两端的电压,而当硅光电池的输出端开路时,有 $I = 0$,由式(4 - 65 - 3) 和式(4 - 65 - 4) 可得开路电压为

$$U_{OC} = \frac{nkT}{e}\ln\left(\frac{I_{SC}}{I_0} + 1\right).\tag{4 - 65 - 5}$$

图 4 - 65 - 2(b) 所示为硅光电池的光照特性曲线. 开路电压与照度之间为对数关系,因而具有饱和性. 因此,硅光电池作为光敏元件时,应该把它作为电流源的形式来使用,即利用其短路电流与照度呈线性关系的特点,这是硅光电池的主要优点.

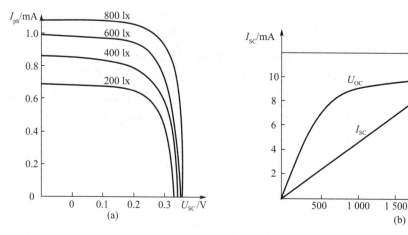

图 4 - 65 - 2　硅光电池的伏安特性曲线和光照特性曲线

3.光电二极管和光电三极管

光电二极管、光电三极管的伏安特性曲线类似,如图 4 - 65 - 3 所示. 光电三极管的光电流比同类型的光电二极管的光电流大好几十倍,零偏压时,光电二极管有光电流输出,而光电三极管则无光电流输出. 原因是光电二极管和光电三极管都能产生光生电动势,但光电三极管的

集电结在无反向偏压时没有放大作用,所以此时没有电流输出(或仅有很小的漏电流).

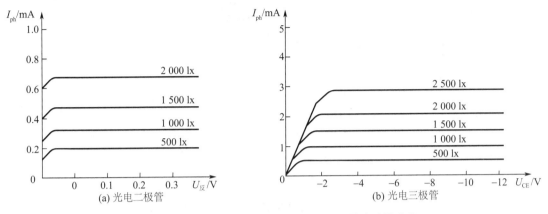

图 4-65-3 光电二极管和光电三极管的伏安特性曲线

光电二极管的光照特性曲线(见图 4-65-4(a))呈良好线性,这是由于它的电流灵敏度一般为常量. 而光电三极管(见图 4-65-4(b))在弱光时灵敏度较低,在强光时则有饱和现象,故一般选择光电二极管作为线性检测元件.

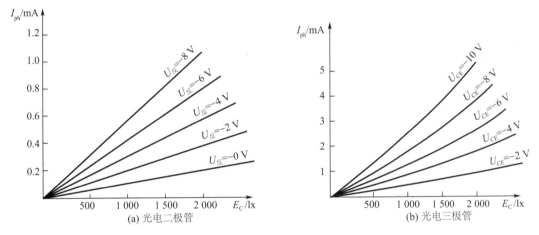

图 4-65-4 光电二极管和光电三极管的光照特性曲线

建议使用仪器:定型光敏传感器光电特性实验仪. 实验仪的工作面板如图 4-65-5 所示.

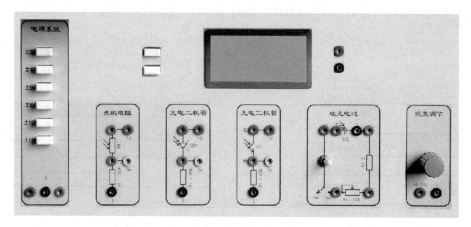

图 4-65-5　定型光敏传感器光电特性实验仪工作面板

实验六十六　　光电开关实验

【实验目的】

组装透射式光电开关和反射式红外光电接近开关,并给出应用.

【实验要求】

1. 查资料,给出透射式光电开关组成原理及应用.
2. 查资料,给出反射式红外光电接近开关组成原理及应用.
3. 在指定的实验系统上研究光电开关.
4. 设计一个简易的光电开关.
5. 写出实验报告,并给出实验结论和分析.

【实验引导】

透射式光电开关可以由一个光发射管和一个接收管组成. 当光发射管和接收管之间无遮挡时,接收管有光电流产生,一旦此光路中有物体遮挡,则光电流中断. 利用这种特性可制成光电开关用来工业零件计数、控制等.

反射式红外光电接近开关由一个红外发射管和一个接收管组装而成. 当红外发射管发射红外线被接近物反射到接收管时,接收管有光电流产生. 一旦接近物离开时,接收管接收不到红外线则光电流中断.

1. 透射式光电开关实验

(1) 根据图 4-66-1 所示接线,注意接线孔颜色(极性)相对应,将光电器件实验模板(一)的"U_{cc}"插孔与"⊥"插孔接到主机箱的相应插孔上.

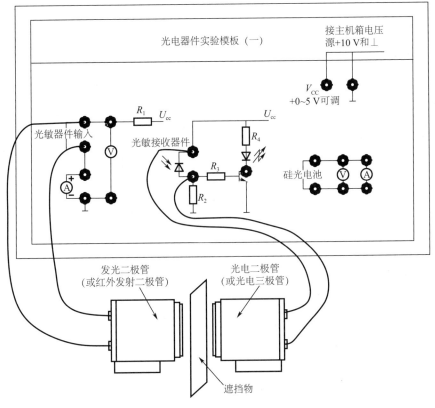

图 4 - 66 - 1　透射式光电开关实验

(2) 开启主机箱电源,观察用遮挡物遮挡与不遮挡光路时,光电器件实验模板(一)上的发光二极管的亮暗变化情况.

2.反射式红外光电接近开关实验

(1) 根据图 4 - 66 - 2 所示接线,注意接线孔颜色(极性)相对应,将光电开关实验模板的"+5 V"插孔与"⊥"插孔接到主机箱的相应插孔上.

(2) 开启主机箱电源,观察接近物接近与远离时,光电开关实验模板上的发光二极管的亮暗变化情况.

建议选用仪器:主机箱,光电器件实验模板(一),发光二极管(或红外发射二极管),光电二极管(或光电三极管),光电开关实验模块,光电接近开关(反射式光耦)等.

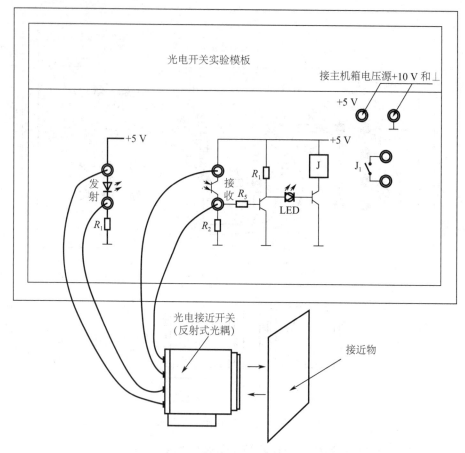

图 4 - 66 - 2　反射式红外光电接近开关实验

实验六十七　　迈克耳孙干涉仪的组装和应用

【实验目的】

在防震台上组装一个简易的迈克耳孙干涉实验装置.

【实验要求】

1. 说明迈克耳孙干涉仪的工作原理.
2. 在防震台上组装一个简易的迈克耳孙干涉实验装置,设计好光路,列出实验仪器清单.
3. 仔细调节光路,使观察屏上可观察到清晰的干涉圆环.
4. 观察干涉圆环的稳定情况,检验防震台的性能.

【实验引导】

迈克耳孙干涉仪的有关介绍参见基础篇实验三十九.

实验六十八　　应用菲涅耳双棱镜测定光的波长

【实验目的】

设计一个应用菲涅耳双棱镜测定光波长的实验系统,并用它确定钠光的波长.

【实验要求】

1. 说明实验原理,画出光路图.
2. 拟定实验步骤.
3. 调节光路,使光学系统达到等高共轴,从而使得移动双棱镜位置时干涉条纹位置不变.
干涉条纹明暗对比度要大(干涉条纹要清晰),干涉条纹足够多,且均匀地分布在观察屏内.
4. 测量相邻明纹(或暗纹)的间距,并计算钠光的波长.
5. 用白炽灯取代钠灯作光源,观察干涉条纹,记录所观察到的现象并做出相应的解释.
6. 写出实验报告.

【实验引导】

在实验中获得两束相干光的方法可分为分振幅法和分波面法两种.菲涅耳双棱镜干涉就
是利用分波面法获得两束相干光.

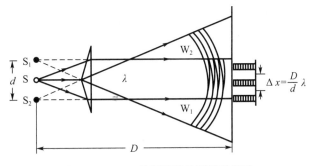

图 4-68-1　菲涅耳双棱镜干涉实验

菲涅耳双棱镜干涉实验如图 4-68-1 所示,点光源 S 发出的光经双棱镜折射而形成两束相
干光,可视这两束相干光为分别从虚光源 S_1,S_2 发出,在两束相干光相交的区域可以观察到干
涉条纹.相邻明纹(或暗纹)的间距为

$$\Delta x = \frac{D}{d}\lambda,$$

式中 d 为 S_1,S_2 之间的距离,D 为 S,S_1,S_2 组成的直线到观察屏的距离.在实验中只要测得条
纹间距 Δx,就可以计算出光源的波长 λ.

建议选用仪器:光具座全套(二维滑块支架(3 个),一维滑块支架(2 个),辅助凸透镜(2
片),可调单狭缝),白屏,测微目镜,钠光灯,双棱镜等.

实验六十九　综述测定光的波长的各种方法

【实验目的】

根据所学知识,综述光波长的各种测定方法,选择其中两种方法进行测定,并对两种方法进行比较.

【实验要求】

1. 查阅有关资料,利用所学知识,综述测定光的波长的各种方法.
2. 每一种测定波长的方法均应扼要阐明实验原理、实验条件(包括实验仪器)、测量公式,并画出光路图,制定实验方案.
3. 选择两种方法测定光的波长.
4. 分析测量结果并对两种方法进行比较.
5. 写出实验报告.

【实验引导】

所需仪器、设备、工具自选.

实验七十　用偏振光测定玻璃相对于空气的折射率

【实验目的】

根据偏振光的性质及产生偏振光的方法,设计实验,测出玻璃相对于空气的折射率.

【实验要求】

1. 说明实验原理,画出光路图.
2. 拟定实验步骤,测定数据并计算.

【实验引导】

建议选用仪器:分光计,检偏器,照明光源等.

实验七十一　用分光计测定液体(水)的折射率

【实验目的】

根据折射极限法原理,设计实验,用分光计测定液体(水)的折射率.

【实验要求】

1. 说明实验原理,画出光路图.

2.拟定实验步骤,列出实验仪器清单.

3.制作空心玻璃三棱镜,对加入液体后的三棱镜光路图进行分析.

4.测定数据并计算.

5.写出实验报告,并给出实验结论和分析.

【实验引导】

当光从空气入射折射率为 n 的介质时,在两种介质的分界面上发生反射和折射,入射角 α 和折射角 θ_1 之间满足折射定律,即

$$\sin \alpha = n \sin \theta_1. \qquad (4-71-1)$$

当光连续通过两个分界面,例如通过一个正三棱镜的两条边时,将发生两次折射,如图 $4-71-1$ 所示.由折射定律可知

$$n \sin \theta_2 = \sin \beta. \qquad (4-71-2)$$

又由几何关系可知

$$\theta_1 + \theta_2 = \angle A. \qquad (4-71-3)$$

由式($4-71-1$)、式($4-71-2$)和式($4-71-3$)可得

$$n = \frac{1}{\sin \angle A} \sqrt{\sin^2 \alpha \sin^2 \angle A + (\sin \alpha \cos \angle A + \sin^2 \beta)}. \qquad (4-71-4)$$

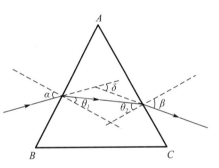

图 $4-71-1$　三棱镜光路图

由式($4-71-4$)可知,只要用分光计分别测出 α, β 和 $\angle A$ 就可算出三棱镜的折射率 n.但是这种方法要测量的量很多,并且计算麻烦,易产生较大的误差.因此,可利用入射光与出射光的延长线之间的夹角 δ(称为偏向角)来求解折射率.由几何关系可知,当 $\alpha = \beta$ 时偏向角最小,称为最小偏向角,记作 $\delta_{\min}$,则

$$\delta_{\min} = 2\alpha - \angle A.$$

因此,式($4-71-1$)可化简为

$$n = \frac{\sin \left(\dfrac{\delta_{\min}}{2} + \dfrac{\angle A}{2} \right)}{\sin \dfrac{\angle A}{2}}.$$

建议选用仪器:分光计,汞灯,空心三棱镜制作材料,待测液体(蒸馏水)等.

实验七十二　　测量细丝直径

【实验目的】

用劈尖干涉法和单缝夫琅禾费衍射法测量金属细丝的直径.

【实验要求】

1.简述实验原理.

2.画出实验光路图与装置图.

3. 列出实验仪器清单,拟定实验操作步骤和数据表格.

4. 记录、处理测量数据.

5. 对两种方法所得测量结果进行分析比较,估计不确定度.

【实验引导】

测量细丝直径,可以使用游标卡尺、螺旋测微器等较精密的机械工具,也可以使用读数显微镜、工具显微镜、阿贝比长仪等精密光学仪器,还可以利用光的干涉或衍射原理,借助光学仪器,对微小直径进行测量. 这些方法的精度有所不同,实际中可根据精度要求选用.

(1) 劈尖干涉法. 将两块光学平板玻璃叠在一起,一端插入一细丝,则在两平板玻璃之间形成一空气劈尖. 垂直入射的光将在劈尖表面形成干涉条纹,条纹的间距与细丝的直径有关,由此可测得细丝直径.

(2) 单缝夫琅禾费衍射法. 单缝夫琅禾费衍射实验中,将细丝代替狭缝,可以用来测量细丝直径. 这是基于巴比涅原理,如果细丝的直径和单缝的宽度相等,它们就是一对互补屏. 两个互补屏在衍射场中某点处单独产生的复振幅之和等于光自由传播时在该点处的复振幅. 用氦氖激光器做光源,则在激光束直线传播方向之外,自由传播场的复振幅为零,因此,两个互补屏在这些地方产生的衍射图样完全一样. 故可用单缝衍射条纹宽度公式来测量细丝直径.

实验七十三   测量空气的折射率

【实验目的】

设计或利用一种实验装置测量空气的折射率.

【实验要求】

1. 说明实验原理,画出光路图.

2. 拟定实验步骤.

3. 测量常温下空气的折射率.

4. 写出实验报告,并给出实验结论和分析.

【实验引导】

利用迈克耳孙干涉仪可以测量空气的折射率,迈克耳孙干涉仪的有关介绍参见基础篇实验三十九.

迈克耳孙干涉仪中的两束相干光各有一段单行光路,两相干光束的光程差的改变可以在单行光路部分由移动一个反射镜或加入另一种介质得到;在其中一条光路中放进被研究对象不会影响另一条光路,因此,常以此来测量如折射率、厚度、气压等一切可以转化为光程变化的物理量.

建议选用仪器:迈克耳孙干涉仪,氦氖激光器,电源,扩束器,打气囊,气压表,白屏等.

参 考 文 献

[1] 陈群宇. 大学物理实验:基础和综合分册[M]. 北京:电子工业出版社,2003.

[2] 陈晓春,郑泽清,韩学孟. 大学物理实验[M]. 2版. 北京:中国林业出版社,2008.

[3] 戴道宣,戴乐山. 近代物理实验[M]. 2版. 北京:高等教育出版社,2006.

[4] 丁慎训,张连芳. 物理实验教程[M]. 2版. 北京:清华大学出版社,2002.

[5] 郭奕玲. 大学物理中的著名实验[M]. 北京:科学出版社,1994.

[6] 贾小兵,杨茂田,殷洁,等. 大学物理实验教程[M]. 北京:人民邮电出版社,2003.

[7] 贾玉润,王公治,凌佩玲. 大学物理实验[M]. 上海:复旦大学出版社,1987.

[8] 金重. 大学物理实验教程:工科[M]. 天津:南开大学出版社,2000.

[9] 李长江. 物理实验[M]. 北京:化学工业出版社,2002.

[10] 刘航. 大学物理实验[M]. 长沙:中南大学出版社,2002.

[11] 刘迎春,叶湘滨. 传感器原理、设计与应用[M]. 4版. 长沙:国防科技大学出版社,2004.

[12] 吕斯骅,段家忯. 基础物理实验[M]. 北京:北京大学出版社,2002.

[13] 罗罡,刘福来,林列,等. 基于白光信息处理的光学/数字彩色摄影术[J]. 中国科学(E辑),2000,30(3):222-229.

[14] 母国光,方志良,王君庆,等. 用黑白感光片作彩色摄影的技术:CN86100786[P]. 1987-04-15.

[15] 母国光,王君庆,方志良,等. 用三色光栅和黑白感光胶片拍摄彩色景物[J]. 仪器仪表学报,1983(02):13-19.

[16] 母国光,战元龄. 光学[M]. 北京:人民教育出版社,1978.

[17] 潘笃武,贾玉润,陈善华. 光学:上[M]. 上海:复旦大学出版社,1997.

[18] 潘笃武,贾玉润,陈善华. 光学:下[M]. 上海:复旦大学出版社,1997.

[19] 钱振型. 固体电子学中的等离子体技术[M]. 北京:电子工业出版社,1987.

[20] 苏汝铿. 量子力学[M]. 上海:复旦大学出版社,1997.

[21] 唐远林,朱肖平. 大学物理实验[M]. 重庆:重庆大学出版社,1999.

[22] 王惠棣,柴玉瑛,邱尔瞻,等. 物理实验[M]. 天津:天津大学出版社,1989.

[23] 王魁汉,等. 温度测量实用技术[M]. 北京:机械工业出版社,2006.

[24] 王正行. 近代物理学[M]. 2版. 北京:北京大学出版社,2010.

[25] 吴锋,李端勇. 大学物理实验:基本篇[M]. 2版. 北京:科学出版社,2009.

[26] 吴怀选. 实验中如何熟练使用示波器[J]. 玉林师范学院学报,2006,27(B06):102-104.

[27] 杨福家. 原子物理学[M]. 4版. 北京:高等教育出版社,2008.

[28] 姚启钧. 光学教程[M]. 3版. 北京:高等教育出版社,2002.

[29] 张福学. 传感器电子学[M]. 北京:国防工业出版社,1991.

[30] 张雄,王黎智,马力,等. 物理实验设计与研究[M]. 北京:科学出版社,2001.

［31］赵文杰. 工科物理实验教程［M］. 北京：中国铁道出版社,2002.

［32］朱筱玮,李武军. 大学物理实验教程［M］. 4 版. 西安：西北工业大学出版社,2017.

［33］Yu F T S. White light processing technique for archival storage of color films［J］. Applied Optics,1980,19（14）:2457-2460.

［34］Mu G G,Fang Z L,Liu F L,et al. Color data image encoding method and apparatus with spectral zonal filter:US,US5452002 A［P］. 1995.

图书在版编目(CIP)数据

大学物理实验. 提高篇/余雪里, 张昱主编. —北京: 北京大学出版社, 2021.12
ISBN 978-7-301-32837-8

Ⅰ. ① 大… Ⅱ. ① 余… ② 张… Ⅲ. ① 物理学—实验—高等学校—教材 Ⅳ. ① O4-33

中国版本图书馆 CIP 数据核字(2022)第 011791 号

书　　　名	大学物理实验(提高篇)
	DAXUE WULI SHIYAN (TIGAOPIAN)
著作责任者	余雪里　张　昱　主编
责 任 编 辑	顾卫宇
标 准 书 号	ISBN 978-7-301-32837-8
出 版 发 行	北京大学出版社
地　　　址	北京市海淀区成府路 205 号　100871
网　　　址	http://www.pup.cn
电 子 信 箱	zpup@pup.cn
新 浪 微 博	@北京大学出版社
电　　　话	邮购部 010-62752015　发行部 010-62750672　编辑部 010-62754271
印 刷 者	湖南省众鑫印务有限公司
经 销 者	新华书店
	787 毫米×1092 毫米　16 开本　18.75 印张　480 千字
	2021 年 12 月第 1 版　2023 年 6 月第 3 次印刷
定　　　价	58.00 元